高等学校应用型本科创新人才培养计划指定教材

高等学校计算机类专业"十三五"课改规划教材

PHP 程序设计及实践

青岛英谷教育科技股份有限公司　编著

西安电子科技大学出版社

内 容 简 介

　　PHP 简单易学且功能强大，本书分为理论篇与实践篇，系统地介绍了有关 PHP 程序开发的相关知识。理论篇介绍了 PHP 的基本概念、运行环境、语法规范、常用数据类型与操作、MySQL 数据库及 ThinkPHP 框架应用等相关知识；实践篇介绍了使用 PHP 开发网站新闻发布系统的一套完整流程，包括如何配置开发环境、搭建系统框架、编写前台页面及后台功能以及如何使用 ThinkPHP 框架开发新闻发布系统等。

　　本书重点突出、内容精练、实用性强。通过理论讲解与案例实践，读者可以迅速理解并掌握最新的 PHP 开发知识与技巧，全面提高实际动手能力。

　　本书适用面广，可作为本科计算机科学与技术、软件工程、网络工程、计算机软件、计算机信息管理、电子商务等专业的程序设计课程的教材，也可作为科研、程序设计等人员的参考书籍。

图书在版编目(CIP)数据

PHP 程序设计及实践/青岛英谷教育科技股份有限公司编著.
—西安：西安电子科技大学出版社，2016.12
高等学校计算机类专业"十三五"课改规划教材
ISBN 978-7-5606-4364-9

Ⅰ. ① P…　Ⅱ. ① 青…　Ⅲ. ① PHP 语言—程序设计　Ⅳ. ① TP312

中国版本图书馆 CIP 数据核字(2016)第 299859 号

策　　划	毛红兵	
责任编辑	万晶晶　毛红兵	
出版发行	西安电子科技大学出版社(西安市太白南路 2 号)	
电　　话	(029)88242885　88201467	邮　编　710071
网　　址	www.xduph.com	电子邮箱　xdupfxb001@163.com
经　　销	新华书店	
印刷单位	陕西华沐印刷科技有限责任公司	
版　　次	2016 年 12 月第 1 版　2016 年 12 月第 1 次印刷	
开　　本	787 毫米×1092 毫米　1/16　印　张　23	
字　　数	545 千字	
印　　数	1～3000 册	
定　　价	56.00 元	

ISBN 978-7-5606-4364-9/TP

XDUP 4656001-1

如有印装问题可调换

高等学校计算机专业类
"十三五"课改规划教材编委会

主编　王　燕

编委　王成端　　薛庆文　　孔繁之　　李　丽

　　　张　伟　　李树金　　高仲合　　吴自库

　　　陈龙猛　　张　磊　　吴海峰　　郭长友

　　　王海峰　　刘　斌　　禹继国　　王玉锋

前 言

本科教育是我国高等教育的基础,而应用型本科教育是高等教育由精英化教育向大众化教育转变的必然产物,是社会经济发展的要求,也是今后我国高等教育规模扩张的重点。应用型创新人才培养的重点在于训练学生将所学理论知识应用于解决实际问题,这主要依靠课程的优化设计以及教学内容和方法的更新。

随着我国信息技术的迅猛发展,社会对具备信息技术能力的人才需求急剧增加,"全面贴近企业需求,无缝打造专业实用人才"是目前高校计算机专业教育的革新方向。为了适应高等教育体制改革的新形势,积极探索适应 21 世纪人才培养的教学模式,我们组织编写了高等院校计算机专业系列课改教材。

该系列教材面向高校计算机专业应用型本科人才的培养,强调产学研结合,经过充分的调研和论证,并参照多所高校一线专家的意见,具有系统性、实用性等特点,使读者在系统掌握计算机知识的同时,提高综合应用能力和解决问题的能力。

该系列教材具有如下几个特色:

1. 以培养应用型人才为目标

本系列教材以应用型软件人才为培养目标,在原有教育体制的基础上对课程进行了改革,强化"应用型"技术的学习。使读者在经过系统、完整的学习后能够达到如下目标:

- ◇ 掌握信息系统开发所需的理论和技术体系以及系统开发过程规范体系;
- ◇ 能够熟练地进行信息系统设计和编码工作并具备良好的自学能力;
- ◇ 具备一定的项目经验,包括代码调试、文档编写、软件测试等;
- ◇ 达到信息技术企业的用人标准,做到学校学习与企业的无缝对接。

2. 以新颖的教材架构来引导学习

本系列教材采用的教材架构打破了传统的以知识为标准编写教材的方法,引导读者在学习理论知识的同时,加强动手能力的训练。

教材内容的选取遵循"二八原则",即重点内容由企业中常用的 20%的技术组成。每章设有"本章目标",以明确本章学习重点和难点。章节内容结合示例代码,引导读者循序渐进地理解和掌握这些知识和技能,培养学生的逻辑思维能力,掌握信息系统开发的必备知识和技巧。

另外,本系列教材借鉴了软件开发中的"低耦合,高内聚"的设计理念,组织结构上遵循软件开发中的 MVC 理念,即在保证最小教学集的前提下可以根据自身的实际情况对整个课程体系进行横向或纵向裁剪。

3. 提供全面的教辅产品来辅助教学实施

为充分体现"实境耦合"的教学模式,方便教学实施,该系列教材配备可配套使用的项目实训教材和全套教辅产品。

- ❖ **实训教材**：集多线于一面，以辅助教材的形式，提供适应当前课程(及先行课程)的综合项目，遵循系统开发过程，进行讲解、分析、设计、指导，注重工作过程的系统性，培养读者解决实际问题的能力，是实施"实境耦合"教学的关键环节。
- ❖ **立体配套**：为适应教学模式和教学方法的改革，本系列教材提供完备的教辅产品，主要包括教学指导、实验指导、电子课件、习题集、实践案例及相应的网络教学资源。在教学实施方面，本系列教材提供全方位的解决方案(课程体系解决方案、实训解决方案、教师培训解决方案和就业指导解决方案等)，以适应信息系统开发教学过程的特殊性。

本书由青岛英谷教育科技股份有限公司编写。参与本书编写工作的有王万琦、宁维巍、宋国强、侯方超、何莉娟、邵作伟、王千、杨敬熹、刘江林等。本书在编写期间得到了各合作院校的专家及一线教师的大力支持与协作。在此，衷心感谢每一位老师与同事为本书出版所付出的努力。

由于编者水平有限，书中难免有不足之处，欢迎大家批评指正！读者在阅读过程中发现问题，可以通过邮箱(yinggu@121ugrow.com)发给我们，以期进一步完善。

本书编委会
2016 年 8 月

目 录

理 论 篇

第 1 章 PHP 初步认识与环境搭建 3
- 1.1 概述 4
- 1.2 PHP 新特性 4
- 1.3 PHP 的应用领域 6
- 1.4 PHP 扩展库 7
- 1.5 创建 PHP 程序 9
- 本章小结 9
- 本章练习 10

第 2 章 HTTP 和 Web 服务器 11
- 2.1 资源 12
  - 2.1.1 URL 语法 12
  - 2.1.2 相对 URL 和自动扩展 URL 13
  - 2.1.3 对资源的映射及访问 16
- 2.2 事务 16
- 2.3 报文 17
  - 2.3.1 方法 18
  - 2.3.2 状态码 19
  - 2.3.3 首部 21
- 2.4 连接 24
- 2.5 Web 服务器 25
  - 2.5.1 Apache 架构 25
  - 2.5.2 服务器种类 26
  - 2.5.3 处理流程 27
- 本章小结 27
- 本章练习 28

第 3 章 PHP 基本语法 29
- 3.1 PHP 语言标记 30
  - 3.1.1 开始和结束标记 31
  - 3.1.2 指令分隔符 31
- 3.2 变量 32
  - 3.2.1 变量的声明 32
  - 3.2.2 变量的命名 33
  - 3.2.3 变量的类型 34
  - 3.2.4 可变变量 39
  - 3.2.5 变量的引用赋值 39
- 3.3 常量 40
  - 3.3.1 设置 PHP 常量 40
  - 3.3.2 预定义常量 41
  - 3.3.3 魔术常量 41
- 3.4 类型转换 42
  - 3.4.1 自动类型转换 43
  - 3.4.2 强制类型转换 43
  - 3.4.3 变量类型的测试函数 44
- 3.5 运算符 45
  - 3.5.1 算术运算符 45
  - 3.5.2 字符串运算符 46
  - 3.5.3 逻辑运算符 46
  - 3.5.4 比较运算符 47
  - 3.5.5 赋值运算符 49
  - 3.5.6 引用赋值 49
  - 3.5.7 三元运算符 50
  - 3.5.8 错误运算符 51
- 3.6 流程控制结构 51
  - 3.6.1 分支结构 51
  - 3.6.2 循环结构 55
- 本章小结 56
- 本章练习 56

第 4 章 字符串和数组 57
- 4.1 字符串 58

- 4.1.1 定义方式 ... 58
- 4.1.2 字符串实现原理 ... 59
- 4.1.3 解析字符串 ... 60
- 4.2 字符串处理函数 ... 61
  - 4.2.1 字符实体转换函数 ... 61
  - 4.2.2 字符串查找函数 ... 64
  - 4.2.3 字符串的子字符串操作函数 ... 66
  - 4.2.4 字符串比较函数 ... 69
  - 4.2.5 字符串通用处理函数 ... 70
  - 4.2.6 加密解密函数 ... 72
- 4.3 数组 ... 74
  - 4.3.1 数组的类型 ... 74
  - 4.3.2 数组声明 ... 74
  - 4.3.3 设置错误报告级别 ... 76
  - 4.3.4 输出数组变量 ... 78
  - 4.3.5 数组追加及属性个数 ... 78
  - 4.3.6 数组遍历 ... 79
  - 4.3.7 二维数组 ... 81
- 4.4 数组处理函数 ... 82
  - 4.4.1 数组创建函数 ... 82
  - 4.4.2 数组统计函数 ... 83
  - 4.4.3 数组指针函数 ... 83
  - 4.4.4 数组、变量间的转换函数 ... 83
  - 4.4.5 数组遍历语言结构 ... 84
  - 4.4.6 数组检索函数 ... 84
  - 4.4.7 其他函数 ... 85
- 本章小结 ... 85
- 本章练习 ... 86

第5章 函数 ... 87

- 5.1 函数的定义 ... 88
- 5.2 函数的分类 ... 88
- 5.3 函数参数传递 ... 89
  - 5.3.1 值传递 ... 89
  - 5.3.2 引用传递 ... 90
- 5.4 变量函数 ... 90
- 5.5 函数的作用域和生存周期 ... 91
  - 5.5.1 全局变量和局部变量 ... 91
  - 5.5.2 生存周期 ... 92

- 5.6 文件包含 ... 93
- 本章小结 ... 93
- 本章练习 ... 94

第6章 文件和目录 ... 95

- 6.1 文件系统概述 ... 96
- 6.2 文件的基本操作 ... 96
  - 6.2.1 打开和关闭文件 ... 96
  - 6.2.2 读取文件内容 ... 97
  - 6.2.3 写入文件 ... 99
  - 6.2.4 复制和移动文件 ... 99
- 6.3 目录操作函数 ... 101
  - 6.3.1 打开/关闭目录 ... 101
  - 6.3.2 目录处理 ... 102
- 6.4 上传文件 ... 103
- 本章小结 ... 106
- 本章练习 ... 106

第7章 正则表达式 ... 107

- 7.1 正则表达式简介 ... 108
- 7.2 正则表达式语法 ... 108
  - 7.2.1 量词 ... 109
  - 7.2.2 定位符 ... 109
  - 7.2.3 限定符 ... 109
  - 7.2.4 元字符 ... 110
  - 7.2.5 模式修饰符 ... 110
- 7.3 正则表达式引擎原理 ... 111
  - 7.3.1 占有字符和零宽度 ... 111
  - 7.3.2 正则引擎 ... 111
- 7.4 通用字符匹配规则 ... 112
- 7.5 正则表达式高级应用 ... 112
  - 7.5.1 零宽先行断言 ... 112
  - 7.5.2 零宽后行断言 ... 113
  - 7.5.3 分组 ... 114
  - 7.5.4 非捕获元与后向引用 ... 114
- 7.6 关于贪婪原则和最少原则 ... 115
- 7.7 正则表达式的函数 ... 115
- 7.8 电子邮件验证小案例 ... 117
- 本章小结 ... 117

本章练习 118

第 8 章 类和对象 119
8.1 面向对象的基本概念 120
8.2 面向对象的三大特点 120
8.2.1 封装 120
8.2.2 继承 124
8.2.3 多态 127
8.3 抽象类和方法(abstract) 129
8.4 接口(interface) 129
本章小结 130
本章练习 130

第 9 章 PHP 和 MySQL 131
9.1 PHP 操作 MySQL 数据库 132
9.1.1 连接 MySQL 服务器 132
9.1.2 选择数据库文件 133
9.1.3 执行数据库操作 133
9.1.4 从结果集中获取信息 134
9.1.5 获取结果集中的记录数 136
9.2 PDO 数据库抽象层 136
9.2.1 PDO 构造函数 136
9.2.2 PDO 中的事务处理 137
9.2.3 预处理语句 138
9.2.4 直接执行 SQL 语句 140
9.2.5 PDO 中获取结果集 140
9.2.6 捕获错误 141
9.3 使用 MySQLi 145
9.3.1 MySQLi 面向对象 145
9.3.2 MySQLi 面向过程 146
9.3.3 使用 MySQLi 存取数据 146
9.3.4 预准备语句 147
9.3.5 多个查询 149
本章小结 150
本章练习 150

第 10 章 ThinkPHP 框架 151
10.1 ThinkPHP 框架概述 152
10.2 ThinkPHP 框架的特点 152
10.3 安装 ThinkPHP 153
10.3.1 ThinkPHP 的环境需求 153
10.3.2 ThinkPHP 的结构 153
10.3.3 入口文件的编写 154
10.4 ThinkPHP 配置文件 154
10.5 控制器 155
10.5.1 命名规则 155
10.5.2 使用规则 155
10.5.3 使用 ThinkPHP 实现
九九乘法表 156
10.6 模型 157
10.6.1 命名规范 157
10.6.2 连接数据库 158
10.6.3 实例化模型 158
10.6.4 属性访问 159
10.6.5 创建数据对象 160
10.6.6 连贯操作 161
10.6.7 CURD 操作 162
10.7 视图 164
10.7.1 模板定义 165
10.7.2 模板赋值 165
10.7.3 模板输出 166
10.7.4 模板替换 167
10.8 ThinkPHP 的模板引擎 167
10.8.1 变量输出 167
10.8.2 内置标签 168
10.9 ThinkPHP 的单字母方法 171
10.9.1 A 方法：实例化控制器 171
10.9.2 R 方法：直接调用控制器的
操作方法 171
10.9.3 C 方法：设置和获取配置参数 172
10.9.4 L 方法：设置和获取语言变量 173
10.9.5 N 方法：计数器 174
10.9.6 G 方法：调试统计 174
10.9.7 U 方法：URL 地址生成 174
10.9.8 I 方法：安全获取系统
输入变量 175
10.10 ThinkPHP 的注意事项 176
10.10.1 ThinkPHP 的命名规则 176

10.10.2　ThinkPHP 页面跳转与重定向....176
　本章小结...178

本章练习...178

实　践　篇

实践 1　安装 PHP 开发环境..................181
　实践指导...181
　　实践 1.1　安装 AppServ................................181
　　实践 1.2　安装 Zend Studio...........................184
　　实践 1.3　创建一个 PHP 项目.......................184
　实践拓展...187
　　汉化 Zend Studio 软件..................................187
　拓展练习...188

实践 2　PHP 基本语法...........................189
　实践指导...189
　　实践 2.1　用户登录功能...............................189
　　实践 2.2　用户注册功能...............................193
　实践拓展...195
　　三元运算符的使用......................................195
　拓展练习...196

实践 3　字符串和数组...........................197
　实践指导...197
　　实践 3.1　设计新闻前台首页.......................197
　　实践 3.2　设计新闻列表页...........................205
　　实践 3.3　设计新闻详情页...........................210
　实践拓展...214
　　使用 for 循环遍历数组................................214
　拓展练习...215

实践 4　PHP 与 MySQL..........................216
　实践指导...216
　　实践 4.1　应用 MySQL 的登录注册功能......216
　　实践 4.2　应用 MySQL 的新闻浏览功能......219
　　实践 4.3　设计搜索功能...............................233
　实践拓展...239
　　MySQL 的语句执行顺序..............................239

　拓展练习...240

实践 5　表单验证与文件处理..................241
　实践指导...241
　　实践 5.1　实现注册页校验功能...................241
　　实践 5.2　实现评论功能...............................246
　实践拓展...255
　　实现图片上传功能......................................255
　拓展练习...259

实践 6　应用 ThinkPHP 框架开发新闻发布系统——后台设计................260
　实践指导...260
　　实践 6.1　搭建 ThinkPHP 框架....................260
　　实践 6.2　设计登录功能...............................262
　　实践 6.3　设计后台页面布局.......................267
　　实践 6.4　设计新闻分类管理功能...............291
　　实践 6.5　设计新闻发布管理功能...............300
　　实践 6.6　设计评论管理功能.......................310
　　实践 6.7　设计广告管理功能.......................315
　实践拓展...330
　　使用 D 方法自动验证表单..........................330
　拓展练习...333

实践 7　应用 ThinkPHP 框架开发新闻发布系统——前台设计................334
　实践指导...334
　　实践 7.1　设计新闻网站浏览页面...............334
　　实践 7.2　设计新闻网站登录注册页面.......351
　实践拓展...357
　　URL 重写..357
　拓展练习...358

理论篇

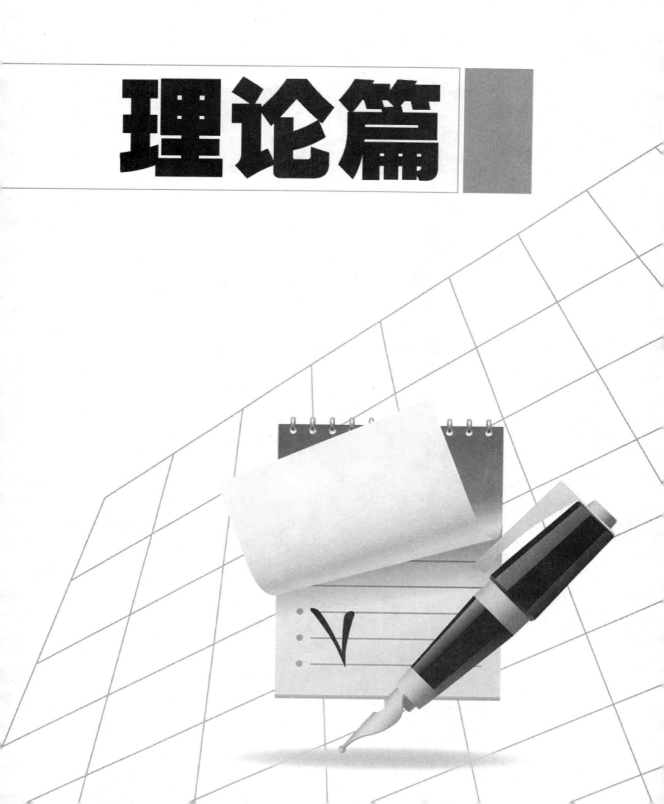

第1章　PHP 初步认识与环境搭建

本章目标

- 了解 PHP 的发展史
- 掌握 PHP 的特性
- 了解 PHP 的发展趋势
- 掌握 PHP 扩展库的概念和使用
- 掌握服务器环境的搭建过程
- 掌握 PHP 的程序结构

PHP 最早发布于 1995 年，至今已经有 21 年的历史。因其具有开发效率高、可扩展性强、开源自由等特点，目前已成为许多中小型企业首选的开发语言。本章将介绍 PHP 语言的发展及特点，让读者对其有一个直观的了解。

1.1 概述

PHP(Hypertext Preprocessor，超文本预处理器)是一种开放源代码的多用途脚本语言，可以嵌入到 HTML 中，广泛应用于 Web 程序开发，可以运行在 Windows、Linux 等绝大多数操作系统上。PHP 语言具有开发速度快、运行效率高、安全性好、可扩展性强、开源自由等特点，常与开源免费的 Web 服务器 Apache 和 MySQL 数据库配合使用于 Linux 平台(简称 LAMP)，号称"Web 架构的黄金组合"，具有最高的性价比。

PHP 由 Rasmus Lerdorf 于 1995 年首次发布，最初名为 PHP/FI，当时只是一套简单的 Perl 脚本，用于跟踪访问个人主页的用户信息。1998 年 6 月正式发布的 PHP 3.0 则提供了强大的可扩展性，并为用户提供了数据库、协议和 API 的基础结构。PHP 3.0 的可扩展性吸引了大量的开发人员加入并提交新的模块，这是其取得巨大成功的关键。除此之外，PHP 3.0 还具备了其他的一些重要功能，包括面向对象的支持和更强大的语法结构。

1998 年底，鉴于旧的运行架构已不能满足 Web 程序开发的需要，Andi Gutmans 和 Zeev Suraski 计划重新编写 PHP 代码，目标是增强运行时的性能与代码的模块化程度，以期能对复杂程序进行高效处理。1999 年该计划成功实现预期目标，名为"Zend Engine" (Zend 是 Zeev 和 Andi 的缩写)的引擎首次被引入 PHP。

2000 年 5 月，基于 Zend Engine 引擎并结合了更多新功能的 PHP 4.0 发布了官方正式版本。除具有更高的性能外，PHP 4.0 还包含了一些关键性的改进，如支持更多的 Web 服务器、增加 HTTP Sessions 支持、实现输出缓冲、采用更安全的处理用户输入的方法等。

2004 年 7 月，PHP 5 发布正式版本，其核心是 2 代 Zend 引擎，并引入了新的对象模型和大量新功能。

1.2 PHP 新特性

PHP 起源于自由软件，由 C 语言改写而来，发展极为迅速。PHP 在开发 Web 应用程序方面有如下新特性：

1. 入门快

PHP 语法简单，并与 ASP 有部分相似，如果读者有 C 语言或 Perl 语言基础，则很容易上手。PHP 还有很多成熟的开发工具，如 PHP Coder 或者 Zend Studio，在 Linux 平台下则可以使用 Eclipse。

2. 跨平台

PHP 能在所有的主流操作系统上运行，包括 Linux、Windows、Mac OS X、RISC OS 及 Unix 的各种变种(如 HP-UX、Solaris 和 OpenBSD)等。同时，PHP 也支持大多数的 Web 服务器，包括 Apache、Microsoft Internet Information Server(IIS)、Personal Web Server(PWS)、

Netscape 以及 iPlant server、Oreilly Website Pro Server、Caudium、Xitami、OmniHTTPd 等。

3．支持高度多样的数据库与协议服务

PHP 最显著的特性是支持超大范围的数据库，涵盖类型如下：Adabas D、dBase、Empress、FilePro(只读)、Hyperwave、IBM DB2、Informix、Ingres、InterBase、FrontBase、mSQL、Direct MS-SQL、MySQL、ODBC、Ovrimos、Oracle(OCI7 和 OCI8)、PostgreSQL、SQLite、Solid、Sybase、Velocis 和 Unix dbm。

除了提供对 MySQL 与 MySQLi API 的支持外，PHP 支持的 PDO(一种 PHP 数据对象)可以帮助程序员自由地选择各种类型数据库，而且 PHP 还支持 ODBC(Open Database Connection Standard，开放数据库连接标准)，因此能够连接支持该标准的任何其他数据库。

PHP 支持诸多协议，如 LDAP、IMAP、SNMP、NNTP、POP3、HTTP、COM(Windows 环境)等，使用开放原始网络端口则可与其他任何协议协同工作。PHP 能够与所有 Web 开发语言进行 WDDX 复杂数据交换，支持与 Java 对象的即时连接，甚至可以用 CORBA 扩展库访问远程对象。

PHP 对正则表达式的处理功能非常强大，从 POSIX 扩展、Perl 正则表达式到 XML 文档解析都能得到很好的实现，这使 PHP 在文本处理上具有无可比拟的优势。PHP 4 支持使用 SAX 和 DOM 标准解析和访问 XML 文档，也支持使用 XSLT 扩展库转换 XML 文档。PHP 5 进一步增强了 XML 文档的处理功能。它基于强大的 libxm2(C 语言的 XML 程序库)对所有 XML 扩展进行了标准化，并添加了对 SimpleXML 与 XMLReader 的支持。

PHP 还有很多其他扩展库，能够实现多种有趣的功能，如 mnoGoSearch 搜索引擎函数、IRC 网关函数、多种压缩工具(gzip、bz2、zip)、日历转换器、翻译器等。

4．良好的安全性

PHP 作为一种功能强大的开发语言，无论以模块还是 CGI 的方式安装，其解释器都可以在服务器上执行访问文件、运行命令及创建网络连接等操作。这或许会给服务器添加很多不安全因素，但只要正确地安装和配置 PHP 并且编写安全的代码，那么相对于 Perl 和 C 来说，PHP 可以在可用性和安全性之间找到一个很好的平衡点并创建出更安全的 CGI 程序。

由于 PHP 开发的程序可能用于不同的领域，因此 PHP 内置了很多选项方便用户对其进行配置。虽然这一功能使 PHP 能够完成多样化的工作，但是对这些选项的设定以及对服务器的配置等操作很可能会产生安全问题，PHP 的选项与其语法一样，具有很高的灵活性。如何在功能和安全性上找到一个平衡点，这取决于 PHP 开发者对实际情况的理解。

5．免费开源，限制性小

PHP 拥有更多的共享性，且不会出现被合作商限制等问题，从而大大降低了使用成本并增强了拓展性。最经典的 PHP 开发组合当属 LAMP——Linux+Apache +MySQL + PHP。该组合上手容易，开发速度快，而且其中所有软件都是开源免费的，投入很低，因而非常适合中小型 Web 应用的开发。

6．执行速度快，开发、配置及部署相对简单

执行速度快：作为一种强大的 CGI 脚本语言，PHP 的语法混合了 C、Java 和 Perl 的

新特性，且由于采用静态编译的方式，网页执行速度比 CGI、Perl 和 ASP 更快，这是它的一个突出特点。PHP 4.0 更是实现了引用计数技术，使其能够占用较少的内存消耗，更有效地使用内存。

编译速度快：PHP 是解释性的脚本语言，代码写完后即可执行，不像 C、Java、C++等语言需要编译后才可执行，比较节省时间。

配置简单：PHP 自身的配置文件与 Web 服务器(如 Apache、Nginx 或 Lighttpd 等)的配置都相对简单，而且修改配置之后，不需重启 Web 服务器就可立即生效。

性能优越：PHP 在 Linux/Unix 平台上运作时比在 Windows 平台上运作的性能高 45%且能与很多免费软件组成非常省钱的开发组合，如 LAMP(Linux/Apache/Mysql/PHP)或 FAMP(FreeBSD/Apache/Mysql/PHP)。

7．有很多成熟的框架和资源

PHP 可以使用许多开源资源，其中比较知名的开源框架如 Zend Framework、CakePHP、CodeIgniter、Symfony 等；开源论坛如 Discuz!、Phpwind 等；开源博客如 WordPress；开源网店系统如 Ecshop、ShopEx；开源的 SNS 系统如 UCHome、ThinkSNS 等。

1.3 PHP 的应用领域

PHP 主要应用于以下三类领域：

1．服务器端脚本编写

服务器端脚本编写是 PHP 最传统，也是最主要的应用领域。PHP 脚本在服务器端运行时需要具备三个必备成员：PHP 解析器(CGI 或者服务器模块)、Web 服务器和 Web 浏览器。运行时可先在 Web 服务器上安装并配置 PHP，然后使用 Web 浏览器访问 PHP 程序，即浏览服务器端的 PHP 页面。

2．命令行脚本编写

使用命令行模式编写的 PHP 脚本不需要任何服务器或浏览器，仅使用 PHP 解析器就可以解析执行，对依赖 Cron(Unix 或 Linux 环境)或 Task Scheduler(Windows 环境)运行的脚本来说，命令行模式是最理想的选择。命令行脚本也可以处理简单的文本。

3．桌面应用程序编写

对于拥有图形界面的桌面应用程序来说，PHP 或许并非最好的开发语言，但如果用户精通 PHP，又希望在客户端程序中使用 PHP 的一些高级特性，则可使用 PHP-GTK(PHP 的一个扩展，通常并不包含在发布的 PHP 包中)编写这些程序，该方法同样适用于编写跨平台的应用程序。

目前，全球 5000 万个互联网网站的 60%以上使用了 PHP 技术。以 CMS(内容管理系统)建站系统为例，使用率最高的三个系统分别是份额为 54.3%的第一名 Wordpress、份额为 9.2%的第二名 Joomla 和份额为 6.8%的第三名 Drupa，而这三个产品都是用 PHP 开发的。PHP 也入选了全球五大最受欢迎编程语言，并且是唯一入选的脚本语言。

在中国，80%以上的动态网站都由 PHP 开发。在 Alexa(网站排名工具)排名 TOP500

的中国网站里，有 394 家使用了 PHP 技术，所占比为 78.8%。越来越多的新公司或新项目使用 PHP，使其相关社区越来越活跃，反过来又促使更多项目或公司选择它，形成良性循环。目前 PHP 仍然是中国大部分 Web 项目开发的首选，不断有公司从其他语言(如 ASP、JAVA 等)转入 PHP。

PHP 具有运行快、开发成本低、周期短、后期维护费用低、开源产品丰富等优点，这些特性都是很多其他语言无法比拟的，也符合现阶段互联网的发展趋势。因此近几年来，PHP 日益被各类企业广泛使用，市场对专业开发人才的需求量急剧攀升，一直处于供不应求的局面。鉴于良好的就业机会和发展前景，学习 PHP 是一个不错的选择。

1.4 PHP 扩展库

扩展库可以提供 PHP 本身不具备的功能，也可为其动态地添加功能，一般位于 PHP\ext 目录下(在 PHP 4 中则位于 PHP\extensions 目录下)。在 Windows 系列操作系统中，扩展库通常记为"php_*.dll"(*代表某个具体扩展的名字)；而在*nix(Unix、Linux 及其变种)系统中，则通常记为"php_*.so"或"php_*.a"。

PHP 发行包中已包含了大多数开发者最常用的扩展，它们被称为"核心"扩展库。如果用户在其中找不到能提供所需功能的扩展，则可以前往 PECL(PHP Extension Community Library，PHP 扩展社区库)中查找。PECL 相当于一个 PHP 扩展的储存室，提供了所有已知 PHP 扩展的下载途径与开发指南。

载入一个 PHP 扩展最常用的方式是在 php.ini 配置文件中声明它。需要注意的是很多扩展已经内置在 php.ini 文件里了，用户仅需要移除前面的分号来开启它们，示例如下：

;extension=php_extname.dll

extension=php_extname.dll

部分 Web 服务器会混淆这些扩展库，因为它们不一定使用和 PHP 可执行文件处于同一目录下的 php.ini 文件。而如果要搞清楚服务器具体使用的是哪个 php.ini 文件，可以在激活一个扩展后，保存 php.ini 文件并重启 Web 服务器，然后使用 phpinfo()查看。如果该扩展未在 phpinfo()中显示，则应查看日志并确定问题所在。最常见的问题是 DLL 文件位置出错(即 php.ini 中 extension_dir 的值设置错误)以及编译时的设置不匹配。如果问题是前者，则可能是下载的 DLL 文件与设置不符，可尝试重新下载与设置匹配的扩展。擅用 phpinfo()也会对纠错有很大帮助。

如果在命令行模式下使用 PHP(CLI)，扩展加载出错时会在屏幕上显示信息。

1. php.ini 的常用扩展配置

因为 PHP 的扩展库需要实现对一些必要功能的扩展和支持，所以必须开启配置文件中的相关扩展，即移除这些包含在 php.ini 中的默认扩展前的";"。下面是部分常用的需开启扩展：

- extension=php_gd2.dll：图形处理扩展，广泛应用于实现上传头像处理、在线照片处理、验证码处理等功能。
- extension=php_mbstring.dll：用于多字节字符串(如中文)的处理，如果没有打

PHP 程序设计及实践

开，则中文的截取操作会变得异常复杂。
- extension=php_pdo_mysql.dll：PHP 5.3 的默认扩展库对 PDO 的集成(如果版本低于 5.3，则开启 extension=php_pdo.dll)。
- extension=php_sockets.dll：开启 sockets，与其他桌面软件端口通信的首选。
- extension=php_zip.dll：在线打包本地网站并下载。
- extension=php_curl.dll：在精确设定请求头的时候开启，可以方便地设置请求方式与携带的 COOKIE 等，其复杂程度和扩展性介于 file_get_contents 和 sockets 之间。

2．其他配置
- short_open_tag=On：PHP 短标记。开启后可以用<?=$ret?>代替<?php echo $ret; ?>，一般需要开启。但注意，如需使用 PHP 输出 XML 声明，则不能使用此功能，而是必须用正式 PHP 语句输出。例如：<?xml encoding="utf-8"?>必须改为<?php echo '<?xml encoding="utf-8"?>'; ?>。
- display_errors=On：显示脚本错误。本地调试时一般设置为 On，正式上线的服务器中一般设置为 Off，可在 PHP 代码中控制。
- error_reporting=E_ALL：显示错误级别。配置文件中一般设为 E_ALL，可在 PHP 代码中修改。
- max_execution_time=30：脚本超时时间。一般网站设为 30 秒即可，如需经常长时间采集数据，则应设置一个较大的值，如"0～不限制"。
- file_uploads=On：允许上传。
- upload_max_filesize=100M：允许上传文件的最大尺寸。一般值设置得比较大，然后用 PHP 代码来限制。
- post_max_size=100M：允许以 POST 方式提交的数据最大长度。由于上传文件时通常会一并传递其他信息，多数情况下不会上传刚好 100M 的文件，因此设置值应大于 upload_max_filesize 的默认值。

3．服务器环境搭建(Windows/Linux)

PHP 的可选开发环境一般分为*nix 系统与 windows 系统两大类，也可以选择其他操作系统，具体参阅 PHP 手册(PHP 手册可以在互联网上搜索获取，但 PHP 各版本的手册内容不完全一致，查阅手册时必须明确所用 PHP 的版本)。

Linux/Unix 系统下，可以采用如下三种安装方式：
- 源码包安装方式。
- RPM 包安装方式。使用 RPM 进行安装、卸载及管理等操作。
- 集成软件包安装方式。

Windows 系统下，可以采用如下两种安装方式：
- 下载所需的 Web 服务器、数据库与对应版本的 PHP 及扩展进行安装。
- 使用集成安装包。Windows 系统下可用的集成安装包种类和版本很多，如 Winapp、AppServ 等。本教材使用 AppServ 作为集成安装包。

以 AppServ 2.5.10 为例，安装完毕后的文件夹内包括 Apache2.2、MySQL、php5 和

www 等子文件夹。其中，Apache2.2 是 Web 服务器的安装路径，用来处理静态网页；MySQL 是数据库服务器的安装路径，用来存取结构化数据；php5 则是 PHP 脚本处理程序的安装路径；www 目录相当于 Web 服务器的 docroot 目录，开发的项目都可以放入这个目录中。

1.5 创建 PHP 程序

完成对开发环境的配置后，接下来编写一个简单的 PHP 程序，并完成运行测试。

启动 Zend Studio 主程序，在导航栏中选择【File】/【New】/【PHP Project】命令，在弹出的对话框中，设置新建 PHP 项目的名称，单击【Finish】按钮，创建 PHP 项目，然后在新建的 PHP 项目文件夹下的 index.php 文件中输入如下代码，显示提示语和服务器信息：

```
<?php
echo " hello,这是我的第一个程序<br/>";
echo "<br/>";
echo "<br/>";

phpinfo();

?>
```

编写完成后，在代码编辑区空白处单击鼠标右键，在弹出菜单中选择【Run As】/【PHP Web Application】命令，就会在程序自带的浏览器中显示代码运行结果，而如果在桌面上启动浏览器并访问网址 localhost/index.php，显示的结果一致。

Zend Studio 提供的调试插件是编写程序的一项利器。在设置完断点后使用调试模式运行——即在工作区中单击鼠标右键，然后在弹出菜单中选择【Debug As】命令，则在浏览器中输入网址并回车后，代码会停在断点处，此时程序员就可检查代码变量、上下文环境、系统变量值等所用到的数据。

至此，PHP 开发环境搭建工作基本完成。

本 章 小 结

通过本章的学习，读者应当了解：

✧ PHP(Hypertext Preprocessor，超文本预处理器)是一种开放源代码的多用途脚本语言，以 zend 引擎为核心，可嵌入到 HTML 网页中，使用黄金组合 LAMP(Linux+Apache+MySQL+PHP)开发可以取得更高的效益。

✧ PHP 具备以下多方面特性：上手快；跨平台；支持高度多样的数据库与协议服务；安全性高且可控；免费开源限制小；执行速度快，开发、配置及部署相对简单；有很多成熟的框架和资源。

✧ PHP 主要应用于服务端脚本编写、命令行脚本编写、桌面应用程序编写三大领域，是最流行的 Web 开发语言之一。
- ✧ 使用 PHP 程序输出"hello，这是我的第一个程序"，这段 PHP 代码程序结构体由 PHP 标记、html 代码段、PHP 代码段构成。

本 章 练 习

1．PHP 的配置文件是_____。
2．简述 PHP 的特点和最佳开发组合。
3．请使用 PHP 程序输出"Hello World"。

第 2 章　HTTP 和 Web 服务器

本章目标

- 掌握 URI 的子集、URL 的定义、语法及每个部分的解释
- 掌握事务的概念
- 掌握报文的结构
- 掌握连接的概念和结构
- 掌握 Apache 服务的架构和处理流程

HTTP(超文本传输协议)是互联网上应用最为广泛的一种网络协议,所有的 WWW 文件都必须遵循这个标准。HTTP 是一个客户端和服务器端请求和应答的标准(TCP)。HTTP 服务器有时也称为 Web 服务器,是 Web 资源的宿主,也是 Web 内容的源头。HTTP 使用 TCP 这种可靠的数据传输协议,保证数据在传输的过程中完整不被破坏。

2.1 资源

如果把因特网当作一个正在扩张的巨大城市,里面充满着各种可看的东西和可做的事情,则其中的每样事物都必须有一个标准化的名称,以帮助使用者寻获它们——书籍有 ISBN 号,公交有线路号,银行账户有账户编码,个人有身份证号码。城市中的所有居民和到此的游客都必须对这些名称的命名标准达成一致认知,才能方便地共享这座城市的宝贵资源。而 URL 就是因特网资源的标准化名称,它指向每一条数据信息,告知用户它们位于哪里以及该怎样与之交互。

2.1.1 URL 语法

URL(统一资源定位符)是浏览器访问资源时需要得知的位置信息。通过 URL,用户才能找到、使用并共享因特网上的大量数据资源。

URI(统一资源标识符)是通用意义上的资源标识符,由 URL 和 URN 两个主要的子集构成。URL 通过描述资源的位置来标识资源,而 URN 则是通过名字识别资源,与资源当前位置无关。HTTP 规范采取更通用的概念 URI 作为其资源标识符,然而实际上 HTTP 应用程序处理的只是 URI 的子集 URL。比如,网址 http://www.tech-yj.com/index.html 就是一个 URL,以该网址为例,可将 URL 分为三部分:

- "http"是 URL 方案(scheme),告知客户端应怎样访问资源,此处的"http"说明使用的是 HTTP 协议。
- "www.tech-yj.com/"是路径组件,描述资源所在服务器的位置,该部分告知客户端所请求的资源位于何处。
- "index.html"是资源组件,即服务器上的资源名称,该部分指明客户端请求的是服务器上的哪个资源。

其中,URL 方案是指导客户端应如何访问指定资源的主要标识符,它告知负责解析 URL 的应用程序应该使用何种协议;URL 的路径组件描述了资源所在的具体位置,是服务器定位资源时必需的信息,与文件系统路径相似,用字符"/"划分为若干路径段。

URL 可以使用 HTTP 之外的协议定位因特网上的资源,然而对许多方案而言,只有简单的主机名和路径等参数是不够的。为满足多样化需要,URL 语法规定了由 9 部分组成的 URL 通用格式:

<scheme>://<user>:<password>.<host>:<port>/<path>;<params>?<query>#<frag>

除了服务器正在监听的端口、用户名以及密码之外,很多协议还需要具备更多的参数才能工作,而负责解析 URL 的应用程序则需要这些参数来访问资源,否则另一端的服务

器就不会为请求提供服务，甚至提供错误的服务。比如，FTP 协议有二进制和文本两种传输模式，但如果以文本形式来传送二进制图片，显然图片会变得一团糟。

因此，为向应用程序提供使其能与服务器正确交互的完整参数，URL 提供了一个参数组件，即名值对列表，该参数组件为应用程序提供了正确访问资源所需的一切附加信息。书写 URL 时，使用字符"?"将名值对与其他组件分隔开。例如，一家五金商店在数据库中维护着一个未售货物的清单，并通过清单判断产品是否有货，则可使用下面的 URL 进行查询，以判断编号为 12731 的产品是否有货：

http://www.tech-yj.com/NewsDetail.aspx?item=12731

该 URL 的大部分都与常见的 URL 类似，仅有问号（"?"）右侧的内容是新出现的部分，该部分被称为查询(query)组件。URL 的查询组件会与标识相关资源的 URL 路径组件一同被发送给服务器。

某些资源类型，如 HTML，具体定位到资源后，还可以定位到资源中的某个片段。比如访问一个带有章节的大型文本文档时，其资源的 URL 是指向整个文档的，但理想情况是该 URL 可以准确定位到文档中的某些章节。为实现这一目标，URL 使用片段(frag)组件指向一个资源内部的片段，或者 HTML 文档中某个特定的图片或小节。片段组件位于 URL 的右侧，最前面有一个字符"#"，示例如下：

http://www.tech-yj.com/NewsDetail.aspx#drails

由于 HTTP 服务器通常只处理整个对象，而不是对象的片段，因此客户端不能将片段传送给服务器。但浏览器从服务器获得整个资源之后，会根据片段来显示读者感兴趣的那部分资源。

2.1.2 相对 URL 和自动扩展 URL

Web 客户端可以解析并使用两种 URL 快捷方式：相对 URL 和自动扩展 URL。

相对 URL 是一种表示资源内部某个二级资源位置时使用的简略记法；自动扩展 URL 则是指浏览器的 URL "自动扩展"功能，即用户输入 URL 的某个关键(可记忆的)部分，由浏览器将其余部分自动填充完整。

URL 有两种书写方式：绝对 URL 与相对 URL。只有绝对 URL 中才包含访问资源所需的全部信息；相对 URL 则是不完整的，从相对 URL 中获取访问资源所需的全部信息必须与其基础 URL 相匹配，这被称为解析其基础(base)的 URL。

1. 相对 URL

相对 URL 是绝对 URL 的一种缩略形式。如果手工编写过 HTML 代码，就会发现使用相对 URL 非常便捷。例 2-1 是一个嵌入了相对 URL 的 HTML 文档实例。

【例 2-1】

```
<HTML>
<HEAD><TITLE>ugrow's  Toosl </TITLE><!HEA.D>
<BODY>
<Hl> Tools   page </ Hl>
<H2>  Hammers  <H2>
```

```
<P> Ugrow's  shop Online  has the  largest selection of
<A    HREF="./hammers.html" >hammers </A> on earth.
</BODY>
<!HTML>
```

该 HTML 文档包含了一个指向"URL.hammers.html"的超链接，该 URL 看似不完整，实际上却是一个合理的相对 URL，可相对于其所在文档的基础 URL 进行解释。

使用缩略形式的相对 URL，编写时可以省略绝对 URL 中的方案、主机以及其他许多组件，这些组件可自动从它们所属资源的基础 URL 中推导出来。由于相对 URL 总是相对于新基础进行解释，因此如果使用相对 URL，则可以在移动某一组文档的同时仍然保持指向其链接的有效性，这样就可以实现在其他服务器上提供类似镜像内容的功能。

相对 URL 只是 URL 的片段或一小部分，处理 URL 的应用程序(如浏览器)必须进行相对 URL 向绝对 URL 的转换。转换处理的第一步是找到基础 URL 作为相对 URL 的参考点。基础 URL 可以通过以下三种方式寻获：

- ◆ 在资源中显式指定基础 URL。

某些资源会显式地指定基础 URL。比如，某个 HTML 文档中可能会包含一个定义了基础 URL 的 HTML 标记<BASE>，根据它就可以对该 HTML 文档中的所有相对 URL 进行转换。

- ◆ 封装资源的基础 URL。

如果在一个没有显式地指定基础 URL 的资源中发现了一个相对 URL，如例 2-1 所示的情况，则可将该资源所属上级资源的 URL 作为基础。

- ◆ 不存在基础 URL。

在某些情况下资源中没有基础 URL，这通常意味着该相对 URL 是一个不完整或损坏了的 URL。

转换处理的第二步，是解析相对引用。若要将一个相对 URL 转换为绝对 URL，必须先将该相对 URL 和其基础 URL 划分为组件段。由于这种做法将 URL 划分成一个个组件，因此通常被称作分解(decomposing)。分解完毕后，即可使用解析 URL 相对引用的算法完成转换，如图 2-1 所示。

图中的算法将一个相对 URL 转换为其绝对形式，从而可以使用它来访问资源。

使用该算法，对例 2-1 中的相对 URL 路径进行转换，步骤如下：

(1) 获知该相对 URL 路径为./hammers.html，基础 URL 为 http://www.tech-yj.com。

(2) 若所有组件都为空，则沿图 2-1 左侧的流程向下处理，继承基础 URL 的方案。

(3) 若至少一个组件非空，则按图 2-1 的流程运行至底端，最后继承主机和端口组件。

(4) 将相对 URL(路径：./hammers.html)自身的组件与继承的组件(方案：http，主机：www.tech-yj.com，端口：80)合并，得到新的绝对 URL：http://www.tech-yj.com:80/hammers.html(端口 80 是 Web 服务器的默认端口，不写亦表示 80 端口)。

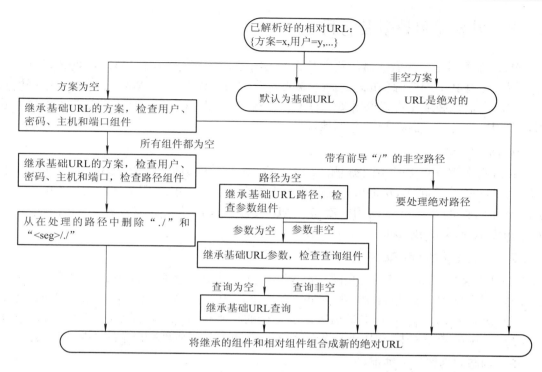

图 2-1　解析 URL 相对引用

2．自动扩展 URL

部分浏览器会在用户提交 URL 之后或者输入 URL 的同时，尝试自动扩展 URL，这使得用户不再需要输入完整的 URL，为访问资源提供了一条便捷途径。

自动扩展 URL 包括以下两种方式：

◇　主机名扩展。

主机名扩展，指浏览器可以根据少许提示自动将用户输入的主机名扩展为完整的 URL。比如，如果在地址栏中输入 yahoo，浏览器就会自动在主机名前后分别插入 www. 和 .com，构建出 URL 的完整形式 www.yahoo.com；而如果找不到与 yahoo 匹配的站点，部分浏览器还会在放弃之前尝试多种扩展形式。

浏览器的主机名扩展功能可以节省用户的时间，减少资源查找失败的可能，但这一技巧的使用也可能会为其他某些 HTTP 程序运行带来问题，比如代理程序。

◇　历史扩展。

浏览器节省用户输入时间的另一种技巧，是将 URL 的历史访问记录存储起来。在用户输入 URL 时，浏览器就会将当前输入的字符与历史记录中的 URL 前缀相匹配，并显示一些完整的 URL 供用户选择。因此，若用户输入了一个曾访问的 URL 的开始部分，如 http://www.ugrow，浏览器就会显示输入建议 http://www.ugrow.com，然后用户就可以直接选择该地址访问，而不需再输入一遍完整的 URL。

注意，与代理共同使用时，URL 自动扩展的方式可能会有所不同。

2.1.3 对资源的映射及访问

Web 服务器是资源服务器，负责发送预先创建好的内容，如 HTML 页面或 JPEG 图片，以及运行其上的资源生成程序所生成的动态内容。但是，在 Web 服务器将内容传送给客户端之前，必须先将请求报文中的 URI 映射为 Web 服务器上适当的内容或内容生成器，以识别出待传送内容的位置/源地址。

1．docRoot

Web 服务器支持多种不同类型的资源映射形式，其中最简单的形式是用请求报文中的 URI 作为名称，访问 Web 服务器文件系统中的文件资源。Web 服务器的文件系统中通常会有一个特殊的文件夹专门用于存放 Web 文件资源，该文件夹被称为文档的根目录(document root 或 docRoot)。

2．虚拟托管的 docRoot

虚拟托管的 Web 服务器可在同一台 Web 服务器上建立多个 Web 站点，每个站点都在服务器上有独占的文档根目录。收到请求时，虚拟托管的 Web 服务器会根据 URI、host 首部的 IP 地址或主机名，来识别所请求文档的正确根目录。通过这种方式，即使请求 URI 完全相同，托管在同一 Web 服务器上的两个 Web 站点也能拥有完全不同的内容。

3．动态内容资源的映射

Web 服务器也可以将 URI 映射为动态资源，即映射到程序所需的动态生成的内容。应用程序的 Web 服务器可以接入复杂的后端应用程序，因此服务器要能分辨出资源何时是动态的、动态内容的生成程序位于何处以及怎样运行此程序。大多数的 Web 服务器都提供了一些相关机制，用来识别和映射动态资源。

Apache 允许用户将 URI 路径组件映射为可执行文件目录，当服务器收到一条带有可执行路径组件的 URI 请求时，就会尝试执行服务器目录中的相应程序。例如，下列 Apache 配置指令表明：所有路径组件以/cgi-binl 开头的 URI，都应该执行目录/usr/local/etc/httpd/cgi-programs 中的相应文件：

ScriptAlias　　/cgi-bin/　　/usr/local/etc/httpd/cgi-programs/

CGI 是早期流行的一种简单的服务端应用程序执行接口，PHP 在 Apache 中的一种工作模式就是 CGI 模式。现代应用程序的服务器大都已经具备了更强大有效的服务端动态内容支持机制，包括微软的动态服务器页面(Active Server Page)与 Java Servlet。

2.2 事务

HTTP 对 Web 服务器及其资源的事务处理贯穿其整个生命周期，一个事务由一条(从客户端发往服务器的)请求命令和一个(从服务器发回客户端的)响应结果组成，这种通信是借助名为 HTTP 报文(HTTP message)的格式化数据块进行的。HTTP 报文是客户端向服务器端传送的主体内容，它由一行行的简单字符串组成，是纯文本而非二进制代码，因此可以很方便地进行读写。一个简单事务使用的报文格式如图 2-2 所示。

第 2 章 HTTP 和 Web 服务器

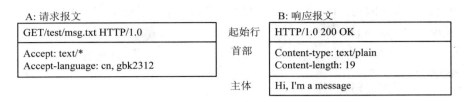

图 2-2 请求报文和响应报文

2.3 报文

通常使用"流入"、"流出"、"上游"、"下游"来描述 HTTP 报文在客户端、服务器和代理之间的流动方向。

从 Web 客户端发往 Web 服务器的 HTTP 报文称为请求报文(request message)。从 Web 服务器发往 Web 客户端的报文则称为响应报文(response message)。HTTP 请求报文与响应报文的格式十分相似，都包括以下三个基本组成部分：

- ◇ 起始行：报文的第一行是起始行，在请求报文中用来说明要做些什么，在响应报文中则用来说明出现了何种情况。
- ◇ 首部字段：起始行后面有零个或多个首部字段，每个首部字段都包含一个名字和一个值，为了便于解析，各字段之间用冒号(:)来分隔。首部以一个空行结束，添加一个首部字段与添加新行一样简单。
- ◇ 主体：空行之后是可选的报文主体，其中包含了各种类型的数据。请求报文的主体中包含了要发送 Web 服务器的数据，响应报文的主体中则包含了要返回 Web 客户端的数据。起始行与首部都是结构化的文本形式，但主体中既可以包含文本，也可以包含任意的二进制数据，如图片、视频、音轨、软件程序等。

下面是请求报文的格式：

```
<method>   <request -URL>   <version>
<headers>
<entity-body>
```

请求报文的示例代码如下：

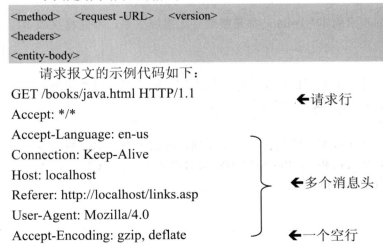

GET /books/java.html HTTP/1.1   ←请求行
Accept: */*
Accept-Language: en-us
Connection: Keep-Alive
Host: localhost   ←多个消息头
Referer: http://localhost/links.asp
User-Agent: Mozilla/4.0
Accept-Encoding: gzip, deflate   ←一个空行

· 17 ·

下面是响应报文的格式(注意,只有起始行的语法与请求报文有所不同):

```
<version> <status>  <reason-phrase>
<headers>
<entity-body>
```

响应报文的示例代码如下:

HTTP/1.1 200 OK　　　　　　　　　　←状态行

Server: Microsoft-IIS/5.0

Date: Thu, 13 Jul 2000 05:46:53 GMT

Content-Length: 2291　　　　　　　　←多个消息头

Content-Type: text/html

Cache-control: private

　　　　　　　　　　　　　　　　　←一个空行

<HTML>

<BODY>

...　　　　　　　　　　　　　　　　←实体内容

报文主要由以下 4 部分组成:

◆ 方法(method)。

方法指客户端希望服务器对资源执行的操作。用一个单独的关键词描述,如 GET、HEAD 或 POST。

◆ 版本(version)。

版本指报文所使用的 HTTP 版本。格式如下:

HTTP/<major>.<minor>

其中,主要版本号(major)和次版本号(minor)都是整数且无隶属关系,不能将次版本理解为主版本的副版本。

◆ 状态码(status-code)。

状态码由三位数字组成,这三位数字描述了请求过程中发生的情况。每个状态码的第一位数字都描述了状态的一般类别("成功"、"出错"等)。

◆ 原因短语(reason-phrase)。

原因短语是数字状态码的可读版本,它包含行终止序列之前的所有文本。原因短语是描述性语句。例如,虽然响应行 HTTP/1.0 200 NOT OK 与 HTTP/ 1.0 200 OK 中原因短语的含义不同,但同样都会被当作成功指示处理。

2.3.1 方法

并不是每一个服务器都会实现 HTTP 的全部方法,如果服务器需要兼容 HTTP 1.1,

则只要支持 GET 和 HEAD 方法就够了。就算实现了 HTTP 的所有方法，使用时也很可能受限。例如，支持 DELETE 或 PUT 方法的服务器有可能不希望任意用户都能删除或存储资源，而这类限制一般都会在服务器中设置。通常情况下，服务器提供的方法及其具体含义如表 2-1 所示。

表 2-1　HTML 方法列表

方法	描述	是否包含主体
GET	从服务器获取一份文档	否
HEAD	只从服务器获取文档的首部	否
POST	向服务器发送需要处理的数据	是
PUT	将请求的主体部分存储在服务器	是
TRACE	对可能经过代理服务器传送到服务器上去的报文进行追踪	否
OPTIONS	决定可以在服务器上执行哪些方法	否
DELETE	从服务器上删除一份文档	否

2.3.2　状态码

在 HTTP 规范中，状态码是状态管理机制的实际载体，它为客户端提供了一条理解事务处理结果的便捷途径。

HTTP 状态码分为五大类，简述如下。

1．100～199——信息状态码

在 HTTP 1.1 中，引入了信息状态码。已定义的信息状态码如表 2-2 所示。

表 2-2　信息状态码

状态码	原因短语	中文短语	含义
100	Continue	继续	说明收到了请求的初始部分，请客户端继续。服务器一旦发送了该状态码，收到请求后就必须进行响应
101	Switching Protocols	切换协议	说明服务器正在根据客户端的要求，将协议切换成 Update 首部所列的协议

状态码 100 Continue 基于以下目的引入：HTTP 客户端应用程序有一个实体要发送给服务器，但希望在发送前先确认一下服务器是否会接受这个实体。

2．200～299——成功状态码

客户端发起的请求通常都是成功的。服务器定义了一组专用于表示请求成功的状态码，分别对应不同类型的请求，如表 2-3 所示。

3．300～399——重定向状态码

这类状态码表示需要客户端执行进一步操作才能完成请求，通常用来重定向，后续的请求地址会在本次响应的 Location 首部中指明。重定向状态码如表 2-4 所示。

表 2-3 成功状态码

状态码	原因短语	含义
200	OK	请求无问题，响应实体的主体已包含所请求的资源
201	Created	用于响应创建服务器对象的请求(如 PUT)。响应实体的主体部分应该包含各种引用了已创建资源的 URL
202	Accepted	表示请求已被接受
203	Non-Authoritative Information	表示实体首部包含的信息不是来自于源端服务器，而是来自资源的一份副本。如果中间节点上有一份资源副本，但无法或者没有对它所发送的资源有关的元信息(首部)进行验证，就会出现这种情况
204	No Content	表示响应报文中包含着若干首部和一个状态行，但没有响应实体的主体部分，主要用于在浏览器不显示新文档的情况下，对其进行更新(比如刷新一个表单页面)
205	Reset Content	主要用于浏览器的代码，负责告知浏览器消除当前页面中的所有 HTML 表单元素
206	Partial Content	成功执行了一个部分或者 Range(范围)请求，该请求允许客户端通过一些特殊的首部来获取某一部分或某个范围内的文档。对该状态码的响应报文中必须包含 Content-Range、Date 以及 ETag 或 Content-Location 的首部

表 2-4 重定向状态码

状态码	原因短语	含义
300	Multiple Choices	客户端请求一个实际指向多个资源的 URL 时，会返回该状态
301	Moved Permanently	在请求的 URL 已被移除时使用。响应的 Location 首部中应该包含资源现在所处的 URL
302	Found	与 301 状态码类似，但客户端要使用 Location 首部给出的 URL 临时定位资源，后续的相同请求仍要使用原先的 URL
303	See other	告知客户端应使用另一个 URL 获取资源，该 URL 位于响应报文的 Location 首部，其主要目的是允许对 POST 请求的响应将客户端定向到某个资源上去
304	Not Modified	表明客户端可以通过所包含的请求首部，使其请求变成有条件的。如果客户端发起了一个条件请求 GET，且最近资源未被修改的话，就可使用该状态码来说明此资源未被修改。对该状态码的响应不包含实体的主体部分
305	Use Proxy	说明必须通过一个代理来访问资源，代理的位置在 Location 首部给出。有重要的一点需要注意：客户端是相对某个特定资源来解析这条响应的，不能假定所有请求，甚至所有资源服务器的请求都通过这个代理进行。如果客户端错误地让代理介入了某条请求，可能会引发破坏性的行为，而且会造成安全漏洞
306	(未使用)	当前未使用

4．400～499——客户端错误状态码

客户端有时会发送一些服务器无法处理的信息，如格式错误的请求报文或者对一个不存在 URL 的请求。浏览网页时经常出现的 404 Not Found 错误码，就是服务器告知客户端，它对客户端所请求的资源一无所知。

多数客户端错误都由浏览器静默处理完毕，并不会打扰用户。只有少量错误，如 404 Not Found 错误码，会穿过浏览器呈现到用户面前。客户端的部分错误状态码如表 2-5 所示。

表 2-5 客户端错误状态码

状态码	原因短语	含 义
400	Bad Request	告知客户端它发送了一个错误的请求，与适当的首部一同返回
401	Unauthorized	在错误信息首部中，请求客户端在获取资源访问权之前对其进行认证
402	Payment Required	说明该状态码现未使用，是被保留以备未来之用
403	Forbidden	说明请求已被服务器拒绝。服务器可在主体部分说明拒绝原因。该状态码通常用于服务器不想说明拒绝原因的情况
404	Not Found	说明服务器无法找到所请求的 URL。对该状态码的响应通常包含一个实体，供客户端应用程序显示给用户
405	Method Not Allowed	发起的请求中带有所请求的 URL 不支持的方法时，可使用该状态码，应在对其的响应中包含 Allow 首部，以告知客户端对所请求的资源可以使用哪些方法

5．500～599——服务器错误状态码

有时客户端发送的请求是有效的，但服务器自身却出现了错误。这可能是客户端遭遇了服务器缺陷，或者服务器上的子元素(如某个网关资源)出了错。代理在代表客户端与服务器交流时经常会遭遇此类问题，这时代理就会发布 5XX 服务器错误状态码对其进行描述。

2.3.3 首部

首部与方法配合工作，共同决定了客户端与服务器可以做什么。请求和响应报文都可以用首部提供信息，但有些首部是某种报文专用的，有些首部则是通用的。可以将首部分为五大主要类型。

1．通用首部

通用首部是客户端和服务器都能使用的首部，可以在客户端、服务器和其他应用程序中提供某些重要的通用功能。通用首部既可以用于请求消息，也可以用于响应消息，通常会包括一些与被传输的实体内容无关的常用消息头字段，如缓存控制、TCP 连接方式、创建时间、拖挂、编码、经过的节点等。

- ✓ Cache-Control: no-cache
- ✓ Connection: close/Keep-Alive
- ✓ Date: Tue, 11 Jul 2000 18:23:51 GMT
- ✓ Pragma: no-cache

- Trailer: Date
- Transfer-Encoding: chunked
- Upgrade: HTTP/2.0, SHTTP/1.3
- Via: HTTP/1.1 Proxy1, HTTP/1.1 Proxy2
- Warning: any text

各种常见通用首部的含义如表 2-6 所示。

表 2-6　通用首部含义

首　部	描　述
Connection	允许客户端和服务器指定与请求/响应连接有关的选项
Date	提供日期和时间标志，说明报文是什么时间创建的
MIME-Version	给出发送使用的 MIME 版本
Trailer	如果报文采用了分块传输编码(chunked Tansfer-Encoding)方式，则可以用这个首部列出位于报文拖挂(trailer)部分的首部集合
Tranefer-Encoding	告知接收端为了保证报文的可靠传输，对报文采用了何种编码方式
update	给出发送端可能想要"升级"的新版本或协议
Via	显示报文经过的中间节点(代理、网关等)

HTTP 1.0 第一次引入了使 HTTP 应用程序可以缓存对象本地副本的首部，从此应用程序不再需要总是从源端服务器获取数据，而最新的 HTTP 版本已经具备了非常丰富的缓存参数集。常用缓存首部的含义如表 2-7 所示。

表 2-7　缓存首部含义

首　部	描　述
Cache-Control	用于随报文传送缓存指示
Pragma	另一种随报文传送指示的方式，但并不专用于缓存

2. 请求首部

请求首部是请求报文特有的，它们为服务器提供了一些额外信息，如客户端希望接收的数据类型。请求首部用来存放客户端在请求消息中向服务器传递的附加信息，主要包括客户端可以接受的数据类型、压缩方法、语言以及发出请求的超链接所属网页的 URL 地址等信息。

- Accept: text/html,image/*
- Accept-Charset: ISO-8859-1,unicode-1-1
- Accept-Encoding: gzip,compress
- Accept-Language: en-gb,zh-cn
- Authorization: Basic enh4OjEyMzQ1Ng==
- Expect: 100-continue
- From: zxx@it315.org
- Host: www.it315.org:80
- If-Match: "xyzzy", "r2d2xxxx"

常见的信息性请求首部的含义如表 2-8 所示。

表 2-8 信息性请求首部

首部	描述
Client-IP	提供了客户端所运行机器的 IP 地址
From	提供了客户端用户的 email 地址
Host	给出了接收请求的服务器的主机名和端口号
Referer	提供了包含当前请求 URI 的文档的 URL
UA-Color	提供了与客户端显示器的显示颜色有关的信息
UA-CPU	给出了客户端 CPU 的类型或制造商
UA-Disp	提供了与客户端显示器屏幕性能有关的信息
UA-OS	给出了运行在客户端机器上的操作系统名称及版本
UA-Pixels	提供了客户端显示器的像素信息
User-Agent	将发起请求的应用程序名称告知服务器

除信息性首部以外，还有 Accept 首部(包括 Accept、Accept-Charset、Accept-Encoding 和 Accept-Language)以及条件请求首部、安全请求首部、代理请求首部等。

3．响应首部

响应报文有自己的首部集，供服务器在响应消息中向客户端传递附加信息。这些信息包括服务程序名、被请求资源所需的认证方式、被请求资源已经移动到的新地址等特殊指令。这些首部有助于客户端处理响应并在将来更好地发起请求。例如，以下的 Server 首部告知客户端，该报文正在与一个版本 1.0 的 Tiki-Hut 服务器进行交互：

Server:Tiki-Hut/1.0。

- ✓ Accept-Range: bytes
- ✓ Age: 315315315
- ✓ Etag: b38b9-17dd-367c5dcd
- ✓ Location: http://www.it315.org/index.jsp
- ✓ Proxy-Authenticate: BASIC realm="it315"
- ✓ Retry-After: Tue, 11 Jul 2000 18:23:51 GMT
- ✓ Server: Microsoft-IIS/5.0
- ✓ Vary: Accept-Language
- ✓ WWW-Authenticate: BASIC realm="it315"

部分常见响应首部的含义如表 2-9 所示。

表 2-9 响应首部

首部	描述
Age	(从最初创建开始)响应的持续时间
Public	服务器支持的请求方法列表
Retry-After	如果资源不可用的话，在此日期或时间之后重试
Server	服务器应用程序软件的名称和版本
Title	对 HTML 文档而言，就是该文档源端给出的标题
Warning	比原因短语中更详细一些的警告报文
Proxy-Authenticate	来自代理对客户端的质询列表

4. 实体首部

实体首部指用来描述实体主体部分的首部，如说明实体主体部分的数据类型。例如，使用 Content-Type 首部，则可告知应用程序该实体主体部分的数据是以 iso-latin-l 字符集表示的 HTML 文档，格式如下：

Content-Type:text/html; charset iso-latin-l。

实体首部作为实体内容的元信息，描述了实体内容的属性，包括实体信息类型、长度、压缩方法、最后一次修改时间、数据有效期等。

- ✓ Allow: GET, POST
- ✓ Content-Encoding: gzip
- ✓ Content-Language: zh-cn
- ✓ Content-Length: 80
- ✓ Content-Location: http://www.it315.org/java_cn.html
- ✓ Content-MD5: ABCDABCDABCDABCDABCDAB==
- ✓ Content-Range: bytes 2543-4532/7898
- ✓ Content-Type: text/html; charset=GB2312
- ✓ Expires: Tue, 11 Jul 2000 18:23:51 GMT
- ✓ Last-Modified: Tue, 11 Jul 2000 18:23:51 GMT

5. 扩展首部

扩展首部是非标准的首部，由应用程序开发者创建，但尚未添加到已批准的 HTTP 规范中，但 HTTP 程序依然接受并转发它们。

2.4 连接

HTTP 连接是 HTTP 报文传输的关键通道，在当今世界，几乎所有的 HTTP 通信都由 TCP/IP 承载。TCP/IP 是全球计算机及网络设备都在使用的一种分组交换网络分层协议集。连接时，客户端应用程序打开一条 TCP/IP 连接，就能接入运行在世界任何地方的服务器应用程序。而该连接一旦建立，在客户端与服务器的计算机之间交换的报文就永远不会丢失、受损或失序。

浏览器收到 URL 时会执行以下几个步骤：① 将服务器的 IP 地址和端口号从 URL 中分离出来；② 建立到达 Web 服务器的 TCP 连接；③ 通过这条连接发送一条请求报文；④ 读取响应；⑤ 关闭连接。

TCP 的数据是通过名为 IP 分组(或 IP 数据报)的小数据块来发送的，而所谓的 HTTP 就是"HTTP over TCP over IP"这个"协议柱"中的最顶层，其安全版本 HTTPS 则是在 HTTP 和 TCP 之间插入了一个称为 TLS 或 SSL 的密码加密层。

HTTP 传送一条报文时，会以数据流的形式，将报文的内容通过一条打开的 TCP 连接按序传输，而 TCP 收到这些数据流之后，会将数据流切分成被称作"段"的小数据块，并将这些"段"封装在 IP 分组中，然后通过因特网进行传输。上述所有工作都完全由 TCP/IP 来处理，对 HTTP 程序员来说不可见。每个 TCP"段"都由 IP 分组承载，从一个

IP 地址发送到另一个地址。每个 IP 分组中都包括一个 IP 分组首部(通常为 20 字节)、一个 TCP "段"首部(通常为 20 字节)以及一个 TCP 数据块(可以为 0 个或多个字节)。IP 首部包含了信息地址源和目的 IP 的地址、长度以及其他的一些标记。TCP 段的首部则包含了 TCP 端口号、TCP 控制标记以及用于数据排序和完整性检查的一些数值。

2.5 Web 服务器

Apache 是 Web 服务器的一种，因此在开始了解 Apache 前，有必要熟悉一下 Web 服务器的有关知识。

Web 系统由客户端(Browser)和服务器端(Server)两部分组成，其结构如图 2-3 所示，因此 Web 系统架构也被称为 B/S 架构。最常见的 Web 服务器有 Apache、IIS 等，常用的浏览器则有 IE、Firefox、Chrome 等。当访问一个网页时，用户需要在浏览器的地址栏中输入该网页的 URL 地址，或者通过超链接连接到该网页，此时浏览器会向该网页所在的服务器发送一个 HTTP 请求，该服务器会对接收到的请求信息进行处理，然后将处理的结果返回给浏览器，由浏览器进行最终处理后将结果呈现给用户。

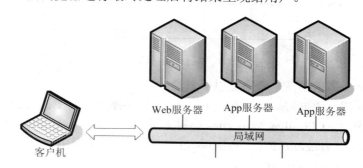

图 2-3 Web 服务器结构

Web 服务器一般是指对 HTTP 请求进行处理并提供响应的系统，术语"Web 服务器"既可以用来表示 Web 服务器使用的软件，也可以用来表示提供 Web 页面的特定设备或计算机。从硬件层面来看，Web 服务器有着不同的风格、形状和尺寸，包括普通的 10 行 Perl 脚本的 Web 服务器、50MB 的安全商用引擎以及极小的卡上服务器。但不论功能有何差异，所有的 Web 服务器都能够接收 HTTP 对资源的请求信息并将内容回送给客户端。

Web 服务器与操作系统相互协作，实现 HTTP 的需求。同时，Web 服务器与操作系统共同负责管理 TCP 连接，底层操作系统则负责管理底层计算机系统的硬件细节并提供对 TCP/IP 网络支持，负责装载 Web 资源的文件系统以及控制当前计算活动的进程的管理功能。

2.5.1 Apache 架构

Apache 作为历史最悠久的 Web 服务器，一直是 Web 应用系统的首选，它可以运行在几乎所有的计算机平台上。其因跨平台特性与良好的安全性能而被广泛使用，是流行架构

LAMP 的重要组成部分。Apache 遵循 HTTP 协议，默认端口号为 80。Web 服务器架构如图 2-4 所示。

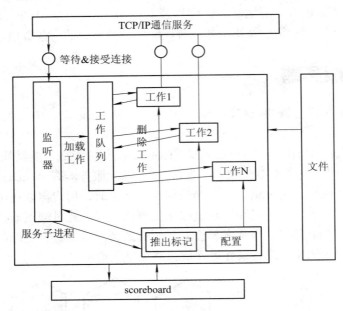

图 2-4　Web 服务器架构

关于 Apache 更多的信息，请参见以下资源：

- *Apache: The definitive Guide*，《Apache 权威指南》，由 Ben Laurie 和 Peter Laurie 编写，O'Reilly&Associates 公司出版。
- *Professional Apache*，Peter Wainwright 编写，Wrox 公司出版。
- http://www.ietf.org/rfc/rfcI413.txt
  RFC1413，M.St.Johns 编写的"Identification Protocol"(标识协议)。

2.5.2　服务器种类

按照实现方式，Web 服务器可分为三种：通用软件 Web 服务器、Web 服务器设备与嵌入式 Web 服务器。

1．通用软件 Web 服务器

通用软件 Web 服务器运行在标准的、有网络功能的计算机系统上。可以选择开源软件(如 Apache 或 W3C 的 Jigsaw)或者商业软件(如微软和 iPlanet 的 Web 服务器)。基本上所有的计算机和操作系统都有可用的 Web 服务器软件。

大多数 Web 服务器软件都来自少数几个组织。根据调查，免费的 Apache 软件占据了所有因特网 Web 服务器中大约 60%的市场；微软的 Web 服务器占据了 30%；Sun 的 iPlanet 则占据了 3%。

2．Web 服务器设备

Web 服务器设备(Web server appliance)是一种预先打包好的软硬件解决方案，方案提供厂商会在他们选择的计算机平台上预先将服务器软件安装并配置好。下面是一些常用的 Web 服务器设备：

- SunlCobalt RaQ Web 设备(http://www.cobalt.com)
- 东芝的 Magnia SGlO(http://www.toshiba.com)
- IBM 的 Whistle Web 服务器设备(http://www.whistle.com)

应用 Web 服务器设备不需要再自行安装及配置软件，可以极大地简化管理工作。但是 Web 服务器设备通常不够灵活，特性不够丰富，其硬件也不易重用或升级。

3. 嵌入式 Web 服务器

嵌入式 Web 服务器是嵌入到消费类产品(如打印机或家用设备)中的小型 Web 服务器。嵌入式 Web 服务器允许用户通过便捷的 Web 浏览器接口管理其设备。有些嵌入式 Web 服务器甚至可以置入小于 1 平方英寸的空间里，但通常只能提供最小特性功能集。以下是两种非常小的嵌入式 Web 服务器：

- 火柴头大小的 Web 服务器 lPic(http://www-ccs.cs.umass.edu/-shri/iPic.html)
- 以太网 Web 服务器 NetMedia SitePlayer SPl(http://www.siteplayer.com)

2.5.3　处理流程

先进的商用 Web 服务器需要完成许多复杂的任务，但以下流程是相同的：

(1) 建立连接——接受某个客户端的连接，如果不希望与这个客户端建立连接，则关闭该连接。
(2) 接收请求——从网络中读取一条 HTTP 请求报文。
(3) 处理请求——对请求报文进行解释，并采取行动处理。
(4) 访问资源——访问报文中指定的资源。
(5) 构建响应——创建带有正确首部的 HTTP 响应报文。
(6) 发送响应——将响应回送给客户端。
(7) 记录事务处理过程——将和已完成事务有关的内容记录在日志文件中。

本 章 小 结

通过本章的学习，读者应当了解：

- 资源是因特网中被定位信息指示的文件，使用 URL 语法标识，并用 docRoot 进行映射。
- 事务由一条(从客户端发往服务器的)请求命令和一个(从服务器发回客户端的)响应结果组成，这种通信是通过名为 HTTP 报文(HTTPmessage)的格式化数据块进行的。
- 报文由方法、请求 URL、版本、状态码及原因短语组成。
- HTTP 连接是 HTTP 报文传输的关键通道，现有的 HTTP 通信都由 TCP/IP 承载。TCP/IP 是全球计算机及网络设备都使用的一种分组交换网络分层协议集，每个 TCP 段都由 IP 分组承载，从一个 IP 地址发送到另一个地址。每个

PHP 程序设计及实践

　　　IP 分组中都包括：一个 IP 分组首部(通常为 20 字节)、一个 TCP 段首部(通常
　　为 20 字节)和一个 TCP 数据块(可以为 0 个或多个字节)。
　　◆ Web 服务器的通用事务处理流程分为 7 步：
　(1) 建立连接——接受某个客户端的连接，或者如果不希望与这个客户端建立连接，
就将其关闭。
　(2) 接收请求——从网络中读取一条 HTTP 请求报文。
　(3) 处理请求——对请求报文进行解释，并采取行动处理。
　(4) 访问资源——访问报文中指定的资源。
　(5) 构建响应——创建带有正确首部的 HTTP 响应报文。
　(6) 发送响应——将响应回送给客户端。
　(7) 记录事务处理过程——将和已完成事务有关的内容记录在日志文件中。

本 章 练 习

1. URI 的中文名称是＿＿＿＿，URL 的中文名称是＿＿＿＿＿，URL 是 URI 的＿＿＿。
2. 在 Apache 服务器中，对资源的映射通过目录＿＿＿＿实现。
3. HTTP 的通信是通过名为＿＿＿＿＿的格式化数据块进行的。
4. HTTP 报文由＿＿＿＿、＿＿＿＿、＿＿＿＿、＿＿＿＿＿和＿＿＿＿组成。
5. 简述 Web 服务器的 7 步通用处理流程。

第 3 章　PHP 基本语法

📖 本章目标

- 掌握 PHP 语言标记的方式、指令分割符和程序注释
- 掌握变量的使用
- 掌握常量的使用
- 掌握类型之间的相互转换
- 掌握各种运算符的使用
- 掌握分支结构和循环结构

PHP是一种脚本语言,可简单地视为一种流行的开发动态网页用的程序语言。学习任何一门编程语言的第一步都要先掌握基本语法,作为开发动态网页的脚本语言PHP也不例外,本章将详细介绍PHP的基本语法规则。

3.1 PHP语言标记

将PHP语言嵌入到后缀名为.php的HTML文件中,使用起始符"<?php"和终止标识符"?>"开启PHP程序。PHP语言既可以在两个HTML标记对中间嵌入,也可以在某个HTML标记的属性位置处嵌入,而且可以嵌入多个PHP标记。

上一章编写了一个简单的示例程序,本章将进一步完善并解析这个示例程序。

打开Zend Studio,并用PHP编写一个HTML脚本,PHP是一种可嵌入HTML的脚本语言,可嵌入是PHP的表现形式,脚本是运行机制,代码展现了如何嵌入:

```
<html>
<head>
<meta http-equiv="content-type" content="text/html;charset=gbk-2312" >
<title>分析PHP示例程序</title>
</head>
<body>
<?php
//这是注释
echo '这是注释';
//获取服务器信息的API
phpinfo();
?>
</body>
</html>
```

下面代码是对上段代码进行PHP代码嵌入处理后的内容,对比分析可以直观地发现PHP代码嵌入方式的灵活性,代码如下:

```
<html>
<head>
<meta http-equiv="content-type" content="text/html;charset=gbk-2312" >
<title><?php echo '分析PHP示例程序';?> </title>
</head>
<body <?php echo 'bgcolor="#ffcc00"'?> >
<?php
//这是注释
echo '这是注释';
//获取服务器信息的API
//phpinfo();
?>
```

```
</body>
</html>
```

PHP 语言标记包括开始和结束标记、指令分割符和程序注释。它是编译 PHP 脚本的重要识别信号。

3.1.1 开始和结束标记

PHP 的开始和结束标记主要有四种方式：以"<?php"开始和"?>"结束、以"<?"开始和"?>"结束、以"<script language="php">"开始和"</script>"结束与以"<%"开始和"%>"结束。其中以"<?php"开始和"?>"结束的标记是最流行的。

1. 以"<?php"开始和以"?>"结束的标记

它是 PHP 推荐使用的一种标准的 XML 风格的标记方式，在配置文件中不能禁用。

2. 以"<?"开始和以"?>"结束的简短风格的标记

在配置文件中，用 short_open_tag=On 打开 PHP 短标记，开启后可以用<?=$ret?>来代替<?php echo $ret; ?>。但有个问题，在用 PHP 输出 XML 声明时，需要稍稍调整一下：不能直接写 XML 语句，必须要用 PHP 的语句输出。如<?xml encoding="utf-8"?>必须改成<?php echo '<?xml encoding="utf-8"?>'; ?>；或者在编译 PHP 时，加入-enable-short-tags 选项后才可使用。

3. 以"<script language="php">"开始和"</script>"结束的长风格标记

长风格标记是所有标记类型中最长的，熟悉 JavaScript 或者 VBScript 等客户端脚本的读者就会熟悉这种风格，但不常用。

4. 以"<%"开始和"%>"结束的 ASP 风格的标记

在 php.ini 配置文件设定中启用 asp_tags 选项后，就可以使用它。这是为习惯了 ASP 或 ASP.NET 的编程风格的人设计的。在默认情况下该标记被禁用，所以移植性比较差，通常不推荐使用。

3.1.2 指令分隔符

PHP 语句分为两种：一种是定义程序结构的语句，如流程控制、函数定义、类定义等，在结构定义语句中不能以分号作为结束；另一种是执行某种特定功能的语句，如变量的声明、内容的输出、函数的调用等，这种语句也是指令，PHP 需要在每个指令后用分号结束，一段 PHP 代码的结束标记表示了一个分号，所以在 PHP 代码段的最后一行可以不用分号结束。

```
<?php
echo "this is test";
?>
<?php
echo "this is test"
?>
```

3.2 变量

变量是能表示可变状态，具有存储空间的抽象单位。它具体指在程序运行过程中随时发生变化的量，可储存用户输入的数据、特定运算的结果，以及显示在网页上的一段数据，是数据的临时存放场所。

PHP 中最基本的存储单元是常量和变量，可以存储不同类型的数据。PHP 脚本语言是一种弱类型检查的语言，程序中的变量类型由其上下文环境决定。

3.2.1 变量的声明

在 PHP 中可以声明并使用自己的变量。与 C、Java 语言相比，PHP 需要注意两个问题：(1) 无需在使用变量之前声明变量。当第一次给一个变量赋值时，便创建了这个变量，可在脚本中重复使用它；(2) 当声明变量时，必须使用一个美元符号"$"和变量名来表示，使用赋值操作符"="给一个变量赋值。

PHP 变量有一定的生效范围，即它定义的上下文背景，PHP 变量(除全局变量声明外)只有在声明处到文件结束的一个单独的范围内使用，此范围不仅包括"<?php"开始处到"?>"结束处，也包括 include 和 require 引入的文件。

示例代码如下：

```php
<?php
require dirname(__FILE__).'//common.php';
echo $factory;
 echo '<br/>';
$name="student No.1";
echo $name;
?>
```

Common 代码如下：

```php
<?php
    $factory="xxx有限责任公司";
?>
```

在变量的使用范围周期内，可以借助 unset()函数释放指定的变量，使用 isset()检测是否设置变量，使用 empty()函数检测变量是否为空。通过以下代码可控制变量：

```php
<?php
$var='';       //声明一个变量，赋予一个空值
 if(empty($var)){
     echo 'empty 函数测试结果为空';
 }
 else{
     echo '该变量有值，不为空';
```

```
}
echo '<br/>';
if(isset($var))
{
    echo '$var变量已经被设置';
}
else
{
    echo '$var变量没有被设置';
}
echo '<br/>';
unset($var);
if(!isset($var))
{
    echo 'unset函数指令之后，$var变量被设置';
}
else
{
    echo 'unset函数指令之后，$var变量被注销';
}
?>
```

empty()函数的参数是空值，将返回 TRUE，空值包括""、0、"0"、NULL、FALSE、array()以及没有任何属性的对象。isset()函数用于检测变量是否被设置，这里有两个问题需要注意：(1) 若 isset()测试一个被设置成 NULL 的变量，将返回 FALSE；(2) 一个 NULL 字节("\0")并不等同于 PHP 的 NULL 常数。

3.2.2 变量的命名

PHP 的变量命名是严格区分大小写的，但其内置结构、关键字、自定义的类名和函数名是不区分大小写的，例如 echo、while、class 名称、function 等。

变量名是由字母(a-z、A-Z)、下划线(_)、美元符号($)和数字组成的。数字不能放首位，并且变量名不能使用编程语言的保留字。在规模比较大的模块中，变量的使用必须谨慎，为了解决冲突和方便调试，程序员通常会遵循下列规则：

◇ 变量名使用有意义的名称，通过变量名能大概反映出具体的用途。在实际使用中，有一些约定俗成的用法，如"i"、"j"，分别表示初始变量和步进速度。
◇ 服从公司命名规范，在命名时使用一致的做法。
◇ 服从编程语言本身的规范，不使用不连贯的小写和大写混合名称。
◇ 确定并坚持使用一种固定的自然语言的命名方式，不使用拼音和英文混合的命名方式。

命名方式一般有以下三种：

（1）驼峰命名法，方式如其名，按照自然含义使用大小写字母组成变量和函数的名字，首字母为小写，每一个逻辑断点都有一个大写字母，如 userName。这种方式普遍用在命名函数和方法时，并且函数的变量名字的首个单词应该是动词。

（2）匈牙利命名法，该命名法是在首部加上若干表示数据类型的字符。其组成结构是：变量名 = 属性 + 类型 + 对象描述。如 i 表示 int，所有 i 开头的变量名都表示 int 类型，s 表示 String。这种方式在早期的 C、C++ 中比较流行。

（3）帕斯卡命名法，即 pascal 命名法。其做法是首字母大写，如 GoodsHouseware(商品仓库)，这种方式一般用在类的命名中。

除了上述三种方式，还有一些其他辅助方式，比如常量、静态变量的命名一般使用全部大写的方式。命名方式需要灵活对待，根据不同的情况使用不同的方式。

3.2.3　变量的类型

与其他强类型检查语言不同(强类型语言中，需要先指定类型，然后才能存储指定的数据)，PHP 等弱类型语言的变量类型是由存储的数据决定的。

PHP 支持八种原始类型，其中包括四种标量类型：boolean (布尔型)、string (字符串型)、integer (整型)和 float (浮点型)；两种复合类型：array (数组类型)和 object (对象类型)；两种特殊类型：resource (资源类型)与 NULL 类型。此外，还需要掌握三个伪类型，分别是 mixed、number 和 callback。

在程序中，使用函数 var_dump () 查看某个表达式的类型和值，如下所示：

```php
<?php
/*
*原始类型：boolean、string、integer、 float
*复合类型：array、object
*/
$bool=false;
var_dump($bool);  //输出：bool(false)

echo '<br/>';
$str='I LIKE PHP';
var_dump($str); //输出：string(10) "I LIKE PHP"

echo '<br/>';
$int=1;
var_dump($int); //输出：int(1)

echo '<br/>';
$float=1.00;
var_dump($float); //输出：float(1)
?>
```

1. 布尔型

布尔型是 PHP 的标量类型之一，boolean 表达了 TRUE 或 FALSE。在 PHP 进行关系运算以及布尔运算时，返回的都是布尔结果，它是 PHP 逻辑控制的判断依据。

在 PHP 中，布尔型不只有 TRUE 或 FALSE 两个值，当运算符、函数或者流程控制需要一个 boolean 参数时，PHP 都会把任何类型的值自动转换成布尔型的值。下列情况会自动转换为假：

- ◇ 浮点数、整型值 0 为 FALSE，−1 和其他非 0 值，无论正负都被认为是 TRUE。
- ◇ 空白字符串和字符串"0"。
- ◇ 没有成员变量的对象。
- ◇ 没有单元的对象。
- ◇ 特殊类型 NULL。

从深层次角度来理解，发现在 PHP 源代码中的变量是以 C 语言的结构体来存储的，"Zend zval Structure：WINDOWS API #define NULL ((void *)0)"，可见空字符串和 NULL、FALSE 都是以值为指针 0(空指针)存储的。其中这个结构体有个 zend_uchartype 的成员变量，它是用来保存变量类型的，而空字符串的类型是 string，NULL 的类型是 NULL，FALSE 是 boolean，这一点可以用 echo gettype (")和 echo gettype (NULL)打印出来看看运算符需要比较值还是需要比较类型，代码如下所示：

```php
<?php
// 注意：NULL是一种特殊的类型。
// 三种情况下为NULL
// 1. $var = NULL;
// 2. $var;
// 3.""、0、"0"、NULL、FALSE、array()、var $var;
// 以及没有任何属性的对象都将被认为是空的，如果var 为空，则返回TRUE。

//0、false、null之间的关系
$status1=0;
$status2=false;
$status3=null;//$status3=NULL;
if($status1==$status2 && $status1==$status3)
{
    echo '3者相等';
}else {
    echo '3者不相等';
}
echo '<br/>';
echo '第一个变量类型是：'.gettype($status1);
echo '<br/>';
echo '第二个变量类型是：'.gettype($status2);
echo '<br/>';
```

```
echo '第三个变量类型是：'.gettype($status3);
echo '<br/>';
 echo '<br/>';
 if($status1===$status2 &&$status1===$status3)
{
        echo '三者相等';
}else {
        echo '三者不相等';
}
echo '<br/>';
//
echo false;
echo (integer)false;
?>
```

2. 整型(integer)

整型也是标量类型之一。整型变量用于存储整数，与其他语言相似，它可以用十进制数(基数为 10)表示数据，也可以用十六进制(基数为 16)和八进制(基数为 8)。使用八进制，数字前必须加上"0"，十六进制数字前必须加上"0x"。声明整型整数如下所示：

```
<?php
$int=+124;        //十进制 整数124
$int=-124;        //十进制 整数 -124
$int=124;         //十进制 整数124

$int=0124;        //八进制 整数124
$int=0x12a;       //十六进制 整数12a
?>
```

八进制、十进制和十六进制都用"+"或"-"，表示数据的正负，其中"+"可以省略。整型数值的使用范围很大，其字长和平台有关，对于 32 位的操作系统而言，最大整数值为二十多亿。如果给定的一个数值超出了整型的范围，就会被解释为 float，同样，执行的运算结果超出了整型的范围，也会返回 float。

3. 浮点型

浮点型(也称双精度数或实数)是包含小数部分的数，也是 PHP 标量类型之一，通常用来表示整型无法表示的数。浮点数的字长与平台有关，一个浮点型的字长差不多等于 4 个 int 型的字长。浮点数只是一种近似的数值，如用浮点数表示 8，其内部类似 7.99999…，所以不能比较两个浮点数大小。如需更高的精度，则应使用精度数学函数或者 gmp()函数。

4. 字符串

字符串是 PHP 标量类型之一，表示一系列字符。一个字符串可以表示一个字符，也可以表示任意多个字符。

定义字符串有三种方式：单引号、双引号和定界符。这三种方式虽然都可以定义相同的字符串，但它们在功能上有明显的区别。下面分别介绍定义字符串的三种方式及其区别。

(1) 单引号。

指定一个字符串最简单的方法是用单引号"'"括起来，字符串中不能再包含单引号，否则会发生错误。如果要在单引号字符串中使用"'"，需要用转义字符"\"。

在单引号字符串中出现的变量不会被其他变量代替，这是与双引号字符串的重要区别。即 PHP 不会解析单引号中的变量，而是将变量名原样输出。单引号的应用如下：

```
<?php
$str='This is simple string';
echo  $str;
echo  '<br/>';   //换行符

$str='This is \'simple\' string';
echo  $str;
echo  '<br/>';            //换行符


$price=100;              //定义一个整型
$str='Price is: $price';    //$price 根本没有被解析，会被原样输出
echo  $str;
echo  '<br/>';            //换行符
?>
```

(2) 双引号。

如果用双引号(" ")括起字符串，PHP 将"懂得"更多的转义序列，并且双引号字符串中的变量名会被变量值代替，即可以解析双引号中的包含变量。如果将上例中最后一小段代码改写如下：

```
$price=100; //定义一个整型
$str="Price is: $price"; //$price 会被解析，输出100
echo  $str;
echo  '<br/>';  //换行符
```

其最终结果会显示"Price is: 100"，而不是单引号中的"Price is: $price"。

(3) 定界符。

用定界符语法("<<<")定义字符串的方式，在一般情况下很少用到，除非遇到要求大篇幅内容保持格式一致的情况。在使用定界符时，"<<<"之后跟一个标识符，然后换行，输入字符串，最后换行顶格输入结束标识符，以分号结束。如下所示：

```
$str=<<<EOF
    中国核电走进欧洲或面临世界上最严格技术审查：中国企业到英国投资建设一个目前世界上造价最高的核电项目，存在着很大的经济风险；与此同时，中国的核电技术要想在英国"落地"，则需面临世界上最为严格的技术审查的考验
EOF;
echo $str;
```

5. 数组

数组是 PHP 中重要的复合数据类型，与其他语言不同的是，PHP 数组不仅可以存放多个数据，并且可以存入任何类型的数据。PHP 数组实际上是一个有序图，有序图是一种用链表实现的类型，此类型在很多方面做了优化，因此可以当成真正的数组。PHP 构造数组的方法很多，其中可以用 array()语言结构新建一个 array，它可接受一定数量的用逗号分隔的 key=>value 参数对，代码如下所示：

```php
<?php
$arr=array('key1'=>'name','key2'=>'univercity');
//var_dump($arr);
print_r($arr);
?>
```

6. 对象

在 PHP 中，与数组相比，对象是一种更高级的复合数据类型。一个对象类型的变量是由一组属性值和一组方法构成的，属性表明对象的一种状态，方法通常用来表明对象具备的能力和功能。要初始化一个对象，需要用 new 语句将对象实例化到一个对象中。对象的声明和使用如下所示：

```php
<?php
Class Animal{
    var $name;
    function say(){
        echo '喵喵';
    }
}
$a=new Animal();
$a->name="Jack";\
$a->say();
$arr=array('key1'=>'name','key2'=>'univercity');
//var_dump($arr);
print_r($arr);
?>
```

7. 资源类型

资源类型是一种特殊的类型，用于保存外部资源的一个引用。资源是通过专门的函数来建立和使用的，如果大家对操作系统熟悉的话，就会知道资源和内核对象很相似，使用资源类型变量可打开文件、数据库连接，并为图形画布区域等提供特殊句柄。资源由程序员创建、使用和释放。使用函数创建资源变量，如果创建成功，返回资源引用赋给变量；如果创建失败，返回布尔型 FALSE。判断资源是否创建成功很容易，代码如下所示：

```php
<?php
$file_handle=fopen("info.txt", "w");
//在页面上显示是否成功
```

```
Var_dump($file_handle);
$dir_handle=opendir("C:\\WINDOWS\\Fonts");
//在页面上显示是否成功
Var_dump($dir_handle);
$link_mysql=mysql_connect("localhost","root","123456");
//在页面上显示是否成功
Var_dump($link_mysql);
?>
```

8．NULL 类型

NULL 类型表示一个变量没有值，NULL 类型唯一的值就是 NULL。NULL 不表示为空格、0 或空字符串，而是表示一个变量的值为空。NULL 在操作系统上的存储表示上为"\0"，不用区分大小写。在下列情况中，PHP 会把一个变量默认为空：

- 把变量赋值为 NULL。
- 声明的变量尚未被赋值。
- 被 unset()函数销毁的变量。

9．其他伪类型

伪类型不是 PHP 中的基本数据类型，它是因为编译器需要识别并接受多种类型的数据而产生的。常用的伪类型有以下几种：

- mixed：说明一个参数可以接受不同的类型，如 gettype()。
- number：说明一个参数可以是 integer 或 float。
- callback：有些诸如 call_user_function()或 usort()的函数可以接受用户自定义的函数作为参数。callback 函数不仅是一个简单的函数，还是一个对象方法，其中包括静态类的方法。

3.2.4 可变变量

一个普通的变量名通过声明来设置，而可变变量是将一个普通变量重新命名或引用，这个名称可作为变量名。使用可变变量名非常方便，可以动态设置和使用，代码如下所示：

```
$hi =   "hello";          //声明一个普通的语法变量$hi值为hello
$$hi =  "world";          //声明一个可变变量$$hi, $hi的值为hello, 相当于声明//$hello的值为world
echo "$hi $hello";
echo "$hi $($hi)";
```

3.2.5 变量的引用赋值

变量是传值赋值，也就是说，将一个表达式的值赋给一个目标变量时，改变其中一个变量的值并不会影响到另外一个变量。

PHP 还提供了另外一种赋值方式：引用赋值。新的变量简单地引用原始变量，改动原始变量的内容必将影响新的变量，反之亦然。可见，这种操作因没有复制操作变得更加快速，这种赋值方式在密集的循环或者对很大的数组或大对象赋值时才有显著的提升。使用引用赋值，只需要简单将一个"&"加到将要赋值的目标变量上即可，代码如下所示：

```
<?php
$foo="tool";
$bar=&$foo;
$bar="My name is Tom";
Echo $foo;   //显示"My name is Tom";
Echo $bar;   //显示"My name is Tom";
?>
```

另外，PHP 的引用并不像 C 语言中的地址指针。例如 $bar=&$foo 中，并不会导致 $bar 和$foo 内存上同体，只是将各自的值相关联起来。所以，使用 unset()不会导致所有的变量消失。

```
<?php
$foo=25;
$bar=&$foo;
unset($bar);
Echo $foo;   //显示25;
?>
```

3.3 常量

常量是数据计算中固定的数值，例如数学中的 $\pi = 3.141\,592\,6\cdots$。常量是单个值的标识符(名称)，对于简单的数据类型常量来说，要比一般变量效率高一点，也节约空间；而对于复杂数据类型，例如字符串，效率就差多了。常量可以避免因为错误或失误赋值而带来的运行错误，所以如果程序运行中有不需要改变的变量，首选使用常量。

常量有以下几个特点：
- 一旦被定义就无法更改或撤销定义。
- 有效的常量名以字符或下划线开头(常量名称前面没有符号"$")。
- 与变量不同，常量贯穿整个脚本是自动全局的。
- 常量的类型只能是标量类型(boolean、integer、float 和 string 之一)。

3.3.1 设置 PHP 常量

常量的命名和变量相似，遵循 PHP 标识符的命名规则，且声明常量默认还跟变量一样，大小写敏感，但按照惯例常量名称总是大写的，不需要在名前加"$"。
如需设置常量，应使用 define()函数，它有以下三个参数：
- 定义常量的名称。
- 定义常量的值。
- 规定常量名是否对大小写敏感，默认是 FALSE。

常量的使用和声明如下所示:

```
<?php
Define("UNITNAME","UGROW");
echo "UNITNAME";
Define("YEAR",2015,false);
echo "YEAR";
?>
```

3.3.2 预定义常量

在 PHP 中，常量非常多。每个 PHP 扩展都提供了大量好用的常量和一些比较常用的魔术常量，它们在程序中直接使用这些常量来完成一些特殊功能，可在 PHP 的内核中定义这些常量。它们包含 PHP、Zend 引擎和 SAPI 模块，如表 3-1 所示。

表 3-1 预定义常量

名称	描述
PHP_VERSION	PHP 程序的版本，如 4.0.2
PHP_OS	执行 PHP 解释器的操作系统名称，如 Windows
PHP_SAPI	用来判断是使用命令行还是浏览器执行，如果 PHP_SAPI=='cli'表示是在命令行下执行
E_ERROR	最近的错误处
E_WARNING	最近的警告处
E_PARSE	剖析语法有潜在问题处
E_NOTICE	发生不寻常但不一定是错误处
PHP_EOL	系统换行符。Windows 是"\r\n"，Linux 是"/n"，MAC 是"\r"，自 PHP 4.3.10 和 PHP 5.0.2 起可用
DIRECTORY_SEPARATOR	系统目录分隔符。Windows 是反斜线(\)，Linux 是斜线(/)
PATH_SEPARATOR	多路径间分隔符。Windows 是分号(;)，Linux 是冒号(:)
PHP_INT_MAX	INT 最大值，32 位平台时值为 2147483647，自 PHP 4.4.0 和 PHP 5.0.5 起可用
PHP_INT_SIZE	INT 字长，32 位平台时值为 4(4 字节)，自 PHP 4.4.0 和 PHP 5.0.5 起可用

3.3.3 魔术常量

PHP 中有一些常量的值会随它们所处位置的不同而不同，这样的变量在 PHP 中被称为"魔术常量"。例如__LINE__的值就由它在脚本中所处的行来决定，这些变量不需要区分大小写。常用的魔术常量如下：

- ✧ __LINE__：返回文件中的当前行号。
- ✧ __FILE__：返回文件的完整路径和文件名。如果用在包含文件中，则返回包含文件名。自 PHP 4.0.2 起，__FILE__总是包含一个绝对路径，而在此之前的版本中，有时会包含一个相对路径。

- **__DIR__**：文件所在的目录。如果用在被包括文件中，则返回被包括的文件所在的目录。它等价于 dirname(__FILE__)。除非是根目录，否则所在目录名称不包括末尾的斜杠(PHP 5.3.0 中新增)。
- **__FUNCTION__**：返回函数名称(PHP 4.3.0 新加)。自 PHP 5 起，__FUNCTION__ 常量返回函数被定义时的名字(区分大小写)。在 PHP 4 中该值的字母总是小写的。
- **__CLASS__**：返回类的名称(PHP 4.3.0 新加)。自 PHP 5 起，__CLASS__常量返回该类被定义时的名字(区分大小写)。在 PHP 4 中该值的字母总是小写的。
- **__TRAIT__**：trait 的名字(PHP 5.4.0 新加)。自 PHP 5.4 起，此常量返回 trait 被定义时的名字(区分大小写)。Trait 名包括其被声明的作用区域(例如 Foo\Bar)。
- **__METHOD__**：返回类的方法名(PHP 5.0.0 新加)。__METHOD__用于返回方法被定义时的名字(区分大小写)。格式：类名::方法名。
- **__NAMESPACE__**：当前命名空间的名称(区分大小写)。此常量是在编译时定义的(PHP 5.3.0 新增)。

部分常量和魔术常量的使用如下所示：

```php
<?php
class trick
{
    function doit()
    {
        echo PHP_OS;
        echo __FUNCTION__;
        echo __LINE__;
        echo __FILE__;
    }
    function doitagain()
    {
        echo PHP_OS;
        echo __FUNCTION__;
        echo __LINE__;
        echo __FILE__;
    }
}
$obj=new trick();
$obj->doit();
$obj->doitagain();
?>
```

3.4 类型转换

类型转换是指将变量或值从一种类型转换成其他类型。转换的方法有两种：自动类型转换和强制类型转换。在 PHP 中可以根据变量或值的使用环境转换为最合适的数据类型，也可以根据需要强制转换为用户指定的类型。

3.4.1 自动类型转换

通常在一个需要混合运算的表达式中，会用到不同的数据类型，这时才会发生自动类型转换，通常有四种标量类型——boolean、integer、float 和 string。运算过程并没有改变变量本身，改变的是表达式如何被求值。自动类型转换虽然是系统自动进行的，但在混合运算时，自动转换遵循按照向数据长度增加的方向转换的原则进行，以保证数据的精度不被降低，如图 3-1 所示。

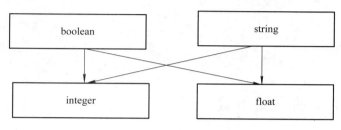

图 3-1　自动类型转换

3.4.2 强制类型转换

当需要使用到不同的数据类型，而 PHP 无法根据上下文环境自动进行类型转换或者转换会有二义性时，则需要用到强制类型转换。使用时，把需要转换的变量用括号括起，也可以使用转换函数，如 intval()、floatval()、strval()和 settype()等。

使用括号方式进行强制转换示例代码如下：

```
<?php
$foo=10;
$bar=(boolean)$foo;
echo $foo;
?>
```

使用函数方式进行强制转换示例代码如下：

```
<?php
$foo='10';
$bar=1.23+floatval($foo);
echo $foo;
?>
```

在实际使用中，需要按照实际需求进行转换，并在转换前或后附加其他信息，常用的转换函数是 sprintf 和 number_format()。示例代码如下：

```
<?php
//数值的转换
//1、数值转换为字符串
```

```
$account=10500.123;
//a、sprintf
$str=sprintf("%.2f",$account);
echo '<br/>';
$str2=sprintf("%01.2f", $account);
echo '<br/>';
//05.11
 echo $str;
 echo '<br/>';
 echo $str2;
 echo '<br/>';
 echo number_format($account,2,'~',',');
?>
```

3.4.3 变量类型的测试函数

PHP 有很多用于测试变量类型的函数，最常见的是 gettype()和 settype()。如果变量类型不是上文所讲的 8 种标准类型之一，那么 gettype()就会返回"unknown type"。这两个函数具有以下所示的函数原型，通过它们可以获得要传递的参数和返回的结果：

string gettype(mixed var)

bool settype(mixed var, string type)

PHP 还提供了以下一些特定类型的测试函数，每一个函数都使用一个变量作为其参数，并返回 TRUE 或 FALSE：

- ✧ is_array()：检查变量是不是数组。
- ✧ is_double()、is_float()、is_real()：检查变量是否为浮点数。
- ✧ is_long()、is_int()、is_integer()：检查变量是否为整数。
- ✧ is_string()：检查变量是不是字符串。
- ✧ is_bool()：检查变量是不是布尔值。
- ✧ is_object()：检查变量是不是一个对象。
- ✧ is_resource()：检查变量是不是一个资源。
- ✧ is_null()：检查变量是否为 NULL。
- ✧ is_scalar()：检查变量是不是标量，即一个整数、布尔值、字符串或浮点数。
- ✧ is_numeric()：检查变量是不是数字或数字字符串。
- ✧ is_callable()：检查变量是不是有效的函数名称。

变量类型测试函数的使用方法如下：

```
<?php
$foo="foo";
echo gettype($foo);
?>
```

3.5 运算符

运算符是可以通过给出的一个或多个值来产生另一个值(因而整个结构是一个表达式)的符号，是一个命令解释器对一个或多个操作数执行某种运算的符号。按照运算符能接受值的数量可分为以下几组：一元运算符只能接受一个值，如 "!" (逻辑取反运算符)、"++" (递增运算符)；二元运算符可接受两个值，如熟悉的算术运算符 "+" (加)和 "−" (减)，大多数PHP运算符都是这种；三元运算符 "?" (称之为条件运算符可能更合适)可接受三个值。

3.5.1 算术运算符

算术运算符是最常用的符号，用来处理简单的算术运算，包括加、减、乘、除、取余等。PHP 的算术运算符如表 3-2 所示。

表 3-2　算术运算符

例　子	名　称	结　果
-$a	取反	$a 的负值
$a + $b	加法	$a 和$b 的和
$a - $b	减法	$a 和$b 的差
$a * $b	乘法	$a 和$b 的积
$a / $b	除法	$a 除以$b 的商
$a % $b	取模	$a 除以$b 的余数

除法运算符总是返回浮点数，只有下列情况例外：

(1) 两个操作数都是整数(或字符串转换成的整数)，并且正好能整除，这时它返回一个整数。

(2) 取模运算符的操作数在运算之前都会转换成整数(除去小数部分)。

(3) 取模运算符 "%" 的结果和被除数的符号(正负号)相同。即$a % $b 的结果值的正负和$a 的正负一致。示例代码如下：

```
<?php
echo (5 % 3)."\n";     // prints 2
echo (5 % -3)."\n";    // prints 2
echo (-5 % 3)."\n";    // prints -2
echo (-5 % -3)."\n";   // prints -2
?>
```

在循环中，最常见的运算是对一个变量进行自增或自减，如$i++或$i--，它表示变量$i 加 1 或减 1。示例代码如下：

```
<?php
for($i=1;$i<100;$i++)
  {
```

```
    echo $i." ";
  }
?>
```

3.5.2 字符串运算符

字符串(string)运算符有两个：第一个是连接运算符（"."），它返回其左右参数连接后的字符串；第二个是连接赋值运算符（".="），它将右边参数附加到左边的参数之后。示例如下：

```
<?php
$a = "Hello ";
$b = $a . "World!"; // now $b contains "Hello World!"
$a = "Hello ";
$a .= "World!";    // now $a contains "Hello World!"
?>
```

3.5.3 逻辑运算符

逻辑运算符用来判断一个表达式是真值或假值。逻辑运算符只能操作布尔型数据，结果也是布尔型数据，如果连接的表达式不是布尔型数据，PHP 会进行自动类型转换。逻辑运算符如表 3-3 所示。

表 3-3 逻辑运算符

例 子	名 称	结 果
$a and $b	And (逻辑与)或&&	TRUE，如果$a 和$b 都为 TRUE
$a or $b	Or (逻辑或)或||	TRUE，如果$a 或$b 任一为 TRUE
$a xor $b	Xor (逻辑异或)	如果 a、b 两个值不相同，则异或结果为 TRUE，否则为 FALSE
! $a	Not (逻辑非)或!	TRUE，如果$a 不为 TRUE

需要注意的是：逻辑"与"的优先级要高于逻辑"或"，例如：

```
<?php
// --------------------
// foo() 根本没机会被调用，被运算符"短路"了
$a = (false && foo());
$b = (true  || foo());
$c = (false and foo());
$d = (true  or  foo());
// --------------------
// "||" 比 "or" 的优先级高
// 表达式 (false || true) 的结果被赋给 $e
// 等同于：($e = (false || true))
```

```php
$e = false || true;
// 常量 false 被赋给 $f，true 被忽略
// 等同于：(($f = false) or true)
$f = false or true;
var_dump($e, $f);
// --------------------
// "&&" 比 "and" 的优先级高
// 表达式 (true && false) 的结果被赋给 $g
// 等同于：($g = (true && false))
$g = true && false;
// 常量 true 被赋给 $h，false 被忽略
// 等同于：(($h = true) and false)
$h = true and false;
var_dump($g, $h);
?>
```

3.5.4 比较运算符

比较运算符也称关系运算符或条件运算符，是经常用到的二元运算符，用于对运算符两边的操作数进行比较，结果只能是布尔值。比较运算符的种类如表 3-4 所示。

表 3-4 比较运算符

例 子	名 称	结 果
$a == $b	等于	TRUE，如果类型转换后 $a 等于 $b
$a === $b	全等	TRUE，如果 $a 等于 $b，并且它们的类型也相同
$a != $b	不等	TRUE，如果类型转换后 $a 不等于 $b
$a <> $b	不等	TRUE，如果类型转换后 $a 不等于 $b
$a !== $b	不全等	TRUE，如果 $a 不等于 $b，或者它们的类型不同
$a < $b	小于	TRUE，如果 $a 严格小于 $b
$a > $b	大于	TRUE，如果 $a 严格大于 $b
$a <= $b	小于等于	TRUE，如果 $a 小于或者等于 $b
$a >= $b	大于等于	TRUE，如果 $a 大于或者等于 $b

如比较一个数字和字符串(或者涉及数字内容的字符串)，则字符串会被转换为数值进行比较。此规则也适用于 switch 语句。当用 === 或 !== 进行比较时不会进行类型转换，因为此时类型和数值都要比对。

```php
<?php
var_dump(0 == "a"); // 0 == 0 → true
var_dump("1" == "01"); // 1 == 1 → true
var_dump("10" == "1e1"); // 10 == 10 → true
var_dump(100 == "1e2"); // 100 == 100 → true
switch ("a") {
```

```
case 0:
echo "0";
   break;
case "a": // never reached because "a" is already matched with 0
   echo "a";
   break;
}
?>
```

对于多种类型，比较运算符根据表 3-5 进行比较(按顺序)。

表 3-5　比较运算符

比较多种类型		
运算数 1 类型	运算数 2 类型	结　　果
null 或 string	String	将 NULL 转换为""，进行数字或词汇比较
bool 或 null	任何其他类型	转换为 bool，FALSE<TRUE
object	Object	内置类可以定义自己的比较，不同类不能比较
string，resource 或 number	String，Resource 或 Number	将字符串和资源转换成数字，按普通数字比较
array	Array	具有较少成员的数组较小，如果运算数 1 中的键不存在于运算数 2 中，则数组无法比较，要比较的话，只能挨个值比较
object	任何其他类型	object 总是更大
array	任何其他类型	array 总是更大

数组的比较示例如下：

```
<?php
// 数组是用标准比较运算符比较的
function standard_array_compare($op1, $op2)
{
if (count($op1) < count($op2)) {
    return -1; // $op1 < $op2
   } elseif (count($op1) > count($op2)) {
    return 1; // $op1 > $op2
   }
   foreach ($op1 as $key => $val) {
     if (!array_key_exists($key, $op2)) {
        return null; // uncomparable
     } elseif ($val < $op2[$key]) {
        return -1;
     } elseif ($val > $op2[$key]) {
        return 1;
     }
   }
```

```
    return 0; // $op1 == $op2
}
?>
```

3.5.5 赋值运算符

赋值运算符 "=" 是一个二元操作符,左边的操作数必须是变量,右边可以是表达式,把表达式的值赋给运算符左边的变量。"=" 理解为 "被设置为" 或 "被赋值",是一种复制操作,代码如下:

```
<?php
    $a = ($b = 4) + 5; // $a 现在成了 9,而 $b 成了 4。
?>
```

> **注意** 赋值运算是将原变量的值拷贝到新变量中(传值赋值),所以改变其中一个并不会影响另一个。这也适合于在密集循环中拷贝一些数值,如大数组。

在 PHP 5 中,普通的传值赋值行为有一个例外情况:碰到对象 object 时,是以引用来赋值的,除非明确要使用 clone 关键字来拷贝。

除了基本的赋值运算符,还有类似 "+=" 这样的复合赋值运算符。复合的赋值运算符,又称为带有运算的赋值运算符,也叫赋值缩写,共有 10 种,如表 3-6 所示。

表 3-6 赋值运算符

运算符	名称	运算符	名称
+=	加赋值	&=	按位与赋值
-=	减赋值	|=	按位或赋值
*=	乘赋值	^=	按位异或赋值
/=	除赋值	<<=	左移位赋值
%=	求余赋值	>>=	右移位赋值

当运算符右边的操作数是一个赋值表达式时,会形成多重赋值表达式。例如:"i=j=0;"(结果 i、j 的值都为 0)。

3.5.6 引用赋值

PHP 支持引用赋值,使用 "$var=&$othervar" 语法。引用赋值意味着两个变量指向了同一个数据,没有拷贝任何东西。

```
<?php
$a = 3;
$b = &$a; // $b 是 $a 的引用
print "$a\n"; // 输出 3
print "$b\n"; // 输出 3
$a = 4; // 修改 $a
print "$a\n"; // 输出 4
```

print "$b\n"; // 也输出 4，因为 $b 是 $a 的引用，因此也被改变
?>

自 PHP 5 起，new 运算符会自动返回一个引用，因此再对 new 的结果进行引用赋值时，PHP 5.3 以及以后版本中会发出一条 E_DEPRECATED 错误信息，之前版本会发出一条 E_STRICT 错误信息。例如，操作以下代码将会产生警告：

```
<?php
class C {}
/* The following line generates the following error message:
 * Deprecated: Assigning the return value of new by reference is deprecated in...
 */
$o = &new C;
?>
```

3.5.7 三元运算符

"?:"(或三元)运算符可以提供简单的逻辑判断。在 PHP 中，它是唯一的三元操作符，类似于条件语句"if...else..."，操作简洁。三元运算符的语法如下：

expr1?expr2:expr3;在 expr1 求值为 TRUE 时的值为 expr2，在 expr1 求值为 FALSE 时的值为 expr3。

```
<?php
//示例用法：三元操作符
//如果 empty($_POST['action'])为空，则变量$action 被设置为 default, 否则就
//取系统常量数组$_POST['action']中的值
$action = (empty($_POST['action'])) ? 'default' : $_POST['action'];
// The above is identical to this if/else statement
if (empty($_POST['action'])) {
    $action = 'default';
} else {
    $action = $_POST['action'];
}
?>
```

自 PHP 5.3 起，可以省略三元运算符中间的部分。表达式 expr1?:expr3 在 expr1 求值为 TRUE 时返回 expr1，否则返回 expr3。应当注意：三元运算符是个语句，因此其求值不是变量，而是语句的结果。在实际使用中，建议不要堆积三元运算符，避免在一条语句中使用多个三元运算符，这样会造成 PHP 运算结果不够清晰，如下例所示：

```
<?php
// 乍看起来下面的输出是 'true'
echo (true?'true':false?'t':'f');
// 然而，上面语句的实际输出是't'，因为三元运算符是从左往右计算的
// 下面是与上面等价的语句，但更清晰
```

```
echo ((true ? 'true' : 'false') ? 't' : 'f');
?>
```

3.5.8 错误运算符

PHP 支持一个错误控制运算符"@",当将其放置在一个 PHP 表达式之前,该表达式可能产生的任何错误信息都会被忽略。使用错误运算符"@"时要注意:它只对表达式有效。对新手来说,一个简单的规则就是:如果能从某处得到值,就能在它前面加上"@"运算符。例如,可以把它放在变量、函数、include 调用、常量等之前,不能把它放在函数或类的定义之前,也不能用于条件结构中,如 if 和 foreach 等,如下所示:

```
<?php
/* 打开一个不存在的文件会产生警告,@忽略掉 */
$my_file = @file ('non_existent_file') or
die ("Failed opening file: error was '$php_errormsg'");
//除数为0,产生警告,@忽略掉
//使用header()发送函数,其前面不能有任何输出,空格、空行也不行,否则会产生警告,@将其忽略掉
@header("location",'www.121ugrow.com');
?>
```

3.6 流程控制结构

在 PHP 程序开发时,常常会遇到逻辑判断的问题。例如,如果今天工作能顺利完成,则不需加班;如果工作不能顺利完成,则需要加班。这类问题在程序中被称作流程控制结构。本节将详细介绍几种常用的流程控制结构。

3.6.1 分支结构

顺序结构虽然能解决计算、输出等问题,但不能先做判断再选择,对于要先做判断再选择的问题就要使用分支结构。分支结构又称为选择结构或条件结构,是依据一定的条件选择执行路径的。分支结构可以分为以下几种类型:
- 单一条件分支结构。
- 双向条件分支结构。
- 多向条件分支结构。
- 巢状条件分支结构。

1. 单一条件分支结构

PHP 程序中的指令通常是按照指令在源代码中出现的先后顺序来执行,而 if 语句则根据一定的条件来改变执行顺序。if 语句的格式如图 3-2 所示。

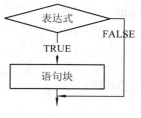

图 3-2 单一分支结构顺序

```
<?php
if (expr)
    statement
?>
```

expr 按照布尔求值。如果 expr 的值为 TRUE，PHP 将执行 statement；如果值为 FALSE，将忽略 statement。示例如下：

```
<?php
if ($a > $b)
  echo "a is bigger than b";
?>
```

2．双向条件分支结构(else 从句)

if 语句中也可以包含 else 子句，其出现的初衷是：在满足某一个特定的条件时执行一指令，而在不满足条件时执行其他语句，如图 3-3 所示。else 延伸了 if 语句，是 if 语句的从句，自身不能单独存在。在 if…else…语法格式中，如果语句块是复合语句，必须使用花括号"{}"括起来。语法格式如下所示：

```
if(表达式){
    语句 1;
    语句 2;
    ……
}
else{
    语句 1;
    语句 2;
    ……
}
```

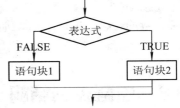

图 3-3　双向条件分支结构

3．多向条件分支结构(elseif 子句与 Switch 子句)

多向条件分支可以看作是嵌套的双向条件分支，elseif 子句会根据不同的表达式确定执行哪个语句块，如图 3-4 所示。在 PHP 中也可以将 elseif 分开成两个关键字"else" "if"来使用。

elseif 语句的表达式语法格式如下所示：

```
if(表达式1)
            语句块1;
elseif(表达式2)
            语句块2;
elseif(表达式3)
            语句块3;
elseif(表达式4)
            语句块4;
//后续代码
```

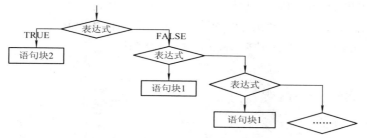

图 3-4　多向条件分支结构

在下面的代码中，通过获取不同服务器中当前的时间，在不同的时间段输出不同的问候：

```php
<?php
date_default_timezone_set("Etc/GMT-8");          //设置时区，中国大陆采用的东8区的时间；
echo '当前时间是：'.date("Y-m-d H:i:s",time()." ");    //通过date()函数获取并输出当前时间

$hour=date("H");//获取服务器时间中的小时，作为时间段的条件
if($hour<6){
        echo '凌晨好';
}
elseif($hour<9){
        echo '早上好';
}
elseif($hour<12){
        echo '上午好';
}
elseif($hour<14){
        echo '中午好';
}
elseif($hour<17){
        echo '下午好';
}
elseif($hour<19){
        echo '傍晚好';
}
elseif($hour<22){
        echo '晚上好';
}else {
        echo '夜里好';
}
?>
```

使用 elseif 语句有一条基本原则：总是先处理范围小的条件。如 $hour < 6 优先于 $hour < 9 处理。

switch 子句和 elseif 相似,也是一种多向条件分支结构。switch 语句用于测试一个表达式的值,并根据测试结果选择执行响应的分支程序,从而实现分支控制。代码如下:

```php
$week=date("D");//获取服务器时间中的小时,作为时间段的条件
switch ($week)
{
case 1:
    echo '星期一';
    break;
case 2:
    echo '星期二';
    break;
case 3:
    echo '星期三';
    break;
case 4:
    echo '星期四';
    break;
case 5:
    echo '星期五';
    break;
case 6:
    echo '星期六';
    break;
default:'星期日';
}
```

4. 巢状条件分支

巢状式条件分支就是 if 语句的完整嵌套,即 if 或 else 的语句块中又包含 if 语句,if 语句可以无限层地嵌套在其他 if 语句中。这为程序的条件执行提供了充分的弹性,是程序设计中经常使用的技术。其语法格式如下:

```php
if(表达式1)
{       if(表达式2){
        }else{
            …;
        };
}else{
        if(表达式2){
        }else{
            …;
        }
}
```

3.6.2 循环结构

计算机擅长处理大运算量的数据,尤其是按照一定的条件重复执行某些操作。循环结构就是描述重复执行某段算法的手段,这是程序设计中最能发挥计算机特长的程序结构。循环结构可以看作是一个条件判断语句和转向跳转语句的组合,在 PHP 中提供了 while、do…while 和 for 三种循环,如图 3-5 所示。

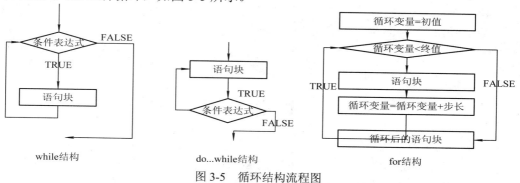

图 3-5　循环结构流程图

下面的示例分别用于实现 while、do…while、for 循环结构 10 次提示信息的显示。
while 循环结构代码如下:

```
$counter=1;
while($counter<10)
{
    echo "这是第<b>$counter</b>次循环输出的结果";
    echo '<br/>';
    $counter++;
}
```

do…while 循环结构代码如下:

```
$counter=1;
do{
    echo "这是第<b>$counter</b>次循环输出的结果";
    echo '<br/>';
    $counter++;
}while($counter<10);
```

for 循环结构代码如下:

```
for($counter=1;$counter<10;$counter++)
{
    echo "这是第<b>$counter</b>次循环输出的结果";
    echo '<br/>';
}
```

在循环结构中,有两个特殊的控制语句使循环继续或跳过响应的条件:break 和 continue,它们可以结束当前 for、foreach、while、do…while 或者 switch 结构的执行。

break 语句的作用是中断循环,也就是结束循环语句的执行;continue 语句只能在循环语句内部使用,功能是跳过该次循环,执行下一次循环结构。在 while 和 do...while 语句中,在 continue 语句循环条件开始处继续执行,对 for 循环随后的动作更新变量。下面的 for 循环代码演示了它们的作用:

```
for($counter=1;$counter<10;$counter++)
{
    if($counter==5) continue;
    if($counter==9) break;
    echo "这是第<b>$counter</b>次循环输出的结果";
    echo '<br/>';
}
```

本章小结

通过本章的学习,读者应当了解:

- ◇ PHP 语言标记分为 4 种风格,指令分割符以";"结束,程序可以分别在代码内和代码外进行注释。
- ◇ PHP 分为 8 种基本类型,包括 4 种标量类型、2 种复合类型、2 种特殊类型和 3 种伪类型。
- ◇ 常量是一旦被定义就无法更改的变量。
- ◇ 类型转换分为自动类型转换和强制类型转换,可以使用函数来测试变量的类型。
- ◇ 使用运算符进行运算。
- ◇ 使用流程控制结构控制程序的执行。

本章练习

1. Instanceof 是(　　)。
   (A) 操作符　(B) 方法　(C) 函数　(D) 过程
2. $male==2?男：女;对于这个表达式,如果$male 是 2,结果为( )。
   (A) 男　(B) 女　(C) 空值　(D) 无法判断
3. 写出 PHP 的开始标记和结束标记。
4. PHP 的变量包括哪些类型?
5. 如何定义一个常量?
6. 请举出几个魔术常量。
7. PHP 的类型转换包括几种?
8. 循环结构分为几种?简述这几种结构及其优缺点。

第 4 章　字符串和数组

本章目标

- 掌握字符串的定义及使用方法
- 了解字符串实现原理和解析过程
- 掌握数组的类型和声明方式
- 熟练掌握数组的各种处理函数

字符串和数组是 PHP 程序开发中大量使用的数据形式，正确地使用和处理字符串及数组对程序员来说非常重要。本章将详细介绍 PHP 中字符串及数组的使用规则。

4.1 字符串

字符串是 PHP 语言中的常用数据类型和重要组成部分。严格来说，字符串有 4 种定义方式，分别为单引号定义、双引号定义、heredoc 定义与 nowdoc 定义。其中，单引号定义和双引号定义都已在第三章数据类型中有所介绍，二者的区别在于：使用单引号定义的内容不会被 PHP 解析器解析，双引号定义的内容则相反；而 heredoc 定义和 nowdoc 定义则是使用定界符来定义字符串的两种方式。

4.1.1 定义方式

heredoc 定义方式的语法如下：在定界符"<<<"后面定义一个标识符，然后另起一行输出字符串，最后使用前面定义的标识符作为结束标志。结束时，所引用的标识符必须位于一行的起始位置，其名称也要像其他标签一样遵守 PHP 的规则：只能包含字母、数字和下划线，且不能用数字和下划线作开头。

nowdoc 定义方式的语法如下：如果说 heredoc 方式的语法类似于双引号字符串，nowdoc 方式的语法则类似于单引号字符串。nowdoc 方式在结构上很像 heredoc 方式，但并不对字符串进行解析，因而很适合用于输出不需要进行转义的 PHP 代码或其他大段文本。nowdoc 方式也使用与 heredoc 方式相同的定界符"<<<"，但后面的标志符要用单引号括起来，如"<<<'EOT'"。heredocs 方式的所有规则也同样适用于 nowdoc 方式，尤其是结束标志符的规则。二者区别如下：

```
<?php
$title='这是 heredoc 方式';
$str=<<<"EOF"
正在学习 PHP,$title
EOF;
echo  $str;
?>
<?php
$title='这是 nowdoc 方式';
$str=<<<'EOF'
正在学习 PHP,$title;
EOF;
echo  $str;
?>
```

实际开发中，使用 heredoc 方式或 nowdoc 方式来定义字符串会使代码拥有更好的可读性与更优雅的风格。例如，下面的代码定义了一个 HTML 网页的 table，并设置了样式：

```
$tab_str.="<table id='tab_searched' class ='table table-striped table-bordered table-hover table-condensed initial-button-list' align='center'>";
```

而如果使用 heredoc 方式定义 table 的样式，会使人感到阅读起来十分舒服，代码如下：

```
// 显示所有错误
error_reporting(E_ALL);
$tab_str.=<<<EOF
"<table id='tab_searched'
            class ='table table-striped table-bordered
            table-hover table-condensed initial-button-list'
            align='center'>";
EOF;
```

上述代码中，使用"error_reporting()"函数来显示所有错误。

heredoc 方式与 nowdoc 方式的语法结构在 PHP 5.3.0 版本后方才引进，如果在低版本 PHP 中使用则会出现语法错误。

4.1.2 字符串实现原理

PHP 程序是通过 Zend Engine(简称 ZE)引擎执行的，ZE 引擎使用 C 语言编写，其内存管理机制采用了写时拷贝、引用计数等优化策略，减少了变量赋值时的内存拷贝时间，对处理字符串尤其是长字符串相当有效。

PHP 中的字符串与 C 语言中的字符数组在内存存储机制上一致，因而提高了字符的安全性，该做法在 PHP 的源码 Zend API 中得到了验证，代码如下：

```
typedef pval zval;
typedef struct _zval_struct zval;
typedef union _zvalue_value {
long lval;               /* long value */
double dval;             /* double value */
struct {
char *val;
int len;
    } str;
    HashTable *ht;       /* hash table value */
struct {
        zend_class_entry *ce;
        HashTable *properties;
    } obj;
} zvalue_value;
```

```
struct _zval_struct {
    /* Variable information */
zvalue_value value;          /* value */
unsigned char type;          /* active type */
unsigned char is_ref;
short refcount;
};
```

其中，方法"_zval_struct"用来进行优化策略操作，而"_zvalue_value"则是一个联合结构。当类型是字符串时，使用 str 成员保存变量的值，该成员是一个结构体，包括指向字符的指针和用来表示长度的整型值。可见，PHP 的字符串与 C 语言中的字符串是相同的。

4.1.3 解析字符串

PHP 可解析由双引号(" ")和 heredoc 方式定义的字符串，解析时可采用两种语法规则：简单语法规则和复杂语法规则。

1. 简单语法规则

当 PHP 解析器遇到一个美元符号"$"时，会尽量形成一个合法的变量名，可使用花括号"{"标明变量名的界线，且当"{"和"$"紧靠在一起时才是有效的解析标记，示例代码如下：

```
<?php
// 显示所有错误
error_reporting(E_ALL);
$cake = 'Cake';
echo "$cake's taste is great"; //有效；单引号"'"是非法的变量名组成元素
echo "He drank some $cakes";
//无效;字母s是有效的变量名组成元素，但是这里的变量是$cake
$great = 'parsing string';
// 无效，输出: This is { fantastic }
echo "This is {$great}";
?>
```

与变量的解析类似，数组索引或对象属性也可以被解析。解析数组索引要使用方括号"]"标明边界，解析对象属性的规则与解析变量相同。

2. 复杂语法规则

复杂语法规则不是因结构复杂而得名，而是因其可以使用复杂的表达式。只需写出该表达式，然后用花括号"{"和"}"括起来即可。函数、行为、类的静态变量和常量在 PHP5 版本以后才能在"{$}"中使用，且只有在有以返回值作名称的变量的情况下才会被解析，示例代码如下：

```
<?php
```

```
// 有效
echo "This works: " . $arr['foo'][3];
echo "This works too: {$obj->values[3]->name}";
?>
```

4.2 字符串处理函数

根据字符串的实现原理可知：字符串是由零个或多个字符组成的有限序列，因此可以通过字符串的索引来检索字符串中的单个字符，示例代码如下：

```
<?php
$str='teacher';
echo    '<br/>';
echo    $str[2];
// 有效
echo    '<br/>';
$foo=array('techer','driver','farmer','name'=>'worker');
echo    "This works too: {$foo[2][1]}";
?>
```

上述代码中，变量$str 可以通过字符串的索引来访问特定序列中的字符；变量$foo 则是一个数组，由于通过索引检索字符串中单个字符的操作同样适用于数组，因此$foo[2]指第三个元素，$foo[2][1]则指访问数组的第三个元素中的第二个字符。

PHP string 的实现方式是一个由字节组成的数组再加上一个整数指明缓冲区长度。但这一方式中并无如何将字节转换成字符的信息，因而要由程序员来决定。字符串由何种值组成并无限制，值为 0(NULL bytes)的字节可以处于字符串任何位置。

PHP 提供了很多操作字符串的 API 供程序员使用。按照处理方式，这些字符串处理函数可分为：字符串修剪函数、字符串长度函数、子字符串操作函数、字符串比较函数、字符串连接和分割函数、字符串替换函数、URL 处理函数和其他字符串函数。

需要特别注意，PHP 并不指明字符串的编码。例如，字符串"á"的编码形式不一定是"\xE1"(ISO-8859-1)，"\xC3\xA1"(UTF-8，C form)，"\x61\xCC\x81"(UTF-8，D form)或任何其他可能表达式中的某一个，而是会被按照与该脚本文件相同的编码方式来编码。因此如果一个脚本的编码是 ISO-8859-1，则其中的字符串也会被编码为 ISO-8859-1，以此类推，但这并不适用于激活了 Zend Multibyte 的程序，此时脚本无论以何种方式编码，都会被转换为某种内部编码，字符串将用此方式编码。

4.2.1 字符实体转换函数

有时候网页中需要包含非 ASCII 字符串，但一些有特殊含义的字符不能直接在 HTML 中使用，如"<"、">"、"&"等，如果希望在网页中显示这些符号，就需要用到 HTML 转义字符串(Escape Sequence)。转义字符串又称字符实体(Character Entity)，由三部分组成：符号"&"、实体(Entity)的名称或者符号"#"加上实体的编号以及一个分号";"。

定义字符实体的原因有二：第一，像"<"和">"这种用于表示 HTML 标签的符号不能直接当作文本字符使用，而为了在 HTML 文档中使用这些字符，就需要定义它们的字符实体。当解释程序遇到这类字符串时，会将其解释为普通文本字符；第二，某些字符在 ASCII 字符集中没有定义，因此需要使用字符实体表示。输入字符实体时，要严格遵守字母大小写的规则，第二部分要从实体名称与实体编号中选择其一，如表4-1 所示。

表4-1 字符实体

显示结果	描述	实体名称	实体编号
	空格		
<	小于号	&lt;	&#60;
>	大于号	&gt;	&#62;
&	和号	&amp;	&#38;
"	引号	&quot;	&#34;
'	撇号	'(IE 不支持)	&#39;
¢	分	&cent;	&#162;
£	镑	&pound;	&#163;
¥	日圆	&yen;	&#165;
€	欧元	&euro;	&#8364;
§	小节	&sect;	&#167;
©	版权	&copy;	&#169;
®	注册商标	&reg;	&#174;
™	商标	&trade;	&#8482;
×	乘号	&times;	&#215;
÷	除号	&divide;	&#247;

PHP 中提供了很多操作字符实体的函数，其功能和适用场合各不相同，但基本上都是针对特定字符进行的转换操作。

1．htmlentities()——字符转换为字符实体

语法格式：string **htmlentities**(string $string[, int $flags = ENT_COMPAT[, string $charset[, bool $double_encode = true]]])

函数功能：将字符转换为字符实体，实体名称区分大小写。

示例代码如下：

```
<?php
$str = "A 'quote' is <b>bold</b>";
// Outputs: A 'quote' is &lt;b&gt;bold&lt;/b&gt;
echo htmlentities($str);
// Outputs: A &#039;quote&#039; is &lt;b&gt;bold&lt;/b&gt;
echo htmlentities($str, ENT_QUOTES);
?>
```

2. html_entity_decode()——将字符实体转换为字符

语法格式：string **html_entity_decode**(string $string[, int $quote_style = ENT_COMPAT[, string $charset = 'UTF-8']]])

函数功能：将字符实体转换为字符，是 htmlentities()函数的反函数。

示例代码如下：

```php
<?php
$orig = "I'll \"walk\" the <b>dog</b> now";
$a = htmlentities($orig);
$b = html_entity_decode($a);
echo $a; // I'll &quot;walk&quot; the &lt;b&gt;dog&lt;/b&gt; now
echo $b; // I'll "walk" the <b>dog</b> now
// For users prior to PHP 4.3.0 you may do this:
function unhtmlentities($string)
{
    // replace numeric entities
    $string = preg_replace('~&#x([0-9a-f]+);~ei', 'chr(hexdec("\\1"))', $string);
    $string = preg_replace('~&#([0-9]+);~e', 'chr("\\1")', $string);
    // replace literal entities
    $trans_tbl = get_html_translation_table(HTML_ENTITIES);
    $trans_tbl = array_flip($trans_tbl);
    return strtr($string, $trans_tbl);
}
$c = unhtmlentities($a);
echo $c; // I'll "walk" the <b>dog</b> now
?>
```

3. htmlspecialchars ()——将特定字符转换为 html 字符实体

语法格式：string **htmlspecialchars**(string $string[, int $flags = ENT_COMPAT[, string $charset [, bool $double_encode = true]]])

函数功能：将特定字符转换为 html 字符实体。例如，符号"&"（与符号)转换为"&"、引号"""转换为"""、单引号"'"转换为"'"、小于号"<"转换为"<"以及大于号">"转换为">"。

示例代码如下：

```php
<?php
$new = htmlspecialchars("<a href='test'>Test</a>", ENT_QUOTES);
echo $new; // &lt;a href=&#039;test&#039;&gt;Test&lt;/a&gt;
?>
```

4. strip_tags()——去除空字符、HTML 和 PHP 标记

语法说明：string **strip_tags**(string $str[, string $allowable_tags])

函数功能：返回字符串$str 去除空字符、HTML 和 PHP 标记。

示例代码如下：

```php
<?php
$text = '<p>Test paragraph.</p>
<!-- Comment --> <a href="#fragment">Other text</a>';
echo strip_tags($text);
echo "\n";
// 允许 <p> 和 <a>
echo strip_tags($text, '<p><a>');
?>
```

5．nl2br()——在字符串所有新行之前插入 HTML 换行标记并返回

语法格式：string **nl2br**(string $string[, bool $is_xhtml = true])

函数功能：在字符串所有新行之前插入 HTML 换行标记 "<br/>" 或 "'<br>" 并返回。

示例代码如下：

```php
<?php
echo nl2br("Welcome\r\nThis is my HTML document");
?>
```

6．addslashes()——使用反斜线转义字符串并返回

语法格式：string **addslashes**(string $str)

函数功能：使用反斜线转义字符串并返回。

对于即将写入数据库的字符串，通常要把其中有问题的字符进行一些处理，包括针对字符串添加转义符或者去掉转义符。例如，为了执行数据库查询语句，就需要在某些字符前加上转义符，这些字符包括单引号 "'"、双引号 """、反斜线 "\" 与 "NULL"，大部分数据库使用 "\" 作为转义符。当要向数据库中输入数据时，如输入字符串 "O'reilly"，就需要对 "'" 进行转义，变为 "O\'reilly"，这样就可以将数据输入数据库中，而不会插入额外的 "\"。

函数 tripslashes() 与函数 addslashes() 的功能相反，作用为去掉单引号 "'"、双引号 """、反斜杠 "\" 和 "NULL" 这些特殊字符前的斜杠。

示例代码如下：

```php
<?php
$str = "Is your name O'reilly?";
// 输出：Is your name O\'reilly?
echo addslashes($str);
?>
```

4.2.2 字符串查找函数

要实现对字符串的操作，字符串查找功能必不可少。API 函数主要提供了两种查找功能：单个字符的位置查找功能以及查找字符串中特定子字符串的位置和出现次数的功能。但要实现复杂的字符串查找操作，则需使用正则表达式匹配特定模式的方法完成。

1. strpos()——查找某字符串首次出现的位置

语法格式：int **strpos**(string $haystack,mixed $needle[, int $offset = 0])

函数功能：查找某个字符串首次出现的位置。

示例代码如下：

```php
<?php
$mystring = 'abc';
$findme   = 'a';
$pos = strpos($mystring, $findme);
// 注意===操作符，比较类型和数值。
// 因为 'a' 是第 0 位置上的(第一个)字符。
if ($pos === FALSE) {
//
    echo "The string '$findme' was not found in the string '$mystring'";
} else {
    echo "The string '$findme' was found in the string '$mystring'";
    echo " and exists at position $pos";
}
?>
```

2. strstr()——查找某子字符串首次出现的位置

语法说明：string **strstr**(string $haystack,mixed $needle[, bool $before_needle = FALSE])

函数功能：查找字符串中由某处开始到某处结束的某个子字符串首次出现的位置。

函数 strchr()是 strstr()函数的别名，其语法格式和函数功能跟 strstr()函数相同。

3. Strrchr()——查找指定字符在字符串中最后一次出现的位置

语法格式：string strrchr(string $haystack,mixed $needle)

函数功能：返回字符串$haystack 中的一部分，该部分自字符$needle 最后出现的位置开始，直到字符串$haystack 的末尾。函数名称"strrchr()"中的"r"可理解为"right"，即从右边开始查找字符串。

示例代码如下：

```php
<?php
//获取文件名称，包含磁盘符号
$dir=__FILE__;
echo  $dir;
echo  '<br/>';

// 获取 $dir 中不含磁盘符号的目录
$dir = substr(strrchr($dir, ":"), 1);
// 获取最后一行内容
echo  $dir;
echo  '<br/>';
```

```
$text = "Line 1\nLine 2\nLine 3";
$last = substr(strrchr($text, 10), 1 );
echo    '<br/>';
echo    $last;
?>
```

4.2.3 字符串的子字符串操作函数

操作子字符串的目的，是将字符串中的部分内容替换或截取为目标子字符串。比如使用特定的数值或字符串，将插入数据库的原有字符串在特定位置进行替换。

1．Substr()——返回字符串的子字符串

语法格式：string **substr**(string $string,int $start[, int $length])

函数功能：返回字符串$string 中由参数$start 和$length 指定的子字符串。

示例代码如下：

```
<?php
echo substr('abcdef', 1);         // bcdef 从索引为1的字符处截取子字符串
echo substr('abcdef', 1, 3);      // bcd从索引为1的字符处截取长度为3的子字符串
echo substr('abcdef', -1, 1);     // f从索引倒数第一个的字符处截取长度为1的子字符串
//验证：截取子字符串和字符串长度的关系
// 访问字符串中的单个字符 也可以使用中括号
$string = 'abcdef';
echo $string[0];              // a
echo $string[3];              // d
echo $string[strlen($string)-1]; // f
?>
```

2．substr_count()——计算子字符串出现的次数

语法格式：

int **substr_count**(string $haystack, string $needle[, int $offset = 0[, int $length]])

函数功能：返回子字符串的出现次数。参数$needle 是在字符串$haystack 中需要被统计的子字符串，该子字符串区分大小写。

示例代码如下：

```
<?php
$text = 'This is a test';
echo strlen($text); // 14
echo substr_count($text, 'is'); // 2
// 字符串被简化为 's is a test'，因此输出 1
echo substr_count($text, 'is', 3);
// 字符串被简化为 's i'，所以输出 0
```

· 66 ·

```
echo substr_count($text, 'is', 3, 3);
// 因为5+10 > 14，所以生成警告echo substr_count($text, 'is', 5, 10);
// 输出1，因为该函数不计算重叠字符串
$text2 = 'gcdgcdgcd';
echo substr_count($text2, 'gcdgcd');
?>
```

3．str_replace()——替换子字符串

语法格式：

mixed **str_replace**(mixed $search,mixed $replace , mixed $subject[, int &$count])

函数功能：返回一个被字符串$replace 替换后的字符串或数组。由于替换字符串比较消耗资源，因此，除非是一些特殊、复杂的替换需求，否则应尽量避免使用正则表达式系列的函数 ereg_replace()和 preg_replace()，而应使用本函数。函数的参数$search 指定了要搜索的字符串，通过该参数也可执行一些特殊的操作，如替换某个字符串集合中的字符串；参数$replace 指定了要替换成的字符串，它与$search 指向的字符串一一对应；$subject 则是包含子字符串的要被替换的字符串。

函数 str_replace()区分大小写，如不需区分大小写，则可以使用函数 str_ireplace()。

示例代码如下：

```
<?php
// 赋值: <body text='black'>
$bodytag = str_replace("%body%", "black", "<body text='%body%'>");
// 通过定义搜索字符串集合$vowels,替换集合中的子字符串。
//下面的代码的结果是: Hll Wrld f PHP
$vowels = array("a", "e", "i", "o", "u", "A", "E", "I", "O", "U");
$onlyconsonants = str_replace($vowels, "", "Hello World of PHP");
//将第一个字符串中的数据一一对应替换为第二个字符串中的数据
//赋值: You should eat pizza, beer, and ice cream every day
$phrase  = "You should eat fruits, vegetables, and fiber every day.";
$healthy = array("fruits", "vegetables", "fiber");
$yummy   = array("pizza", "beer", "ice cream");
$newphrase = str_replace($healthy, $yummy, $phrase);
// 赋值: 2
$str = str_replace("ll", "", "good golly miss molly!", $count);
echo $count;
?>
```

4．explode——使用一个字符串分割另一个字符串

语法格式：array **explode**(string $separator, string $string[, int $limit])

函数功能：该函数返回字符串分割出的子字符串数组，分割字符串的字符由第二个参数指定。

示例代码如下：

PHP 程序设计及实践

```
<?php
// 使用" "空格符作为分割符分割字符串
$pizza   ="piece1 piece2 piece3 piece4 piece5 piece6";
$pieces = explode(" ", $pizza);
echo    '<br/>';
echo    $pieces[0]; // piece1
echo    '<br/>';
echo    $pieces[1]; // piece2
echo    '<br/>';
// 使用":"空格符作为分割符分割字符串,并将数据保存到对应的变量中,list是一个语言结构
//用于将变量从右到左进行赋值
$data = "foo:*:1023:1000::/home/foo:/bin/sh";
list    ($user, $pass, $uid, $gid, $gecos, $home, $shell) = explode(":", $data);
echo    '<br/>';
echo    $user; // foo
echo    '<br/>';
echo    $pass; // *
?>
```

5．strtok()——标记分割字符串

语法格式：string **strtok**(string $str,string $token)

string **strtok**(string $token)

函数功能：返回标记后的字符串，分割字符串的字符由第二个参数$token 决定，如果该参数中包含多个字符，则表示有多个分割符，字符串将被其中任一字符分割。在功能上，本函数与函数 explode()非常相似，区别在于本函数在分割字符串时会标记分割的位置。因此，每次调用本函数都将使用首次调用时由参数$string 指定的同一个字符串，而如果要开始分割一个新的字符串，则需要再次使用参数$string 指定新字符串，以完成初始化工作。

示例代码如下：

```
<?php
$string = "This is\tan example\nstring";
/* 使用制表符和换行符作为分界符 */
$tok = strtok($string, " \n\t");
while ($tok !== FALSE) {
echo "Word=$tok<br />";
    $tok = strtok(" \n\t");
}
?>
```

6．str_pad()——使用另一个字符串填充指定长度的字符串

语法格式：

String　str_pad(string $input, int $pad_length[, string $pad_string = " "[, int $pad_type = STR_PAD_RIGHT]])

函数功能：返回字符串$input 被从左端、右端或两端同时填充到指定长度后的结果。如果没有指定可选参数$pad_string，则$input 会将被空格字符填充，否则，它将被参数$pad_string 指定的字符填充到指定长度。

示例代码如下：

```
<?php
$input = "Alien";
echo str_pad($input, 10);                          // 输出 "Alien     "
echo str_pad($input, 10, "-=", STR_PAD_LEFT);      // 输出 "-=-=-Alien"
echo str_pad($input, 10, "_", STR_PAD_BOTH);       // 输出 "__Alien___"
echo str_pad($input, 6 , "___");                   // 输出 "Alien_"
?>
```

7．str_split()——将一个字符串转换为数组

语法格式：array　**str_split**(string $string[, int $split_length = 1])

函数功能：将一个字符串按照规定的长度分割成数组。

示例代码如下：

```
<?php
$str = "Hello Friend";
$arr1 = str_split($str);//输出数组 Array( [0] => H [1] => e [2] => l
    //[3] => l    [4] => o    [5] =>     [6] => F    [7] => r    [8] => i
    //[9] => e    [10] => n   [11] => d
$arr2 = str_split($str, 3);//输出数组 Array(  [0] => Hel    [1] => lo
                           //[2] => Fri    [3] => end)
print_r($arr1);
print_r($arr2);
?>
```

4.2.4　字符串比较函数

比较字符串或操作符是 PHP 的重要功能，可分为操作符比较与函数比较两种方式。两种操作符比较方式的格式分别为"=="和"===",可称为"值等于"和"绝对等于"。示例代码如下：

```
<?php
$str1 = "100";
$str2 = 100;
if($str1==$str2 && !($str1===$str2))
    echo '两者值相等而不绝对相等';
echo   '<br/>';
```

```
if($str1===$str2)
        echo '两者绝对相等';
    else
        echo '两者绝对不相等';
?>
```

此外，函数 strcmp()和函数 strncmp()也可以用来比较字符串，二者的区别在于前者只比较在参数中规定了长度的字符。这两个函数是二进制安全字符串比较函数，二进制安全是指将字符按照数据流自身的编码格式进行解析，即使是转义字符也一样。

strcmp()语法格式：

int   **strcmp**(string $str1,string $str2)

strcmp()函数功能：

比较二进制安全字符串需要区分大小写。

strncmp 语法格式：

int   **strncmp**(string $str1, string $str2, int $len)

strncmp 函数功能：

该函数与 strcmp()类似，区别在于该函数可以指定两个字符串进行比较的长度。

示例代码如下：

```
<?php
$str1 = 'abc';
$str2 = 'adc';
var_dump(strcmp($str1, $str2)); //int(-1)
var_dump(strncmp($str1, $str2,1)); //int(-1)
?>
```

4.2.5 字符串通用处理函数

字符串通用处理函数功能简单，但使用频繁，是字符串处理不可或缺的重要组成部分，主要用于获取字符长度、格式化字符、截取字符等操作。

1. trim()——去除字符串首尾处的空白字符(或者其他字符)

语法格式：string trim(string $str[, string $charlist)

函数功能：返回字符串$str 去除首尾处空白字符。

示例代码如下：

```
<?php
$text    = "\t\tThese are a few words :) ...  ";
$binary = "\x09Example string\x0A";
$hello   ="Hello World";
var_dump($text, $binary, $hello);
print"\n";
$trimmed = trim($text);
```

```
var_dump($trimmed);
?>
```

2. strlen()——获取字符串长度

语法格式：int **strlen**(string $string)

函数功能：返回给定的字符串$string 的长度。

示例代码如下：

```
<?php
$str = 'abcdef';
echo strlen($str); //6
$str = ' ab cd ';
echo strlen($str); //7
?>
```

3. chr()——根据 ASCII 码值返回字符

语法说明：string **chr**(int $ascii)

函数功能：返回参数$ascii 的值所代表的单个字符。

示例代码如下：

```
<?php
$str = "The string ends in escape: ";
$str .= chr(27); /* 在 $str 后边增加换码符  ESC*/
echo  $str;
/* 类似的替代代码更有用 */
$str = sprintf("The string ends in escape: %c", 27);
echo$str;
?>
```

4. strtolower()和 strtoupper()——字符串大小写转换

语法格式：string **strtolower**(string $str)

函数功能：将字符串$str 中所有的字母字符转换为小写并返回结果。

语法格式：string **strtoupper**(string $string)

函数功能：将字符串$string 中所有的字母字符转换为大写并返回结果。

示例代码如下：

```
<?php
$str = "Mary Had A Little Lamb and She LOVED It So";
$str = strtolower($str);
echo $str; // 打印 mary had a little lamb and she loved it so
echo   '<br/>';
$str = strtoupper($str);
echo $str; // 打印 mary had a little lamb and she loved it so
?>
```

5. strrev()——反转字符串

语法格式：string **strrev**(string $string)

函数功能：反转字符串并返回结果。

示例代码如下：

```php
<?php
echo strrev("Hello world!"); // 输出 "!dlrow olleH"
?>
```

6. sprintf()——格式化字符串

语法格式：string **sprintf**(string $format[, mixed $args[, mixed $...]])

函数功能：格式化字符串。

示例代码如下：

```php
<?php
$money1 = 68.75;
$money2 = 54.35;
$money = $money1 + $money2;
// echo $money will output "123.1";
$formatted = sprintf("%01.2f", $money);
// echo $formatted will output "123.10"
?>
```

4.2.6 加密解密函数

加解密字符串是用户管理中的一个重要课题。除使用普通算法进行简单的加解密以外，还有许多公司专门从事数据的加解密算法研究。这些算法通常使用不可逆函数算出加密数据以保证数据安全。此类算法加解密速度快捷、安全性高，破解需要花费巨大的代价和时间。PHP 语言也提供了几种比较著名的加密算法，只需简单的操作就可以完成对字符串的加解密处理。

1. md5()——计算字符串的 MD5 散列值

语法说明：string   md5(string $str[, bool $raw_output = FALSE])

函数功能：使用 RSA 数据安全公司的 MD5 报文算法来计算字符串的 MD5 散列值。默认情况下，该散列值以 32 个字符长度的十六进制数字形式返回。其中，第一个参数为要加密的字符串，第二个参数则规定返回的结果格式，如果设置为 TRUE，md5()则会返回原始的 16 位二进制格式的报文摘要。

示例代码如下：

```php
<?php
$str = 'univercity';
echo   md5($str);
if(md5($str) === 'dbef69f318808dd5f59a1909b855115f') {
    echo   "Would you like univercity?";
```

}
?>

2. crypt()——返回加密的字符串

语法格式：string　crypt(string $str[, string $salt])

函数功能：返回使用 DES、Blowfish 或 MD5 算法加密的字符串。

DES 算法可能是 1997 年以前使用最为广泛的加密算法，曾广泛应用于 ATM 机、磁卡及 IC 卡、加油站、高速收费站等领域，但随着计算机的发展和加密算法研究的推进，更多的公司倾向于选用 AES 加密算法，DES 算法已经风光不再。DES 算法是一种对称密码，使用一个 56 位的密钥以及附加的 8 位奇偶校验位对字符串进行异或、置换、代换、移位操作，从而得到 64 位的分组数据，实现加密过程。示例代码如下：

```php
<?php
// 两字符 salt 盐值
if(CRYPT_STD_DES == 1)
{
    echo "Standard DES: ".crypt('something','st')."\n<br>";
}
else
{
    echo "Standard DES not supported.\n<br>";
}
?>
```

crypt()函数中，第一个参数是需要散列或加密的字符串；第二个参数是盐值，其作用是与第一个参数合成一个字符串，然后再进行加密，防止密码泄露后的反追踪。

3. string sha-1(计算字符串 SHA-1 的散列值)

语法说明：string sha1(string $str[, bool $raw_output = FALSE])

函数功能：计算字符串的 SHA-1 散列值。其中，参数$str 为要加密的字符串；参数$raw_output 是可选参数，如果为 TRUE，则返回值为 20 字符长度的二进制数据，如果为 FALSE，则返回值为 40 字符长度的 16 进制数据，默认为 FALSE。

本函数计算字符串的 SHA-1 散列时使用美国 Secure Hash 算法 1。在 RFC 3174 中，对美国 Secure Hash 算法 1 的说明为：SHA-1 输出一个 160 位的报文摘要，可以将其输入一个生成或验证报文签名的签名算法中，对其进行签名，而不是对报文进行签名，从而提高进程效率。由于报文摘要的大小通常比报文要小很多，因此数字签名的验证者必须像数字签名的创建者一样，使用相同的散列算法。

示例代码如下：

```php
<?php
$str = "ugrow";
echo sha1($str);

if(sha1($str) == "f673f076a8f3fa1e4587d45ca5f1214f513d5305")
```

```
    {
echo    "<br>I love ugrow!";
exit;
    }
?>
```

4.3 数组

数组以集合的形式组织数据,可以在单独的变量名中存储一个或多个值,形成一个可以操作的整体。数组中数据集合的存储结构是有序的,由多个元素组成,元素之间相互独立,并使用"键"(key)来识别,"键"值和"数据"(value)通过映射建立关联。数组元素的值也可以是另一个数组,允许存在树形结构和多维数组。

4.3.1 数组的类型

PHP 将数组按照"键"的类型分为两种:索引数组(indexed array)和联合数组(associative array)。索引数组的"键"是数组,联合数组的"键"则是字符串。

按照维度,数组可以分为一维数组、二维数组与多维数组。实际应用中大多只使用一维数组和二维数组,多维数组因其复杂度较高,所以较少使用。

4.3.2 数组声明

无论何种类型的数组,都主要使用两种方式进行声明:一种是使用 array()函数声明数组,使用方括号来新建、修改数组元素;另一种方式是直接给数组元素赋值,该方式会自动判断数组变量是否存在,如不存在就会创建该变量。

```
//array()函数声明方式:
$arr=array();
$arr[]='study';
$arr[]='PHP';
//数组元素赋值方式
$arr2=array('ACTION'=>'study','OBJECT'=>'PHP');
```

1. 索引数组的注意点

声明索引数组时,除了需要使用 array()函数,还需要注意索引数组中的索引(数组下标)是否指明,如果没有指明,则默认从 0 开始,并且会自动累加。

```
//array()函数声明方式:
$arr=array();
$arr[]='study';
$arr[1]='PHP';
$arr[3]='HARD';
```

第4章 字符串和数组

```php
$arr[]='OR EASY';
echo    '<br/>';
print_r($arr);
echo    '<br/>';
```

上述代码中，使用 array()函数声明了一个数组，然后将数据填入到该数组的元素当中。执行上述代码，显示结果如下：

Array ([0] => study [1] => PHP [3] => HARD [4] => OR EASY)

索引数组在定义数字下标的时候，可以对数字使用单引号，和使用数字没有区别。

2．联合索引的注意点

联合索引类型的数组在声明时，其键值为字符串，示例代码如下：

```php
//数组元素赋值方式
$arr2=array('ACTION'=>'study','OBJECT'=>'PHP');
echo    'show associative array elements: <br/>';
var_dump($arr2);
```

在实际开发中，通常会在索引上加单引号。观察下面的代码，注意对数组中索引的解析和使用进行区分：

```php
//建议非常量的联合索引使用单引号标识
//$STUDENTS='Students';
error_reporting(ALL);
define(STUDENTS,'Students');
//双引号解析
echo "STUDENTS";
echo '<br/>';
//双引号解析
$arr3=array("STUDENTS"=>STUDENT,'ACTION'=>'study','OBJECT'=>'PHP');
print_r($arr3);
echo '<br/>';
//无引号变量解析
$arr4=array(STUDENTS=>STUDENT,'ACTION'=>'study','OBJECT'=>'PHP');
print_r($arr4);
echo '<br/>';
//使用单引号字符串
$arr5=array('STUDENTS'=>STUDENT,'ACTION'=>'study','OBJECT'=>'PHP');
print_r($arr5);
echo '<br/>';
```

上述代码中，error_reporting()函数用来在 PHP 中设置报告的错误级别。

联合索引的键值在解析时遵循普通字符串的解析规则。在加双引号的情况下，PHP 解析器会判断其中的字符串是否为有效的解析标记，如果不是，则解析为普通的键值。例如，上面代码中，双引号中的字符串不是有效的解析标记，因此"print_r($arr3);"解析的结果是"Array ([STUDENTS] => STUDENT [ACTION] => study [OBJECT] => PHP)"，但假如双引号中的字符串是合法的变量，如$variable，则会先进行解析再形成键值；不加引号的情况下，解析器会将该字符串解析为常量；加单引号的情况下，解析器不会进行解析，而是直接将该字符串作为键值，最后显示的解析结果为：

Array ([Students] => STUDENT [ACTION] => study [OBJECT] => PHP)
Array ([STUDENTS] => STUDENT [ACTION] => study [OBJECT] => PHP)

```php
<?php
$foo[bar] = 'enemy';
echo $foo[bar];
// etc
?>
```

4.3.3 设置错误报告级别

为了更方便地显示程序调试结果，PHP中提供了三种设置错误报告级别的方式。

1. 使用error_reporting()设置

开启 error_reporting()选项，并设置为显示 E_NOTICE 级别的错误(例如设为 E_ALL)时，将看到相应错误提示。默认情况下该选项被关闭，因此不会显示提示。

```php
<?php
//禁用错误报告,
// error_reporting(0);
//报告运行时错误
// error_reporting(E_ERROR | E_WARNING | E_PARSE);
//报告所有错误
error_reporting(E_ALL);
include('a.php');//测试： 故意写错
echo $a;//测试： 故意写错
?>
```

2. 使用init_set()设置

函数 ini_set()的主要功能是设置配置文件的选项值，其范围比函数 error_reporting()大，权限也比后者高，示例代码如下：

```php
<?php
echo   ini_get('display_errors');
if(!ini_get('display_errors')) {
    ini_set('display_errors', '1');
}
echo   ini_get('display_errors');
ini_set('error_reporting', E_ALL);
?>
```

3. 在 PHP.ini 中设置

修改错误报告级别的第三种方式，是对 php.ini 文件进行设置，方法与对函数 ini_set()的设置相同。该设置一旦完成就会发挥选项的功能，而不像对函数 ini_set()的设置只能在当前会话中生效。例如，在 php.ini 文件中，去掉";error_reporting = E_ALL & ~E_NOTICE"中的";"，即可使错误报告级别生效。

设置错误报告时，所设置的值是 PHP 中已经定义好的常量。这些常量的名称和功能说明如表 4-2 所示。

表 4-2 常量功能说明

值	常量	说明
1	E_ERROR(integer)	致命的运行时错误。此类错误一般不可恢复，例如内存分配导致的问题，后果是脚本终止不再继续运行
2	E_WARNING(integer)	运行时警告(非致命错误)。仅给出提示信息，但是脚本不会终止运行
4	E_PARSE(integer)	编译时的语法解析错误。该错误仅由分析器产生
8	E_NOTICE(integer)	运行时通知。其表示脚本可能会遇到的表现为错误的情况，但在可以正常运行的脚本里面也可能会有类似的通知
16	E_CORE_ERROR(integer)	PHP 初始化启动过程中发生的致命错误。该错误类似于 E_ERROR，但是由 PHP 引擎核心产生的
32	E_CORE_WARNING(integer)	PHP 初始化启动过程中发生的警告(非致命错误)。该警告类似于 E_WARNING，但是由 PHP 引擎核心产生的
64	E_COMPILE_ERROR(integer)	致命的编译时错误。该错误类似于 E_ERROR，但是由 Zend 脚本引擎产生的
128	E_COMPILE_WARNING(integer)	编译时警告(非致命错误)。该警告类似于 E_WARNING，但是由 Zend 脚本引擎产生的
256	E_USER_ERROR(integer)	用户产生的错误信息。该错误信息类似于 E_ERROR，但是由用户自己在代码中使用 PHP 函数 trigger_error()产生的
512	E_USER_WARNING(integer)	用户产生的警告信息。该警告信息类似于 E_WARNING，但是由用户自己在代码中使用 PHP 函数 trigger_error()产生的
1024	E_USER_NOTICE(integer)	用户产生的通知信息。该通知信息类似于 E_NOTICE，但是由用户自己在代码中使用 PHP 函数 trigger_error()产生的
2048	E_STRICT(integer)	启用 PHP 的代码修改建议，以确保代码具有最佳的互操作性和向前兼容性
4096	E_RECOVERABLE_ERROR(integer)	可被捕捉的致命错误。它表示发生了一个可能非常危险的错误，但尚未导致 PHP 引擎处于不稳定的状态。如果该错误没有被用户自定义的句柄捕获(参见 set_error_handler())，将成为一个 E_ERROR 并使脚本终止运行
8192	E_DEPRECATED(integer)	运行时通知。启用后将会对在未来的 PHP 版本中可能无法正常工作的代码给出警告
16384	E_USER_DEPRECATED(integer)	用户产生的警告信息。该警告信息类似于 E_DEPRECATED，但是由用户自己在代码中使用 PHP 函数 trigger_error()产生的
30719	E_ALL(integer)	除 E_STRICT 以外的所有错误和警告信息

4.3.4 输出数组变量

细心的读者可能已经发现，输出一个字符串时，本书使用的是函数 echo，而在输出数组变量时，本书使用的是 print_r()数据结构。虽然用 echo 也能实现数组的输出，但会繁琐得多，因此 PHP 提供了两种用来输出数组变量的函数：print_r()和 var_dump()。

print_r()是用来输出目标变量的数据；var_dump()则是用来输出一个或多个表达式的结构信息，包括表达式的类型与值。二者的区别如以下代码所示：

```php
<?php
$arr=array('name'=>'ugrow','age'=>12,'class'=>'nine');
print_r($arr);
echo '<br/>';
var_dump($arr);
?>
```

输出结果如下：

```
Array ( [name] => ugrow [age] => 12 [class] => nine )
array(3) { ["name"]=> string(5) "ugrow" ["age"]=> int(12) ["class"]=> string(4) "nine" }
```

4.3.5 数组追加及属性个数

如果使用 array()或者声明键值的方式创建了一个数组，接下来就可以进行数组元素追加、插入、删除、访问、统计等操作。

1．数组元素追加

数组元素追加即是在数组的末尾或者中部添加数组元素。因为数组实际上是以哈希表的方式组织的，所以可以方便地插入或者删除元素，只需给相关数组元素的变量赋值即可。数组元素的键值可以采用命名方式定义，也可以采用默认的索引方式定义，示例代码如下：

```php
<?php
$arr=array('name'=>'ugrow','age'=>12,'class'=>'nine');
$arr['teacher']='Mr Gao';
print_r($arr);
echo '<br/>';
$arr[]='000218';   //学号
print_r($arr);
echo '<br/>';
?>
```

2．统计属性个数

数组单元的个数是数组遍历或迭代的基础。统计数组单元个数的函数有两个：count()和 sizeof()。count()用来计算数组中的单元数目或对象中的属性个数；sizeof()是 count()的别名，与后者的功能和参数相同。示例代码如下：

```
$arr=array('name'=>'ugrow','age'=>12,'class'=>'nine');
echo count ($arr);
```

4.3.6 数组遍历

如果创建了一个完整的数组并保存了程序所需的数据，接下来的问题就是如何访问并使用它们。对数组的访问分为两种：(1) 使用数组变量和下标组合的方式访问；(2) 使用数组变量与键值的组合访问。如果是索引数组，则需要使用索引下标，代码如下：

```
$arr=array('name'=>'ugrow','age'=>12,'class'=>'nine');
$arr[]='000218';
echo '<br/>';
echo $arr['name'];
echo '<br/>';
echo $arr[0];
```

上面的代码比较简单，但数组往往会包含很多数据，因而必须使用某种简洁而灵活的方式访问，而迭代和循环就满足这一要求。使用循环和迭代访问数组的方式主要有 4 种：for 循环、list 遍历、each 遍历和 foreach 迭代。

1．循环

1) For 循环

For 循环的基本思路是按照有序的索引来访问变量的数据，使用方式如下：

```
<?php
$subject[]="PHP 程序设计 "; /* 定义数组 */
$subject[]="java se 程序设计";
$subject[]="S2SH 编程";
$subject[]="OpenGL 编程指南";
$length=count($subject); /* 统计数组个数 */
for($i=0;$i<$length;$i++)
{ /* 遍历数组 */
    echo $subject[$i] ."<br>"; /* 显示数组 */
}
?>
```

这种方式简单而有效，但是只能访问有序的数组单元。如果是联合数组，则有两种可选择的遍历方式：list 遍历与 each 遍历(遍历是循环的另一种名称)。

2) List 遍历

List 遍历中的关键函数是 list()、each()与 next()。其中，list()把数组中的值赋给一些变量，其语言结构类似于 C 语言中的宏定义；each()返回数组中当前的键、值对，并将数组指针向前移动一步，相关的数组内部指针函数还有 current()、end()、prev()和 reset()。list 遍历的使用方式如下：

```php
<?php
$subject[]="PHP 程序设计 "; /* 定义数组 */
$subject[]="java se 程序设计";
$subject[]="S2SH 编程";
$subject[]="OpenGL 编程指南";
do{
    list($key,$value)=each($subject);
    echo   "$key$value" ."<br>"; /* 输出第一个数组 */
}while(is_null($key)!==TRUE)
?>
```

在这段代码中，is_null()只是把值为"NULL"的变量判断为 TRUE，使用 is_null()函数的目的是避免"0""FALSE"等值的干扰。

3) Each 遍历

既然 each()函数可以访问数组的键值正确，那么，单独使用该函数完成遍历数组也是轻而易举的，而且它还可以访问非数字索引的数组，映射出来的键值对用"0"或"key"代表键名，用"1"或"value"代表对应的值。each 遍历的使用方法如下：

```php
<?php
$subject['a']="PHP程序设计 "; /* 定义数组 */
$subject['b']="java se程序设计";
$subject['c']="S2SH编程";
$subject['d']="OpenGL编程指南";

$a=each($subject);
echo  $a[0].'   :   '.$a[1].'<br/>';
$a=each($subject);
echo  $a[0].'   :   '.$a[1].'<br/>';
$a=each($subject);
echo  $a[0].'   :   '.$a[1].'<br/>';
$a=each($subject);
echo  $a[0].'   :   '.$a[1].'<br/>';
?>
```

2．迭代

foreach()结构是遍历数组的简便方法，但该结构仅能用于数组，当试图将其用于其他数据类型或是一个未初始化的变量时，则会产生错误。foreach()有两种语法格式，第二种是第一种的扩展。语法格式如下：

　　语法格式一：　foreach(array_expression as $value)
　　statement
　　语法格式二：　foreach(array_expression as $key => $value)
　　statement

如果使用第一种格式，每次循环中，当前单元的值被赋给 $value 并且数组内部的指针前移一步；第二种格式的作用相同，只是每次循环中当前单元的键名也会被赋给变量 $key。下面代码展示了如何将数组的键值对赋给相关的变量：

```php
<?php
$subject[]="PHP程序设计"; /* 定义数组 */
$subject[]="java se程序设计";
$subject[]="S2SH编程";
$subject[]="OpenGL编程指南";
//第一种格式
foreach($subject as $value){
    echo  $value;
}
echo  '<br/>';
//第二种格式
foreach($subject as $key=>$value){
    echo  $key.$value;
    }
?>
```

4.3.7　二维数组

　　二维数组的实现原理是一维数组的值"嵌套"了另外一个数组，从而组成了二维数组甚至多维数组。二维数组的创建方法与一维数组相同，代码如下：

```php
<?php
$subject=array(array('a1','a2','a3'),'b',array('c1','c2','c3'));
$subject[1]=array('b1','b2','b3');
print_r($subject);
echo  '<br/>';
?>
```

　　我们也可以使用一维数组嵌套的方式对二维数组进行访问，代码如下：

```php
<?php
$subject=array(array('a1','a2','a3'),'b',array('c1','c2','c3'));
$subject[1]=array('b1','b2','b3');
```

```
print_r($subject);
echo '<br/>';
//访问单个元素
echo $subject[0][0];
echo '<br/>';
//迭代访问数组元素
foreach($subject as $childsub){
    foreach($childsub as $key=>$value)
        echo $value.' ';
    echo '<br/>';
}
?>
```

结果如下：

```
a1 a2 a3
b1 b2 b3
c1 c2 c3
```

4.4 数组处理函数

PHP 提供了丰富且功能强大的数组处理函数，这些函数按照不同功能可以分为 10 类，下面依次进行介绍。

4.4.1 数组创建函数

除了常规的数组创建方法外，PHP 还提供了一些可以利用现有数据生成数组的函数，包括 range()、explode()、array_combine()、array_fill()与 array_pad()。以 array_fill()为例，该函数可以创建一个新数组。

语法格式：array array_fill(int $start_key, int $length, mixed $value)

函数功能：创建一个新数组，并为该数组添加 $length 个数组元素，数组元素的"键"从$start_key 指定位置处开始递增，每个数组元素的值为$value。

示例代码如下：

```php
<?php
$fruit=array_fill(0,2,'banana');
print_r($fruit);

$fruit2=array_fill(2,-1,'banana');
print_r($fruit2);
?>
```

4.4.2 数组统计函数

数组统计函数,指统计数组各元素的个数并对这些值进行简单分析的函数。这些函数包括 count()(别名:sizeof())、max()、min()、array_sum()、array_product() 与 array_count_values()。以 array_sum() 为例,该函数可以统计数组中各元素值的和。

语法格式:number array_sum(array $array)

函数功能:计算数组中所有值的和。

示例代码如下:

```
$num=array(1,3,5,7,9,11,13);
$num_sum=array_sum($num);
echo  $num_sum;
```

4.4.3 数组指针函数

数组被创建后,哈希表存储结构会在其中的数据之间自动建立一个"内部指针系统",为数组建立能够高效访问其内部元素指针的函数以及移动指针进行遍历的函数,这些数组指针函数包括 key()、current()、next()、end()、prev()、reset() 与 each()。

数组指针函数的参数是一个引用型的数组变量,用它可以操作数组元素的值。

以函数 key()、current() 为例,二者分别可返回当前指针所指元素的"键"名和值。

语法格式:mixed   key(array &$array)

函数功能:返回当前指针所指元素的"键"名。

语法格式:mixed current(array&$array)

函数功能:返回当前指针所指元素的值。

示例代码如下:

```
<?php
$subject[]="PHP程序设计 "; /* 定义数组 */
$subject[]="java se程序设计";
$subject[]="S2SH编程";
$subject[]="OpenGL编程指南";
echo   key($subject);
echo   current($subject);
?>
```

4.4.4 数组、变量间的转换函数

有时需要将数组元素的数据转换为便于使用的单个变量,或者将单个变量转换为数组中的一个元素,解决这些问题的函数包括 list()、extract() 和 compact(),在前面章节中已经对它们的功能进行过介绍。

4.4.5 数组遍历语言结构

遍历的语言结构通常和循环一起使用，用来检索所需数据，如 foreach()语言结构的主要功能就是遍历索引型数组。相关操作在 4.3.6 节中已经有所介绍，程序员可根据需要选择两种遍历形式之一。

4.4.6 数组检索函数

数组元素包含多个"键"和"值"，PHP 提供了一些函数以实现通过键值检索数组。

- ◆ 函数：array   array_keys(array $input[, mixed $search_value[, bool $strict]])
  函数功能：返回包含所有键名的数组，如果指定了可选参数$search_value，则只返回该值的键名，否则数组$input 中的所有键名都会被返回。从 PHP 5 开始，可以使用$strict 参数来进行全等比较(===)。

- ◆ 函数：array array_values(array $input)
  函数功能：返回所有值的索引数组。

- ◆ 函数：bool   in_array(mixed $needle,array $input[, bool $strict])
  函数功能：检查数组$input 中是否存在参数$needle 的值。

- ◆ 函数：bool   array_key_exists(mixed $key,array $input)
  函数功能：检查给定的键名或索引是否存在于数组中，如果"键"$key 存在于数组$input 中，则返回 TRUE，否则返回 FALSE。

- ◆ 函数：mixed   array_search(mixed $needle,array $input[, bool $strict])
  函数功能：在数组$input 中搜索给定的值$needle，如找到则返回对应的键名，否则返回 FALSE。

- ◆ 函数：array   array_unique(array $array)
  函数功能：删除数组$array 中重复的值，并将新数组返回。

上述函数示例代码如下：

```
<?php
$subject[]="PHP 程序设计 "; /* 定义数组 */
$subject[]="java se 程序设计";
$subject[]="S2SH 编程";
$subject[]="OpenGL 编程指南";
//array_keys  返回由键组成的数组
print_r(array_keys($subject));
echo   '<br/>';
//array_values 返回由值组成的数组
print_r(array_values($subject));
echo   '<br/>';
//in_array 判断要搜索的值是否在数组中和 array_search 相似但 array_search 根据
```

```
//键查找数据，而 in_array 则根据值查找数据
if(in_array('PHP 程序设计 ', $subject)) echo '找到 PHP 课程';
echo    '<br/>';
echo array_search("Apache 权威指南", $subject);
//array_key_exists, 同样根据键值判断是否存在值，返回结果为布尔型
$subject['大三']="Apache 权威指南";
if(array_key_exists('大三', $subject))
        echo '大三开设了新课程';
echo    '<br/>';
//array_unique 删除数组中的重复数据并返回
$subject[]="OpenGL 编程指南";
print_r($subject);
echo    '<br/>';
print_r(array_unique($subject));
?>
```

4.4.7 其他函数

除上述介绍的函数以外，PHP 还提供了一些其他的常用函数，如数组排序函数、模拟数据结构函数和数组集合运算函数等。

为了更好地展示数据，需要根据某些排序算法对其进行排序。为此 PHP 提供了多种基于日常所用排序算法的数组排序函数，包括 sort()、asort()、rsort()、ksort()、natsort()、natcasesort()、shuffle($array)与 array_reverse()。

模拟数据结构函数通过模拟栈、队列等数据的结构库，旨在使用户更方便地使用特定结构形式的数据，这些函数包括 array_pop()、array_push()、array_unshift()与 array_shift()。

数组是一系列数据的"集合"，而 PHP 提供的数组集合运算函数可以进行数组数据键的各种运算，包括并集、差集、交集运算等。这些函数包括：array_merge()并集运算、array_diff()差集运算、array_intersect()交集运算、array_diff_assoc()键值差集运算、array_intersect_assoc()键值交集运算、array_diff_key()键值差集运算与 array_intersect_key()键值交集运算。

本 章 小 结

- ❖ 字符串定义方式可分为四种：单引号定义、双引号定义、heredoc 定义、nowdoc 定义。
- ❖ 针对不同的字符串操作目标，使用不同的操作函数。
- ❖ 声明数组的方式有两种：一种是使用 array()函数声明数组，用方括号语法新建或修改元素；另一种是直接为数组元素赋值。

PHP 程序设计及实践

◆ 可以使用函数 var_dump() 与函数 print_r() 打印数组的结构。

本 章 练 习

1. 将字符转换为字符实体应该使用哪个函数？
   (A) Htmlentities()   (B) html_entity_decode()   (C) nl2br()   (D) htmlspecialchars()
2. 编写一个简单的函数，将字符串"I LIKE JAVA"更换为"I LIKE PHP"。
3. 声明数组可以使用哪两种方式？
4. 现有一个数组如下：
   $subject[]="PHP 程序设计 "; /* 定义数组 */
   $subject[]="java se 程序设计";
   $subject[]="S2SH 编程";
   $subject[]="OpenGL 编程指南";
请分别使用 for 循环、list 遍历、each 遍历与 foreach 结构对其进行遍历。
5. 编写一个函数，反转字符串"I LIKE PHP"。

第 5 章 函　　数

📖 本章目标

- 掌握函数的内在概念及定义原则
- 掌握函数的分类
- 掌握函数参数传递的不同方式
- 了解变量函数的使用特点
- 掌握函数的作用域和生存周期
- 掌握文件包含的不同方式及相互之间的区别

在程序开发过程中，程序员会根据需要设计各种功能模块，这些模块经常需要重复执行某种操作。倘若在设计模块代码时，将其中共用的、反复执行的代码与普通代码混编在一起，由此带来的代码繁冗对其他程序员与整个业务系统来说都会是一场灾难。软件工程采用了多种方法来避免此类情况的发生，包括大粒度的模块划分、面向对象的设计方法以及各种面向过程的设计模型等。其中，函数的使用是最重要的组成部分，而如何将函数合理地组织起来就是软件工程的核心。

5.1 函数的定义

函数是一段能够实现某种功能的子程序，本质是某段代码的执行过程。函数由声明定义，其最简单的形式是将一个标识符与一个语句联系起来，该标识符是函数名，而该语句则是函数体。函数以实现某种功能为目的，并可根据需要重复调用。一般而言，设计函数应遵循两条原则：

(1) 功能单一原则；
(2) 尽可能增强代码的重用性及修改开放性。

PHP 中，函数的定义格式为：

```
Function funcName($param1,$param2,…,$param3=value,…)
{
函数体；
return 返回值；
}
```

格式说明如下：
- Function：用来定义函数的关键字，不区分大小写。
- funcName：所定义函数的名称。
- $param：所定义函数的参数，用来接收数据。一个函数可以没有参数，也可以存在多个参数，参数之间用逗号隔开。
- value：所定义函数参数的默认值。可以给某些参数设定默认值，调用该函数时如果没给这些参数传递值，则程序会自动将默认值赋给该参数。

PHP 中函数的使用包括以下关键环节：函数参数的传递方式、函数的使用方法、函数的返回值类型以及函数的运行机制。

5.2 函数的分类

PHP 中的函数包括 3 种类型：内置函数、自定义函数和变量函数。

内置函数是 PHP 自身或扩展库中已有的 API 函数，无需声明就可以直接使用；自定义函数是程序员根据特定需要而编写的代码段。与内置函数不同，自定义函数必须在声明之后才可以使用；变量函数则是函数的另一种命名方式，类似于 C 语言中的函数指针，是指向函数的一个变量名。

5.3 函数参数传递

函数通常用来完成某种操作或对数据进行某种处理，因此往往需要给其参数传入初始数据。函数定义时的参数称为形参，规定了参数传递的位置和方式，而被传入的数据则称为实参。函数参数传递的方法包括值传递与引用传递 2 种。

5.3.1 值传递

值传递是最简单的参数传递方法，它计算实参的值，并将结果传递给被调用的函数，实现步骤如下：

(1) 把形参作为局部名称对待，形参的存储单元位于被调用函数的栈帧中。

每个函数都有其特有的函数调用堆栈，被称为栈帧，形参就保存在这部分区域中。

(2) 调用者计算实参的值，并将其结果放入形参的存储单元中。

函数与程序主体之间交换信息时，形参接受实参的数据，并将该数据临时保存到栈帧中，相当于拷贝了一份新的数据，而跟实参并无直接关系，其实际运行过程与下面代码的执行过程相同：

```php
//值传递方式模拟，将$temp 理解为一个栈对象更为恰切
function  simulate($i/*形参 */,$j/*实参*/)
{
    $temp=$j;
    $i=$temp;
    //对$i 进行处理，不会影响$j 变量
    ......
    return;
}
```

与引用传递不同，值传递无需对实参进行额外的标记说明，而是直接使用变量名称就可以完成数据交换，代码如下：

```php
<?php
//传值方式的函数
function  add($num1,$num2)
{
    Return$num1+$num2;
}
//调用函数进行运算
echoadd(1, 2);
?>
```

5.3.2 引用传递

引用传递就是将实参的内存地址传递给形参。此时函数内部所有对形参的操作都会影响到该实参的值，函数返回后，实参的值也会发生变化。

引用传递包括两步：传递引用参数和返回引用结果。传递引用参数的目的是将某个变量传递给一个函数，并保留函数对变量值的修改。而要实现传递引用参数，需在定义函数时在形参前加"&"。例如，下列代码中参数的传递就是以引用传递的方式进行的：

```php
<?php
function  linkSum(&$sum)
{
    $sum+=100;
    return $sum;
}
$sum=100;
echo  linkSum(&$sum);
?>
```

返回引用结果的语法与传递引用参数的语法都要用到"&"，但在返回引用结果时，要把"&"放在函数名的前面，示例代码如下：

```php
<?php
function  &pc_array_find_value($needle,$haystack)
{
    foreach($haystack as $key=>$value)
        if($needle==$value)
            return  $haystack[$key];
}
$haystack=array("yellow","window","doors","floor");
$html=&pc_array_find_value("doors",$haystack);
echo  $html;
?>
```

5.4 变量函数

变量函数类似于 C 语言中的函数指针，其函数名是一个变量，可以通过修改此变量的值来调用不同的函数，调用方式有两种：

(1) 直接使用变量函数名调用，格式如下：

　　$funcName(mixed $parameter, [, mixed $...])

(2) 使用函数 mixed call_user_func ()或 call_user_func ()，格式如下：

mixed call_user_func (callable $callback [, mixed $parameter [, mixed $...]])

其中，参数$callback 是被调用的回调函数，其余参数则是该回调函数的参数。

函数 call_user_func_array ()与函数 call_user_func ()很相似，只是换了一种传递参数的方式，使得参数的结构更加清晰，示例代码如下：

```
function   add($num1,$num2)
{
     return   $num1+$num2;
}
$funcName="add";
echo   $funcName(11,12);
echo   call_user_func("add",11,12);
echo   call_user_func_array("add",array(11,12));
```

5.5 函数的作用域和生存周期

变量的作用域决定了 PHP 程序在何处能访问该变量。通常要定义函数来访问变量，变量的作用域取决于变量在 PHP 程序中的位置。根据变量的作用域，可将变量分为全局变量和局部变量。

5.5.1 全局变量和局部变量

在函数内部定义的变量(包括函数的参数)是局部变量，在函数调用结束后会被系统自动回收。

在函数外定义的变量是全局变量，声明后的全局变量可以被 PHP 程序中的所有语句访问，也可以被包含在 include 语句或 required 语句所引用的 PHP 程序文件中。而如果函数中的 PHP 语句需要访问某个全局变量，则应在函数内调用的该全局变量名称前加关键字 global，示例代码如下：

```
$age=19;
function   calculateAge($age)
{
     global   $age;
     return   $age;
}
echo   calculateAge($age);
```

超全局变量是在全部作用域中都始终可以访问的内置变量。PHP 中的许多预定义变量都属于这类变量，这意味着它们在某一脚本的全部作用域中都可访问，而无需使用 global 或$variable，如$GLOBALS、$_SERVER、$_GET、$_POST、$_FILES、$_COOKIE、

$_SESSION、$_REQUEST$_ENV 等，示例代码如下：

```
$GLOBALS['a'] = 5;
functionfna() {
     $a=20;
     if($a===$GLOBALS['a'])
     {
          echo '相等';
     }else
     {
          echo '不相等';
     }
     echo    $GLOBALS['a'];
}
fna();
echo    $GLOBALS['a'];
if($a===$GLOBALS['a'])
{
     echo '相等';
}
```

超级全局变量还有一种比较特殊的类型，称为魔术变量，它会随上下文环境的不同而获得不同的值。常用的魔术变量如表 5-1 所示。

表 5-1 魔 术 变 量

名 称	说 明
__LINE__	文件的当前行号
__FILE__	文件的完整路径和文件名。如果用在包含文件中，则返回包含文件名。自 PHP 4.0.2 起，__FILE__ 总是包含绝对路径，而在此之前的版本有时会包含相对路径
__FUNCTION__	函数名称(PHP 4.3.0 新增)。自 PHP 5 起，本常量返回该函数被定义时的名称，该名称区分大小写，而在 PHP 4 中，该名称总是小写
__CLASS__	类的名称(PHP 4.3.0 新增)。自 PHP 5 起，本常量返回该类被定义时的名称，该名称区分大小写，而在 PHP 4 中，该名称总是小写
__METHOD__	类的方法名称(PHP5.0.0 新增)。返回该方法被定义时的名称，该名称区分大小写
__NAMESPACE_	当前命名空间的名称(PHP 5.3.0 新增)。该常量在编译时定义，并区分大小写

5.5.2 生存周期

函数内变量的生存周期是短暂的，通常是从某一次函数调用的开始到结束，但有时也需要让函数内某个变量在程序运行期间一直保留而不被系统回收，此时就要在该变量前加上关键字 static，示例代码如下：

```
function plus()
{
    static  $sum=0;
    $sum++;
    echo  $sum;
}
plus();
plus();
```

修饰符 static 向编译器说明：该变量需要在系统内单独保存为一个静态变量，在程序运行之前就已经被初始化，并在函数调用完毕后也会保留其数据。

5.6 文件包含

实现代码重用化和模块化的最普遍做法是：将各个功能组件隔离为单独的文件，然后在需要时重新组装。此时，系统就需要增加对文件包含功能的支持。

PHP 提供了四种在程序中包含文件的函数：

（1） include()函数：包含并运行指定的文件。关于该操作的详细信息见 include()帮助文档。

（2） include_once()函数：在脚本执行期间，包含并运行指定的文件。与 include()的区别在于如果该文件中的代码已经被包含了，则不会再次包含。

（3） require()函数：包含并运行指定的文件。与 include()的区别在于处理运行失败的方式——运行失败时，include()会产生一个 Warning，而 require()则会导致一个 Fatal Error。换句话说，如果想在丢失文件时停止处理页面，应该使用 require()，而若使用 include()，脚本程序会继续运行。

（4） require_once()函数：在脚本执行期间，包含并运行指定的文件。与 require()语句的区别在于如果该文件中的代码已经被包含了，则不会再次包含。

本 章 小 结

通过本章的学习，读者应当了解：

◇ 函数是模块化的、可以实现某种功能的子程序。
◇ PHP 中的函数包括 3 种类型：内置函数、自定义函数和变量函数。
◇ PHP 中，为函数传递参数可以采用值传递和引用传递两种方式。
◇ 变量被定义的位置不同，其作用域和生存周期也不同。

本 章 练 习

1. 为函数传递参数的方法包括_____、_____和_____3 种。
2. 指出下列代码使用了哪种参数传递方式，并将其改为值传递方式以达到同样效果：
   ```
   function    linkSum(&$sum)
   {
       $sum+=100;
       return$sum;
   }
   ```
3. 使用其他文件中声明的变量应如何编写代码？请简述或编写程序。

第6章 文件和目录

本章目标

- 了解文件系统的基本概念
- 掌握文件的基本操作方法
- 掌握使用目录操作函数的方法
- 了解上传的关键点

任何类型的变量,都是程序运行期间才将数据加载到内存当中,因此并不能长久保存。如果需要长久保存数据,通常会使用两种方法——将持久化的数据保存到普通文件中,或者将持久化的数据保存到数据库中,这就涉及对文件和目录的操作。本章将详细介绍 PHP 中的相关操作方法。

6.1 文件系统概述

文件可认为是一个内核对象,具备内核对象的数据结构与数据访问权限;但文件又是一种特殊的对象,不能像字符串那样直接在代码中使用,而要使用标量类型 resource 进行引用。在计算机设备中,负责管理和存储文件信息的软件称为文件管理系统,目录则负责组织并有效地区分文件。

6.2 文件的基本操作

文件处理函数包括建立、存入、读出、修改、转储、删除文件的一系列操作函数,这些函数是数据持久化系统(如数据库系统、文件处理系统等)的基础。

6.2.1 打开和关闭文件

文件操作一般包括打开、读写、关闭 3 个环节。其中,打开/关闭文件需要使用 fopen()和 fclose()函数。

1. 文件打开

语法格式:resource fopen(string $filename , string $mode[, bool $use_include_path])

函数功能:打开文件或者 URL。其返回值为 Resource 类型,参数$filename 是需要打开的目标文件路径,可以是相对路径,也可以是绝对路径。如果要限定文件的存取权限,则需使用参数$mode,该参数规定了打开文件的方式,如表 6-1 所示。

表 6-1 文件打开方式

打开模式	说明
'R'	以只读方式打开,将文件指针指向文件头
'r+'	以读写方式打开,将文件指针指向文件头
'w'	以写入方式打开,将文件指针指向文件头并将文件大小截为零,如果文件不存在则创建
'w+'	以读写方式打开,将文件指针指向文件头并将文件大小截为零,如果文件不存在则创建
'a'	以写入方式打开,将文件指针指向文件末尾,如果文件不存在则创建
'a+'	以读写方式打开,将文件指针指向文件末尾,如果文件不存在则创建
'x'	创建并以写入方式打开,将文件指针指向文件头,如果文件已存在,则 FOPEN()调用失败并返回 FALSE,并生成一条 E_WARNING 级别的错误信息;如果文件不存在则创建
'x+'	创建并以读写方式打开,将文件指针指向文件头,如果文件已存在,则 fopen()调用失败并返回 FALSE,并生成一条 E_WARNING 级别的错误信息;如果文件不存在则创建

2. 文件关闭

语法格式：bool fclose(resource $handle)

函数功能：关闭一个已经打开的文件。其参数$handle 是函数 fopen()返回的资源类型，相当于一个文件指针。

示例代码如下：

```php
<?php
error_reporting(E_ALL);
$content='文件基本读写';
$file='d://filedemo.txt';
$f = fopen($file,'wb');
fwrite($f,$content,strlen($content));
fclose($f);
?>
```

6.2.2 读取文件内容

PHP 提供了多个读取文件内容的标准函数，这些函数的功能特性各不相同，可以根据实际需要选择使用。具体说明如下：

1. 读取指定长度的字符串

语法格式：string fread(int $handle , int $length)

函数功能：从打开的文件中读取指定长度的字符串，也可用于二进制文件。为区分二进制文件和文本文件，fopen()的参数$mode 要设置成"b"，用于返回所读取的字符串，如果出错则返回 FALSE。

2. 将整个文件读入一个字符串

语法格式：string file_get_contents(string $filename[, bool $use_include_path[, resource $context[, int $offset[, int $maxlen]]]])

函数功能：将整个文件读入一个字符串。在只需要将文件的内容读入某个字符串里时，该函数应作为首选方法使用，除了能节省打开文件的步骤，还能使用内存映射技术提高运行速度。

3. 从文件中读取一行内容

语法格式：string fgets(int $handle[, int $length])

函数功能：从文件中读取一行内容，遇到换行符(包括在返回值中的)及文件结束标志 EOF，或者在读取了$length-1 字节的信息后停止。

4. 读取指针当前位置处的一个字符

语法格式：string fgetc(resource $handle)

函数功能：在打开的文件中，读取指针当前位置处的一个字符。遇到文件结束标志 EOF 时返回 FALSE。

5. 将整个文件读入一个数组

语法格式：array file(string $filename[, int $use_include_path[, resource $context]])

函数功能：该函数与 file_get_contents()类似，使用时不需调用 fopen()函数打开文件，不同的是该函数将文件读入一个数组，数组中的每个单元都是文件中相应的一行，而换行符位于每个单元的结尾，因此可以使用数组的有关函数对文件内容进行处理。如果失败则返回 FALSE。

6. 读取指定的整个文件

语法格式：int readfile(string $filename[, bool $use_include_path[, resource $context]])

函数功能：读取指定的整个文件，并立即将其输出至输出缓冲区。返回值是从文件中读取的字节数，如果出错则返回 FALSE。注意，该函数必须以@readfile()形式调用，否则会显示错误信息。

示例代码如下：

```php
<?php
error_reporting(E_ALL);
$content="文件基本读写<br/>";
$file='d://filedemo.txt';
$f = fopen($file,'wb');
fwrite($f,$content,strlen($content));
$content="数据持久化的一种手段";
fwrite($f,$content,strlen($content));
fclose($f);
echo '<b><font color="red">以下为 fread()函数演示：</font></b><br/>';
// fread()从打开的文件中读取指定长度的字符串
$f = fopen($file,'rb');
$read_content=fread($f,4);
echo $read_content;
echo '<br/><b><font color="red">以下为 fgets()函数演示：</font></b><br/>';
// fgets()从文件资源中读取一行内容
$read_content=fgets($f);
echo $read_content;
fclose($f);
echo '<br/><b><font color="red">以下为 fgetc()函数演示：</font></b><br/>';
// fgetc()在打开的文件资源中读取当前指针位置处的一个字符，需要重新初始化
//文件资源指针
$f = fopen($file,'rb');
while(FALSE!==($char=fgetc($f)))
{
    echo $char;
}
```

```
fclose($f);
echo '<br/><b><font color="red">以下为 file_get_contents()函数演示：</font></b><br/>';
// file_get_contents()用来将整个文件读入一个字符串
$read_content=file_get_contents($file);
echo '<br/><b><font color="red">以下为 file()函数演示：</font></b><br/>';
// file()函数将文件读入到一个数组中
$read_content=file($file);
print_r($read_content);
echo '<br/><b><font color="red">以下为 readfile()函数演示：</font></b><br/>';
// readfile($file);读取指定的整个文件，并立即输出至输出缓冲区
readfile($file);
?>
```

6.2.3 写入文件

fwrite()、fputs()和 file_put_contents()三个函数的作用都是将内容写入到文件中。使用 fwrite()时，需要打开和关闭文件；fputs()是 fwrite()的别名；file_put_contents()将一个字符串写入文件，与依次调用 fopen()，fwrite()以及 fclose()的效果一样。

语法格式：int fwrite(resource $handle , string $string[, int $length])

函数功能：将字符串内容写入到文件中，使用特定的结束符号表示文件一行的末尾。不同操作系统使用的结束符号不同，基于 UNIX 的系统使用"\n"作为行结束符，基于 Windows 的系统则使用"\r\n"作为行结束符。

语法格式：int file_put_contents(string $filename , string $data[, int $flags[, resource $context]])

函数功能：将一个字符串写入文件。

示例代码如下：

```
//w 写入方式打开，将文件指针指向文件头并将文件大小截为零。如果文件不存在则尝试创建之
//'a' 写入方式打开，将文件指针指向文件末尾。如果文件不存在则尝试创建之。
$f = fopen("D:\\demo.txt",'wb');
fwrite($f,"正在写入一段日志",strlen("正在写入一段日志"));
fclose($f);
file_put_contents("D:\\demo.txt","正在写入一段日志 2");
```

6.2.4 复制和移动文件

对文件进行操作时，不仅可以对文件中的数据进行操作，也可以对文件本身进行操作，例如文件的复制、删除、截取、重命名等。PHP 中执行这些操作的标准函数如下：

1. 复制

语法格式：bool copy(string $source , string $dest)

函数功能：将参数 $source 声明的文件复制到 $dest 声明的位置，如果成功则返回 TRUE，反之则返回 FALSE。

2．删除

语法格式：bool unlink(string $filename)

函数功能：删除 $filename 声明的文件。

3．重命名

语法格式：bool rename(string $oldname , string $newname[,resource $context])

函数功能：将文件名为 $oldname 的文件重新命名为 $newname。

4．返回数组

语法格式：array stat(string $filename)

函数功能：返回一个数组，其中包括文件的大小、所有者、最后访问时间等信息。返回的数据格式如表 6-2 所示。

表 6-2 返回信息说明

数字下标	关联键名	说　　　明
0	dev	device number——设备名
1	ino	inode number——inode 号码
2	mode	inode protection mode——inode 保护模式
3	nlink	number of links——被连接数目
4	uid	userid of owner——所有者的用户 id
5	gid	groupid of owner——所有者的组 id
6	rdev	device type, if inode device *——设备类型(如果为 inode 设备)
7	size	size in bytes——文件大小的字节数
8	atime	time of last access(unix timestamp)——上次访问时间(UNIX 时间戳)
9	mtime	time of last modification(unix timestamp)——上次修改时间(UNIX 时间戳)
10	ctime	time of last change(unix timestamp)——上次改变时间(UNIX 时间戳)
11	blksize	blocksize of filesystem IO *——文件系统 IO 的块大小
12	blocks	number of blocks allocated——所占据块的数目

示例代码如下：

```
<?php
$file = 'd:/filedemo.txt';
$newfile = 'd:/filedemo.txt.bak';
if (!copy($file, $newfile)) {
        echo "failed to copy $file...\n";
}
if (!unlink($newfile)) {
```

```
        echo "failed to delete $newfile...\n";
}
if (!rename($file,$newfile)) {
        echo "failed to rename $file...\n";
}
if (!rename($newfile,$file)) {
        echo "failed to rename $newfile...\n";
}
// 取得统计信息
$stat = stat($file);
// 只显示关联数组部分
print_r(array_slice($stat, 13));
?>
```

6.3 目录操作函数

目录是一种特殊的文件。浏览目录下的文件首先要打开目录，浏览完毕后则要关闭目录。因此，目录操作一般包括打开目录、浏览目录和关闭目录三个环节。

6.3.1 打开/关闭目录

1. 打开目录

语法格式：resource opendir(string $path[, resource $context])

函数功能：打开一个目录。如果参数$path 不存在或错误，则返回 FALSE 并产生一个 E_WARNING 级别的错误信息；如果该参数正确，则返回该目录指向的资源。

2. 关闭目录

语法格式：void closedir(resource $dir_handle)

函数功能：关闭由$dir_handle 参数指定的已打开目录的资源。

3. 浏览目录

语法格式：array scandir(string $directory [, int $sorting_order [, resource $context]])

函数功能：查看参数$directory 目录下的所有文件和目录，返回值为数组。

示例代码如下：

```
<?php
$dir="d://";
//判断是否有效目录、打开目录、关闭目录
if(!is_dir($dir))
        return;
echo '是有效目录';
```

```php
if(!($dir_point=opendir($dir)))
{
        echo '打开目录失败';
}
if(!is_null($dir_resource))
{
        closedir($dir_resource);
}
//浏览目录树
$dir_tree=scandir($dir);
foreach ($dir_tree as $value)
{
        if(is_dir($dir.$value))
                echo '目录:'.$dir.$value;
        else
                if(is_file($dir.$value))
                        echo '文件:'.$dir.$value;
        echo '<br/>';
}
?>
```

6.3.2 目录处理

应用系统在操作文件时，也不可避免地要对目录进行某些处理，比如创建一个目录或者删除目录下的文件和子目录等。PHP 的目录处理函数与 UNIX 系统的命令十分相似，具体介绍如下：

语法格式：bool mkdir(string $pathname[, int $mode[, bool $recursive[, resource $context]]])

函数功能：尝试新建一个由参数$pathname 指定的目录，使用参数$mode 设置访问权限(该参数在 Windows 系统中忽略)，在成功时返回 TRUE，在失败时返回 FALSE。

语法格式：bool rmdir(string $dirname)

函数功能：尝试删除参数$dirname 指定的目录，在成功时返回 TRUE，在失败时返回 FALSE。

语法格式：string getcwd(void)

函数功能：取得当前工作目录。

语法格式：bool chdir(string $directory)

函数功能：将目录切换到参数$directory 所指定的目录中。

语法格式：float disk_free_space(string $directory)

函数功能：返回一个目录的可用空间大小，单位为 bytes。

语法格式：float disk_total_space(string $directory)

函数功能：返回一个目录的磁盘总大小，单位为 bytes。

语法格式：string readdir(resource $dir_handle)

函数功能：返回目录中下个文件的文件名，使用该函数时，必须先用 opendir()函数打开目录。

示例代码如下：

```php
<?php
$current_dir=getcwd();
echo $current_dir;
$dir="d:\\php_exam";
$subdir="d:\\php_exam\\2014";
mkdir($dir);
mkdir($subdir);
$current_dir=getcwd();
echo $current_dir;
if(chdir($subdir))
{
    $current_dir=getcwd();
    echo '当前目录：'.$current_dir;
}
rmdir($subdir);
rmdir($dir);
?>
```

路径分隔符和操作系统有关，UNIX 系统使用 "\" 表示分隔符；windows 系统则使用 "/" 表示分隔符；而为了保证程序代码的通用性，包括 PHP 在内的很多高级语言都使用 "\\" 表示分隔符。

6.4 上传文件

在 Web 程序开发中，经常需要将本地文件上传到 Web 服务器上。为满足上传需要，HTTP 协议实现了文件上传机制，从而可以将客户端的文件通过浏览器上传至服务器中。

下面是一个上传文件的示例，包含三部分代码：

（1）index.php 文件，用来进行客户端的上传设置，代码如下：

```html
<html>
<body>
<!--1、上传文件至服务器 -->
<form enctype="multipart/form-data" action="RecvFile.php" method="post">
<input type="hidden" name="MAX_FILE_SIZE" value="10000000" />
上传文件: <input type="file" name="userfile" />
<input type="submit" value="上传" />
```

```
</form>
</body>
</html>
<?php
?>
```

(2) RecvFile.php 文件，用来接受上传的文件，代码如下：

```php
<?php
    //is_uploaded_file($filename)
    //move_uploaded_file($filename, $destination)
print_r($_FILES);
echo '<br/>';
//文件类型检查
//文件上传之前的检查
if($_FILES['userfile']['error']>0){
    switch($_FILES['userfile']['error']){
        case 1:
            echo "上传的文件超过了 php.ini 中选项限制的值。";
            break;
        case 2:
            echo "上传文件的大小超过了 HTML 表单中 MAX_FILE_SIZE 选项指定的值。";
            break;
        case 3:
            echo "文件只有部分被上传。";
            break;
        case 4:
            echo "没有文件被上传。";
            break;
        case 5:
        case 6:
            echo '找不到临时文件夹';
            break;
        case 7:
            echo '文件写入失败';
            break;
        default:
            echo "未知错误！";
    }
    exit;
```

```php
}else
{
        if($_FILES['userfile']['size'] > 1000000)
        {
                echo "上传文件的大小超过了 HTML 表单中 MAX_FILE_SIZE 选项指定的值。";
                exit;
        }
}

if($_FILES['userfile']['type'] == 'image/jpeg' || $_FILES['userfile']['type'] == 'image/jpeg')
{
    echo "上传文件的格式不正确。";
    exit;
}
// $recvDir='f:\\uploads';
if(is_uploaded_file($_FILES['userfile']['tmp_name']))
{
        if(!move_uploaded_file($_FILES['userfile']['tmp_name'],
                $_FILES['userfile']['name']))
        {
                echo "<script> alert('文件移动失败');location.href=history.back(-1);</script>";
                exit;
        }else
        {
                echo '<br/>';
//              echo "<script> alert('文件上传成功');location.href='show_file.php?url=".$recvDir."\\".$_FILES['userfile']['name']."'</script>";
                echo "<script> alert('文件上传成功');location.href = 'show_file.php?url = ".$_FILES['userfile']['name']."'</script>";
                // location.href=show_file.php?url=".$recvDir."\\".$_FILES['userfile']['name'].";

                //echo "<script>alert('文件上传成功');location.href='proc.php?url=".$_FILES['userfile']['name']."'</script>";
        }
}
else {
    echo '<br/>';
    echo "<script> alert('上传临时文件夹不存在');location.href=history.back(-1);</script>";
}
?>
```

(3) Show_file.php 文件，该文件用来显示上传后的图片，代码如下：

```php
<?php
    $url=$_GET['url'];
    echo '<img src="".$url."'/>'
?>
```

本 章 小 结

通过本章的学习，读者应当了解：
- 文件在实现方式上可以认为是一个内核对象，具备内核对象的数据结构和内核对象的数据访问权限。
- 负责管理和存储文件信息的软件称为文件管理系统，目录则负责组织并有效地区分文件。
- 文件处理函数包括建立、存入、读出、修改、转储文件的一系列操作函数，以控制文件的存取及删除。
- 目录是一种特殊的文件。浏览目录下的文件首先要打开目录，浏览完毕后则要关闭目录。目录操作包括打开目录、浏览目录和关闭目录。

本 章 练 习

1. 负责管理和存储文件信息的软件称为____，____则负责组织并有效地区分文件。
2. 编写程序，打开一个名为 hello.txt 的文件，并向该文件中追加写入"hello world"字符串。
3. 简述文件操作的基本步骤。
4. 编写程序，扫描 Windows 操作系统下 windows 目录的结构。
5. 编写程序，将一个文件上传到 Apache 服务器中。

第 7 章　正则表达式

本章目标

- 掌握正则表达式的语法结构
- 了解正则表达式的引擎原理
- 掌握字符匹配的规则
- 掌握断言和分组的使用
- 掌握正则表达式的贪婪原则和最少原则
- 掌握正则表达式的函数使用

正则表达式是描述字符排列模式的一种自定义语法规则，其应用非常广泛。在 PHP 中使用正则表达式，可以对字符串进行匹配、查找、替换及分割等操作。

7.1 正则表达式简介

正则表达式也称为模式表达式，具有一套非常完整的、可以编写模式的语法体系，提供了一种灵活且直观的字符串处理方法。正则表达式通过构建具有特定规则的模式，比对输入的字符串信息并在特定的函数中使用，从而实现对字符串的匹配、查找、替换及分割操作。下例中的 3 个模式都是按照正则表达式语法规则构建的：

```
"/[a-zA-Z]+://[^\s]/
"/<(\S*?)[^>]*>.*?<^1>|<*?/>/i"
"/\w+([-+.]\w+)*@\w+([-.]\w+)*\.\w+([-.]\w+)*/"
```

这一段代码看似乱码，实际上是按照正则表达式的语法规则构建的模式，是一种由普通字符和具有特殊功能的字符组成的字符串。

7.2 正则表达式语法

正则表达式是一个可匹配的模版，由原子(普通字符，如字符 a 到 z)、有特殊功能的字符(称为元字符，如"*"、"+"和"?"等)以及模式修正符三部分组成。使用正则表达式时，通常使用"/"作为开始和结束的定界符。一个最简单的正则表达式至少包含一个原子，如"/a/"；而在 Perl 兼容的正则表达式函数中，使用模式时一定要加上定界符，即将模式包含在两个反斜线"//"之间。

正则表达式目前主要有两种风格：Perl 风格和 POSIX 风格。Perl 被认为是最伟大的解析语言之一，它使得最复杂的表达式也可使用正则表达式模式搜索和替换。下面的代码是对正则表达式模式进行匹配的一个例子：

```
<?php
$subject = "abcdef";
$pattern = '/def/';
preg_match($pattern, $subject, $matches, PREG_OFFSET_CAPTURE, 3);
print_r($matches);
?>
<?php
//模式分隔符后的"i"标记这是一个大小写不敏感的搜索
if (preg_match("/php/i", "PHP is the web scripting language of choice.")) {
    echo "A match was found.";
} else {
    echo "A match was not found.";
}
?>
```

正则表达式的核心在于使用有限的字符和组合来匹配字符集合的聚集规则,这些字符分为量词、定位符、限定符、元字符和模式修饰符 5 种。

7.2.1 量词

量词是元字符的一种,表示前导字符出现一次或多次,如"+"表示之前紧邻的元素出现 1 次或多次——"之前紧邻的元素"指前导字符,"一次或多次"指重复次数。

量词属于限定符,指定在输入中必须存在字符、组或字符类的多少个实例。正则表达式中,量词主要包括"+""*""?"三种。

- ✧ "+"匹配至少包含一个前导的字符串,相当于{1, *},如"h+",表示至少存在一个 h。
- ✧ "*"匹配任何包含 0 个或多个前导的字符串,如"h*",表示匹配 0 个或者多个 h。
- ✧ "?"匹配任何包含 0 个或 1 个前导的字符串,如"h?",表示匹配 0 个或者 1 个 h。

使用过程中,需注意判断这些特殊的字符是否是字符组合中的元字符。

7.2.2 定位符

定位符用来规定匹配模式在目标对象中的出现位置。常用的定位符包括"\b""\B""^"以及"$"。

"\b"定位符在目标字符串的边界外开始匹配;"\B"定位符规定匹配对象必须位于目标字符串的开头和结尾两个边界之内,即匹配对象既不能作为目标字符串的开头,也不能作为目标字符串的结尾;"^"定位符规定匹配模式必须出现在目标字符串的开头,但需要注意假如"^"出现在限定符"[]"中则等价于否定,如"[^a]"等价于匹配不以 a 开头的字符;"$"定位符则规定匹配模式必须出现在匹配字符串的结尾。

因此,可以把"\b"与"\B"、"^"与"$"看作是互为逆运算的两组定位符。

7.2.3 限定符

限定符是限制元字符的取值范围或数量的字符,包括"[]""{}""()"三种(有的分类方式将"[]"定义为字符类符号)。

"[]"匹配方括号中的字符,一个方括号只能匹配一个字符。例如,要匹配的字符串 tm 不区分大小写,则该表达式应该写作"[Tt][Mm]"。上述匹配模式也可使用选择字符"(|)"实现,该字符可以理解为"或"。例如,上例也可写成"(T|t)(M|m)",意为以字母 T 或 t 开头,后面接一个字母 M 或 m。

"()"作为限定符时,作用是改变匹配范围。表达式"(thir|four)th"意为匹配单词 thirth 或 fourth,如果不使用"()",就变成了匹配单词 thir 和 fourth。"()"的另一个作用是分组,"()"中的分组表达式是子表达式。例如"(\.[0-9]{1,3}){3}",就是对分组(\.[0-

9]{1,3})进行的重复操作。

"{}"用来限定匹配的次数,其用法如表 7-1 所示。

表 7-1 限定匹配次数的用法

字 符	描 述
{n}	匹配确定的 n 次,n 是一个非负整数。例如,"o{2}"不能匹配"Bob"中的 o,但是能匹配"food"中的两个 o
{n,}	至少匹配 n 次,n 是一个非负整数。例如,"o{2,}"不能匹配"Bob"中的 o,但能匹配"fooood"中的所有 o。"o{1,}"等价于"o+";"o{0,}"则等价于"o*"
{n, m}	最少匹配 n 次且最多匹配 m 次,m 和 n 均为非负整数,其中 n≤m。例如,"o{1,3}"将匹配"foooood"中的前三个 o,"o{0,1}"等价于"o?"。请注意在逗号和两个数之间不能有空格

7.2.4 元字符

"."" []"" ^"" $"是所有语言都支持的正则表达式字符,除了这 4 个基础的元字符以外,还有其他等价的字符,如"^"、"d"、"$"等,这些字符代表着特定的匹配意义。常用的元字符如表 7-2 所示。

表 7-2 常用的元字符

元字符	说 明
.	匹配除换行符以外的任意字符
\w	匹配任意字母、数字、下划线或汉字
\s	匹配任意的空白符
\d	匹配数字
\b	匹配单词的开始或结束
^	匹配字符串的开始
$	匹配字符串的行尾
[x]	匹配 x 字符,如匹配字符串中的 a、b 和 c 字符
\W	w 的反义,即匹配任意非字母、数字、下划线或汉字的字符
\S	s 的反义,即匹配任意非空白符的字符
\D	d 的反义,即匹配任意非数字的字符
\B	b 的反义,即匹配不是单词开头或结束的位置
[^x]	匹配除了 x 以外的任意字符(如[^abc]匹配除了字母 abc 以外的任意字符)

7.2.5 模式修饰符

正则表达式中的模式修饰符包括"/i"、"/m"、"/s"和"/x",分别介绍如下:

◇ 修饰符/i。

如果设置了这个修饰符,会对模式中的字母执行大小写不敏感匹配。

◇ 修饰符/m。

默认情况下的目标字符串仅由单行字符组成,但实际应用时该字符串可能会包含多行,此时,行首元字符"^"仅匹配字符串的开始位置,而行末元字符"$"则仅匹配字符串末尾或者匹配最后的换行符。但如果设置了这个修饰符,行首和行末元字符就可以匹配目标字符串中任意换行符之前或之后的字符串,也可以分别匹配目标字符串的最开始和最末尾位置。如果目标字符串中没有"\n"字符,或者模式中没有出现"^"或"$"字符,则设置这个修饰符不会产生任何影响。

◇ 修饰符/s。

如果设置了这个修饰符,模式中的元字符"."会匹配所有字符,包含换行符;如果没有这个修饰符,"."就仅匹配换行符。但如果是取反字符,如"[^a]",则不受该修饰符设置与否的影响,而总是匹配换行符。

◇ 修饰符/x。

这个修饰符使处于编译模式下的正则表达式中可以包含注释。如果设置了这个修饰符,模式中没经过转义的或者不在字符类中的空白数据字符就会被忽略,同时,位于一个未转义字符类外部的"#"字符和下一个换行符之间的字符也会被忽略。

7.3 正则表达式引擎原理

正则表达式中的字符串由字符和位置组成。例如,字符串"ABC"包括三个字符和四个位置,如图7-1所示。

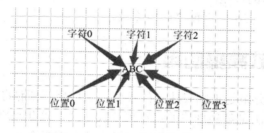

图 7-1 正则位置示意图

7.3.1 占有字符和零宽度

正则表达式匹配过程中,如果表达式匹配到字符而不是位置,并最终保存到匹配结果当中,这样的元字符就称为占有字符;如果只是匹配一个位置,或者匹配的内容并不保存到匹配结果中,这种匹配模式就称作零宽度。占有字符是互斥的,零宽度是非互斥的,也就是说,一个字符同一时间只能由一个子表达式匹配,而一个位置却可以同时由多个零宽度子表达式匹配。

7.3.2 正则引擎

正则引擎主要可以分为两大类:NFA 和 DFA。NFA 以正则表达式为主导,是一种"非确定型有穷自动机";DFA 以源数据文本为主导,是一种"确定型有穷自动机"。

以使用表达式"/([\w\._]{2,10})/"解析文本"I like PHP"为例，表达式为主导(NFA)正则引擎的匹配顺序为：首先表达式取得控制权，解析为需要匹配一个至少包括2~10个字符的单词，开始从左到右匹配文本，文本中的"like"匹配成功后，由于是非零宽度断言，所以将被保存到匹配的结果中。文本为主导(DFA)的匹配顺序为：首先文本取得控制权，正则引擎获得文本的数据后，首先测试第一个字符"I"是否与表达式相匹配，如成功则保存到匹配结果中，否则就继续向下匹配。

7.4 通用字符匹配规则

正则表达式的元字符是通用字符，其功能是用简单的字符匹配一定的文本范围。通用字符的匹配规则如下：
- . 匹配除换行符以外的任意字符。
- \w 匹配字母、数字、下划线或汉字。
- \s 匹配任意的空白符。
- \d 匹配数字。
- \b 匹配单词的开始或结束。
- ^ 匹配字符串的开始。
- $ 匹配字符串的行尾。
- [\u4e00-\u9fa5]{2,20} 匹配2~20个汉字。

7.5 正则表达式高级应用

断言(Assertions)和分组是正则表达式的重要高级应用。所谓断言，就是指明某个字符串前面或后面将会出现满足某种规律的字符串的表达式，以此来判断目标字符串的当前匹配位置是否满足条件。断言由两个要素组成：模式的字符组合与匹配位置。

7.5.1 零宽先行断言

先行断言又称正向断言或者正向巡视，表达式为(?=pattern)，其作用是判断目标字符串当前匹配位置的右边是否与表达式中的 pattern 相匹配，匹配成功时才能返回真。如表达式"/[a-z]+(?=\d+)/"，其作用是判断由"a~z"组成的字符串右边是否紧跟数字，如果是，则返回匹配的字符串，但不返回数字，代码如下：

```
<?php
$regex = '/[a-z]+(?=\d+)/';
$str = 'abc100';
$matches = array();
if(preg_match($regex, $str, $matches)){
    print_r($matches);
}
```

```
echo "\n";
?>
```

输出的代码如下:

```
Array ( [0] => abc )
```

先行断言还可使用(?!pattern)的格式,但与(?=pattern)相反,使用该表达式时,匹配不成功才能返回真,代码如下:

```
<?php
$regex = '/[a-z]+(?!\d+)/';
$str = 'abc100';
$matches = array();
if(preg_match($regex, $str, $matches)){
    print_r($matches);
}
echo "\n";
?>
```

输出的代码如下:

```
Array ( [0] => ab )
```

7.5.2 零宽后行断言

后行断言,又称为反向断言或反向巡视。正则表达式引擎在匹配字符串及表达式时,会从头到尾(从前到后)连续扫描字符串中的字符,并判断是否与表达式匹配。设想有一个指向字符边界处的扫描指针,且该指针随匹配过程移动,先行断言就是当该指针位于某处时,引擎会尝试匹配指针还未扫过的字符;后行断言则是当在表达式中遇到该断言时,引擎会检测字符串前端已扫描过的字符,这相对于扫描方向是向后的,因此称为后行断言。

后行断言的表达式为(?<=pattern)或者(?<!pattern)。(?<=pattern)表示在目标字符串的左边出现 pattern 时,才会匹配成功并返回真;(?<!pattern)与(?<=pattern)则相反,在目标字符串的左边不出现 pattern 才会匹配成功。例如,表达式(?<=\bre)\w+\b 会匹配以"re"开头的单词的后半部分(除"re"以外的部分),在查找"reading a book"时,它会匹配 ading。代码如下:

```
$regex = '/(?<=\bre)\w+\b/';
$str = 'reading a book';
$matches = array();
if(preg_match($regex, $str, $matches)){
    print_r($matches);
}
echo "\n";
```

上述代码的作用为找出以"re"开头的单词里"re"后面的字符。返回的结果为:

```
Array ( [0] => ading )
```

可以对断言进行测试,但这种测试并不占用目标字符串。

零宽先行断言和零宽后行断言的格式如下：
- (?=exp)：匹配 exp 前面的位置。
- (?<=exp)：匹配 exp 后面的位置。
- (?!exp)：匹配后面不是 exp 的位置。
- (?<!exp)：匹配前面不是 exp 的位置。

正则表达式中也可以添加注释，格式如下：
(?#comment)：用于提供注释，不对正则表达式的处理产生任何影响。

7.5.3 分组

用"()"将一些项括起来，使其成为独立的逻辑域，就形成了正则表达式中的分组。可以像处理一个独立单元那样处理分组中的内容，示例代码如下：

(\d{1,3}\.){3}\d{1,3}

这是一个用来匹配 IP 的正则表达式，小括号中的内容作为一个独立的逻辑域被重复了 3 次。

分组有两个作用：

（1）将单独的项目进行分组，形成一个子逻辑单元，作为可等同于单独字符处理的逻辑单位。

（2）可以在同一个表达式的后部对分组进行引用。分组占用一定的系统资源，因此会降低匹配速度。有时仅需要分组而不需要引用，那么非引用类型分组就是一个好的选择。

7.5.4 非捕获元与后向引用

用"()"将所有的选择项括起来，相邻选择项之间用"|"分隔。但用"()"有一个副作用，就是相关的匹配会被缓存，此时，就可将"?:"放在第一个选项前来消除这种副作用。"?:"是非捕获元之一，还有两个非捕获元是"?="和"?!"，"?="表示正向预查，即从任何匹配"()"内正则表达式模式的起始位置来匹配搜索字符串；"?!"为负向预查，即从任何不匹配该正则表达式模式的起始位置来匹配搜索字符串。所捕获的每个子匹配都按照在正则表达式模式中从左至右所遇到的内容存储，存储子匹配的缓冲区编号从 1 开始，连续编号直至最大的 99，每个缓冲区都可以通过"\n"访问（"n"为一个标识特定缓冲区的一位或两位十进制数）。

后向引用可使用分组匹配到的文本重复搜索前面某个分组匹配的文本。例如，"\1"代表分组 1 匹配的文本，代码如下：

```
<?php
$regex = '/^(PHP)[\w\s!]+\1$/';
$str = 'PHP program and   study PHP';
$matches = array();
if(preg_match($regex, $str, $matches)){
    var_dump($matches);
```

}
?>

捕获数据的情况可以分为以下 3 种：

(1) 匿名捕获数据：没有指明类型而进行的分组将会被获取，供以后使用，即只有"()"但起始位置没有问号的数据才能被捕捉。在同一个表达式内的引用叫做后向引用。

格式：\编号(如\1)

(2) 避免捕获数据：非引用类型分组将使有效的后向引用数量保持在最小，使代码更加清楚。

格式：(?:pattern)

(3) 命名捕获组：将有效的后向引用分组使用特定的名称代替，使逻辑更加清晰。

格式：(?P<组名>)

调用时的格式：(?P=组名)

7.6 关于贪婪原则和最少原则

正则引擎在实现匹配的时候，需要考虑最大限度匹配和最少限度匹配的问题。字符"*"、"+"、"?"和"{m,n}"适用贪婪原则，即在满足这些条件的情况下尽可能地匹配多个；而在后面加上一个问号"?"，变成"*?"、"+?"、"??"和"{m,n}?"之后，适用原则就变为最少原则，即在满足前面的条件的情况下尽量少地匹配。

7.7 正则表达式的函数

使用正则引擎搜索字符串需要使用正则表达式的函数。PHP 为使用兼容 Perl 的正则表达式搜索字符串提供了 7 个函数，分别是 preg_grep()、preg_match()、preg_match_all()、preg_quote()、preg_replace()、preg_split()和 preg_replace_callback()。

◆ 语法格式：

array preg_grep (string $pattern , array $input[, int $flags = 0])

◆ 函数功能：

搜索数组中的所有元素，并返回与某个模式匹配的所有元素组成的数组。代码如下所示：

```
$language = array('php','asp','jsp','python','ruby');
print_r(preg_grep('/p$/',$language));
```

◆ 语法格式：

int preg_match(string $pattern , string $subject[, array &$matches[, int $flags = 0[, int $offset = 0]]])

◆ 函数功能：

在目标字符串中搜索模式字符串，如果该字符串存在则返回 TRUE，否则返回 FALSE。代码如下所示：

```
echo  preg_match('/php[1-6]/','php5');
```

◇ 语法格式：

int **preg_match_all**(string $pattern , string $subject , array &$matches[, int $flags = PREG_PATTERN_ORDER[, int $offset = 0]])

◇ 函数功能：

搜索所有与参数$pattern 给定的正则表达式相匹配的结果，并将它们以参数$flags 指定的顺序输出到数组$matches 中，且在第一个匹配找到后，子序列会从最后一次匹配位置继续搜索。

```
// 有匹配到的全部放入数组。
preg_match_all('/php[1-6]/','php5php3php2',$out);
print_r($out);
```

◇ 语法格式：

string **preg_quote**(string $str[, string $delimiter = NULL])

◇ 函数功能：

转义正则表达式中的特殊字符，对参数$str 中的每个正则表达式的字符前增加一个反斜线，通常用于某些字符串需要作为正则表达式进行匹配的时候。正则表达式的特殊字符包括 ". "、"+"、"*"、"?"、"[^]"、"$"、"( )"、"{ }"、"="、"!"、"<"、">"、"|"、":" 和 "-"。代码如下：

```
echo preg_quote('PHP 的价格是：$150');
```

◇ 语法格式：

mixed **preg_replace**(mixed $pattern , mixed $replacement , mixed $subject[, int $limit = -1[, int &$count]])

◇ 函数功能：

执行正则表达式的搜索和替换功能，该函数搜索参数$subject 中匹配正则表达式$pattern 的部分，然后用参数$replacement 替换。代码如下：

```
// 替换模式的所有出现：preg_replace()函数搜索到所有匹配，然后替换成想要的字符串返回出来。
echo preg_replace('/php[1-6]/','python','This is a php5,This is a php4');
echo '<br />';
```

◇ 语法格式：

array preg_split (string $pattern , string $subject [, int $limit = -1 [, int $flags = 0]])

◇ 函数功能：

使用正则表达式分隔字符串，将匹配到的结果放入一个数组并返回。代码如下所示：

```
// 以不区分大小写的方式将字符串划分为不同的元素：preg_split()用来分割不同的元素。
print_r(preg_split('/[\.@]/','yc60.com@gmail.com'));
```

◇ 语法格式：

mixed preg_replace_callback(mixed $pattern, callback callback, mixed $subject[, int limit])

◇ 函数功能：

本函数的作用与 preg_replace()相似，但并不反馈参数$replacement，而是指定一个执行替换操作的函数 callback，该函数使用目标字符串中的匹配变量$pattern 作为输入参数，并返回替换完毕的字符串。代码如下：

```
<?php
```

```
$text = "April fools day is 04/01/2002\n";
$text.= "Last christmas was 12/24/2001\n";
 function next_year($matches) {
     return $matches[1].($matches[2]+1);
 }
 echo
preg_replace_callback("|(\d{2}/\d{2}/)(\d{4})|","next_year",$text);
?>
```

7.8 电子邮件验证小案例

案例目标：程序需要验证电子邮件的合法性。

实现电子邮件验证约束的基本步骤如下：

(1) 电子邮件分为三部分，使用小括号分组，格式如下：(用户名)@(网址).(域名)。

(2) 针对用户名编写规则。用户名至少 2 个字符，不少于 255 个字符，模式为：用户名({2,255})，用户名由字母、数字、_、.([a-zA-Z0-9_\.])组成，"."是特殊字符需要转义，模式为：[\w_\.]{2,255}。

(3) 针对网址进行规则变形。网址是一个单词组成的字符串，域名 3～4 个字符。

(4) 按分组编写模式：([\w\._]{2,10})@(\w{1,}).([a-z]{2,4})。

程序代码如下所示：

```
<?php
$mode =  '/([\w\.\_]{2,10})@(\w{1,}).([a-z]{2,4})/';
$string = 'yinggu121@ugrow.com';
if(preg_match($mode,$string,$matches)==TRUE)
      print_r($matches);
?>
```

执行结果如下：

Array ([0] => yinggu121@ugrow.com [1] => yinggu121 [2] => ugrow [3] => com)

注：目前 PHP 为 POSIX 风格的正则表达式搜索字符串提供了 7 个函数，分别为：ereg()、ereg_replace()、eregi()、eregi_replace()、split()、spliti()和 sql_regcase()。

本 章 小 结

通过本章的学习，读者应当了解：

- ✧ 正则表达式是一个可匹配的模版，由原子(普通字符，例如字符 a～z)、有特殊功能的字符(称为元字符，例如*、+和?等)以及模式修正符三部分组成。正则表达式的核心在于用有限的字符和组合匹配字符集合的聚集规则，这些字符分为量词、限定符、元字符和修饰符 4 种。

- 正则引擎主要可以分为两大类：NFA 和 DFA。
- "."、"[]"、"^"、"$" 四个字符是所有语言都支持的正则表达式，是基础的正则表达式。断言是指明某个字符串前边或者后边会出现满足某种规律的字符串。分组是使用小括号将一些项包括起来，使其成为独立的逻辑域。

本 章 练 习

1．PHP 中的正则表达式使用定界符_____表示开始和结束。
2．正则表达式的量词包括_____、_____和_____，这些量词通常放在前导符的后方，使用符号_____进行限定重复次数。
3．限定符包括"()"、"{}"、"[]"，其中，"[]"主要用来表示_____，"{}"主要用来表示_____，"()"主要用来表示_____。
4．正则表达式中的 NFA 和 DFA 分别表示_____和_____。
5．编写一个正则表达式的字符串，用来验证输入的字符是"URL"。

第 8 章　类和对象

本章目标

- 掌握面向对象的基本概念
- 掌握面向对象的三大特点
- 掌握抽象类的概念和设计要点
- 掌握接口和服务规范的联系

面向对象是当前软件开发行业的主流程序设计模式，比面向过程的程序设计模式具有更强大的灵活性和可扩展性，可以很好地兼顾大中小粒度的逻辑层次划分。面向对象主要包括面向对象的分析、面向对象的设计以及经常提到的面向对象编程。

8.1 面向对象的基本概念

面向对象的概念中，类是具有相同状态(属性)和行为(方法)的一组对象的集合，是抽象的、具有共同特征的一组数据的概念，是理想中的数据模板，也可以理解成具备某种功能的逻辑单元；而对象是类的一个实例，是具备特定属性数据的具体类。

面向对象程序设计的观点是"一切都是对象"。面向对象编程的组织方式围绕"对象"，而不是围绕"行为"，围绕数据，而不是围绕逻辑。

8.2 面向对象的三大特点

面向对象之所以具有强大的灵活性和可扩展性，与面向对象自身的特点及对象之间复杂关系的实现是分不开的。面向对象的三大特点是封装、继承和多态。

8.2.1 封装

封装，也可以称为信息隐藏，即将一个类的使用和实现分开，只保留有限的接口与外部联系。这样，类的开发人员只需关注如何将相关类合理实现，并提供对外接口；而类的使用人员则只需关注如何将该类嵌在程序中，完成既定的功能。

封装隐藏了对象的字段和实现细节，将抽象出来的数据和行为(或功能)相结合，形成一个有机的整体，也就是将数据与操作数据的源代码进行有机结合，形成"类"，其中的数据和函数都是类的成员。

1. 成员变量

成员变量是"类"的数据，其声明方式为：保护符 成员变量名;

保护符包括三种：.public(公共的，类外可以访问)、.private(私有的，类内可以访问)及.protected(受保护的，类内和子类可以访问，类外不可访问)。

成员变量的声明示例如下：

```
class Animal
{
    private $name="TOM";
    private $age=3;

    public function  shout()
    {
        return;
```

```
}
public function PrintInfomation()
{
    echo "姓名:".$this->name." 年龄:".$this->age;
}
```

私有的成员变量不能直接访问，而是需要用一个公共方法当作访问入口。注意在访问私有字段时，必须使用$this 关键字。

2．属性操作(私有字段的赋值与取值)

通常创建两个公共方法来对类的私有成员变量进行存取：方法 setXXX()用于赋值；方法 getXXX()用于取值。

接上例，将 Animal 类的代码修改如下：

```
class Animal
{
    private $name="TOM";
    private $age=3;
    public function setName($name)
    {
        $this->name=$name;
    }
    public function getName()
    {
        return $this->name;
    }
    public function getAge()
    {
        return $this->age;
    }
    …
}
```

3．拦截器方法

实际应用场景中，类的成员变量可能很多，这会使得取值和赋值非常繁琐，例如有 10 个字段，那么就需要 20 个方法来进行取值和赋值操作。为解决这个问题，PHP 内置了两个拦截器方法__set()和__get()，专门用于取值和赋值。

PHP 中有很多以两个下划线开头的方法，这些方法称为魔术方法。_set()、_get()方法属于 PHP 中的魔术方法，当类中成员难以访问，且没有对应的 setXXX()，getXXX()方法调用时，可用_set()和_get()方法直接调用成员变量。难以访问的情况包括两种：① 私有属性。② 没有初始化的属性。

__set()方法包含两个参数：变量名称和变量值，两个参数都不可省略，当直接给私有变量赋值时，调用此函数；__get()方法只有一个参数，表示要调用的变量名，当直接获取私有属性时，调用此函数。

示例代码如下：

```
class Animal
{
        private $name="TOM";
        private $age=3;
public function __set($property_name,$value)
{
        echo "在直接设置私有属性值的时候，自动调用了这个__set()方法为私有属性赋值<br>";
        $this->$property_name = $value;
}
public function __get($property_name)
{
        echo "在直接获取私有属性值的时候，自动调用了这个__get()方法<br>";
        if(isset($this->$property_name))
        {
                return($this->$property_name);
        }
        else
        {
                return(NULL);
        }
}
public function PrintInfomation()
{
        echo "姓名:".$this->name." 年龄:".$this->age;
}
public function  shout()
{
        return;
}
}
echo '演示魔术方法<br/>';
$a=new Animal();
echo $a->name="Jerry";
echo "姓名:".$a->name ;
echo '<br/>';
echo "年龄:".$a->age;
echo '<br/>';
```

运行程序，原先 private 属性的成员变量已经可以直接使用了，这就是拦截器方法的效果。

在类中，成员方法如果只供本类或其子类使用，则可将该方法声明为私有属性，因为这些方法只是内部运作的一部分，并不需要对外公开。如果方法前面没有修饰符，那就是外部可访问的公共方法，但为了让程序更清晰，建议在前面加上 public。

4．常量(constant)

在类中可以定义常量，用来表示不会改变的值。常量值在该类实例化的任何对象的整个生命周期中都保持不变。示例代码如下：

```
class Animal
{
    private $name="TOM";
    private $age=3;
    const   MYFAMILY="Gold";
}
echo Animal::MYFAMILY;
```

类名和常量名之间的两个冒号"::"称为作用域操作符，使用该操作符，可以在不创建对象的情况下调用类中的常量、变量和方法。

5．静态类成员

有时可能需要创建供所有类的对象实例共享的字段和方法。一种普遍采用的解决方案是使用静态变量或静态方法，其中，静态变量可在不进行类的实例化的情况下使用。示例代码如下：

```
class Animal
{
    private $name="TOM";
    private $age=3;
    const   MYFAMILY="Gold";
    public static   $family_count=5;
}
echo Animal::$family_count;
```

一般来说，必须将字段私有化。具体做法如下：

```
class Animal
{
    private $name="TOM";
    private $age=3;
    const   MYFAMILY="Gold";
    private static   $family_count=5;
}
```

6. Instanceof 关键字

instanceof 关键字是一个操作符,用于确定某个对象是类的实例、类的子类,还是实现了某个特定接口并进行相关的操作。

```
class Computer {
//…
}
$computer = new Computer();
echo ($computer instanceof Computer);
```

8.2.2 继承

继承是一种合理使用已有代码和功能的设计思想。所谓的继承,就是派生类(子类)自动集成一个或多个基类中的属性与方法并可以重写或添加新的属性或方法。倘若子类具有其独特的行为特征,也可以将实现细节放入子类中实现。

1. 使用 extends 关键字实现类继承

PHP 使用 extends 关键字实现类的继承。继承自其他类的类称为子类或派生类,子类所继承的类则称为父类或基类(PHP 只支持单继承,不支持方法重载),代码如下:

```
class Animal
{
        private $name="TOM";
        private $age=3;
public function __set($key, $value)
{
        $this->key=$value;
}
public function __get($key)
{
        return $this->key;
}
public function PrintInfomation()
{
        echo "姓名:".$this->name." 年龄:".$this->age;
}
public function  shout()
        {
                return;
        }
        public function setName($name)
```

```
            {
                        $this->name=$name;
            }
            public function getName()
            {
                        return $this->name;
            }
            public function getAge()
            {
                        return $this->age;
            }
}
class Dog extends Animal
{
            public function  shout()
            {
                        echo "汪汪...";
            }
}
class Cat extends Animal
{
            public function  shout()
            {
                        echo "喵喵...";
            }
}
```

2．子类通过重写修改父类的方法

如果并不需要父类的字段和方法，则可通过重写对其进行修改。例如下面的代码中，子类 Dog 重写了 Animal 类中的 shout 方法：

```
class Dog extends Animal
{
            public function  shout()
            {
                        echo "汪汪...";
            }
}
```

3．子类调用父类的字段或方法

子类继承父类后，会拥有父类的所有成员变量和方法，可使用 $this 关键字调用它们，与使用子类自身具有的变量或方法一样。如在前例的 shout()方法中，可以直接添加

$this->PrintInfomation()，代码如下：

```
class Dog extends Animal
{
    public function shout()
    {
        echo "汪汪...";
        $this→PrintInfomation();
    }
}
```

4．子类通过重写调用父类的方法

子类重写父类的方法，且需要调用父类该已重写方法的实现方式，则可使用"父类名::方法()"或者"parent::方法()"实现调用。代码如下：

```
public function PrintInfomation()
{
    $this->__set($name, "Jerry");
    $this->__set($age, 2);
    parent::PrintInfomation();
}
```

5．final 关键字

final 关键字可以防止类被继承，如需开发一个不希望被其他类继承的独立的类，就必须使用这个关键字。建议只要是单独的类都加上这一关键字。代码如下：

```
final class Animal {
//无法继承的类
final public function shout() {} //无法被继承的方法
}
class Dog extends Animal  {
//会报错
}
```

6．类的构造方法和析构方法

构造方法和析构方法是类的特殊方法。其中构造方法在创建实例时使用，而析构方法在创建的实例被销毁时使用。

1）构造方法

类作为一组对象的集合，在使用时必然会进行实例化(指定某一个具体的对象)。而当一个类实例化为一个对象时，有可能会随着对象的初始化而初始化一些成员变量。例如，在 Animal 类中添加一些成员变量。代码如下：

```
class Animal
{
    private $name;
    private $age;
```

```
    private $father_family;
    private $mother_family;
    private $length;
    private $height;
    private $weight;
}
```

如果每个变量分别在代码中单独赋值，代码结构会比较混乱。为此 PHP 引入了构造方法，该方法是生成对象时自动执行的成员方法，作用是初始化对象。构造方法的使用代码如下：

```
class Animal
{
    private $name;
    private $age;
    private $father_family;
    private $mother_family;
    private $length;
    private $height;
    private $weight;
    public function __construct()
    {
        echo "调用了构造函数";
        $this->name="Jerry";
        $this->age=5;
        $this->father_family="Gold";
        $this->mother_family="Gold";
        $this->height=1;
        $this->length=1;
        $this->weight=29.5;
    }
}
$a=new Animal();
```

上述程序中，PHP 自动调用了类的构造方法。

2) 析构方法

析构方法的作用与构造方法相反，该方法在对象被销毁时调用，作用是释放内存，定义析构方法的格式为：void_destruct()。

8.2.3 多态

多态是指同一类的不同子类具有同样的行为特征，但其实现过程和实现结果并不相同。多态能够根据代码上下文来重新定义或改变类的性质或行为，将不同的子类对象都视作父类,屏蔽不同子类对象之间的差异,以适应变化的功能需求,从而使程序员可以在编程时使用相同的编码方式,大大降低了编码的复杂性,并使代码从逻辑上更容易理解。

下面的代码使用多态,实现了动物狗和猫的"叫声"行为:

```php
class Animal
{
        public function  shout()
        {
                return;
        }
}
interface AnimalImp
{
        public function  shout();
}
class Dog extends Animal
{
        public function  shout()
        {
                echo "汪汪……";
        }
}
class Cat extends Animal
{
        public function  shout()
        {
                echo "喵喵……";
        }
}
class  AbstractAnimalFactory
{
        public function angry($animal)
        {
                $animal->shout();
        }
}
$myAnimal=new AbstractAnimalFactory();
$animalType=new Cat();
// $animalType=new Dog();
$myAnimal->angry($animalType)
```

上述代码中,$animalType 作为 angry()方法的参数,可以调用函数 shout,通过 shout

继承 Animal 并通过 Cat 实现接口 AnimalImp，从而实现了动物喊叫的行为，并使各种动物的叫声都不同。

8.3 抽象类和方法(abstract)

抽象类是被声明为 abstract 的类，该类不能被实例化，只能作为其他类的父类使用。只有抽象类可以声明抽象方法。抽象方法在父类中声明，但在子类中实现，这一点与接口(interface)非常相似。抽象类和抽象方法主要应用于复杂的层次关系，该关系遵循 2 条基本规则：其一，抽象类不能被实例化，只能被继承；其二，抽象方法必须被子类方法重写。示例代码如下：

```
abstract class Animal {
abstract function shout();
}
final class Dog extends Animal {
public function shout() {
echo '我实现了';
}
}
```

8.4 接口(interface)

接口是对实现某种服务的一般规则的定义，它声明了实现服务所需的函数和常量，却并不指定实现的方法细节。这是因为不同的实体可能需要使用不同的方式来实现公共的方法，而接口的重要作用在于建立一组一般规则，只有符合这些规则才能实现这个接口。

和抽象类非常相似，接口的方法全部为抽象方法，但不需要声明为 abstract；接口抽象方法是 public 属性的；接口的成员是常量。示例代码如下：

```
interface AnimalImp
{
    const   MYFAMILY="Gold";
    public function   shout();
}
```

子类可以实现多个接口。由于目前包括 PHP 在内的高级程序语言基本都只能实现单继承，所以如果需要实现多个类的继承，一般都通过接口方式实现，示例代码如下：

```
interface AnimalImp
{
    const   MYFAMILY="Gold";
    public function   shout();
}
interface HomeDogImp
```

```
{
    const   MYFAMILY="Gold";
    public function   feed();
}
class Dog implements Animal, HomeDog
{




    public function   shout()
    {
        echo "汪汪...";
        $this->PrintInfomation();
    }
}
```

面向对象概念的出现激起了软件工程领域的划时代变革，极大地促进了软件行业的发展。但如果想彻底掌握面向对象的方法，开发者还需要进行大量的实际操作和练习。

本 章 小 结

通过本章的学习，读者应当了解：
- ◇ 类是具有相同状态(属性)和行为(方法)的一组对象的集合，是能够提供某种功能的逻辑单元。
- ◇ 面向对象的三大特点：封装、继承和多态。
- ◇ 抽象类是一种不能被实例化的类，只能作为其他类的父类使用。
- ◇ 接口定义了实现某种服务的一般规范，声明了所需的函数和常量。

本 章 练 习

1. 什么是类？
2. 类的三大特点是什么？
3. 类的保护符包括_____、_____、_____和_____。
4. 继承一个类使用关键字_____，继承一个接口使用关键字_____。
5. 子类调用父类的方式应该如何写？
6. 静态成员的含义是什么？如何使用静态成员？
7. 请简述抽象类和接口的区别。

第 9 章　PHP 和 MySQL

本章目标

- 掌握 PHP 连接数据库的基本步骤
- 掌握 MySQL 系列函数数据库的操作
- 掌握 PDO 数据库操作
- 掌握 MySQLi 数据库操作

MySQL 是一款广受欢迎的、开源的、免费的数据库软件，开发者为瑞典的 MySQL AB 公司，2008 年 1 月 16 日被 Sun 公司收购。2009 年，Sun 又被 Oracle 收购。MySQL 是一种关系数据库系统，在中小型网站建设的选择方案中，PHP+MySQL+Linux+Apache 往往以其成本低廉、建设速度快、体积小、速度快的特点，成为首选。

9.1 PHP 操作 MySQL 数据库

PHP 和 MySQL 的兼容性非常好，一直被认为是一对最佳搭档，PHP 也具有强大的数据库支持能力。

PHP 可以访问多种类型数据库，包括 MySQL、Oracle、SqlServer 等，访问步骤大致相同。PHP 访问 MySQL 数据库的步骤如下：

(1) 连接 MySQL 数据库服务器。
(2) 选择 MySQL 数据库。
(3) 执行 SQL 语句。
(4) 关闭结果集。
(5) 关闭 MySQL 服务器。

9.1.1 连接 MySQL 服务器

MySQL 提供了一组 API，用来操作数据库。mysql_connect()函数用来建立与 MySQL 服务器的连接，其语法格式如下：

resource mysql _connect([string $server[, string $username[, string $password[, bool $new_link[, int $client_flags]]]]])

说明：

返回值类型为 resource 类型。

参数：

- $server：表示 MySQL 服务器，包括端口号，默认值是 "localhost:3306"。$password 即用户名密码。
- $new_link：如果用同样的参数第二次调用 mysql_connect()，则不会建立新连接，而是返回已经打开的连接标识。
- $client_flags：用来表示连接使用的协议。

在 MySQL 中，使用用户 root 新建数据库 sxerp，密码设置为 "root"。该数据库位于本机上，连接数据库代码如下：

```
$conn = mysql_connect($host,$dbuser,$dbpwd) or
        die("<script>alert('数据库服务器或登录密码无效,\\n\\n 无法连接数据库，请重新设定!');history.go(-1);</script>");
```

$conn 是使用函数 mysql_connect()获取到的数据库连接。die()函数表示如果 mysql_connect()函数执行错误，那么 die()函数输出引号中的内容后，程序会终止执行。这样是为了在数据库连接出错时,用户看到的不是一堆莫名其妙的专业名词,而是定制的出错信息。

9.1.2 选择数据库文件

MySQL 的体系结构是由多线程连接部分、缓存、解析器、优化器、数据库存储引擎和相关文件组成的,如图 9-1 所示。

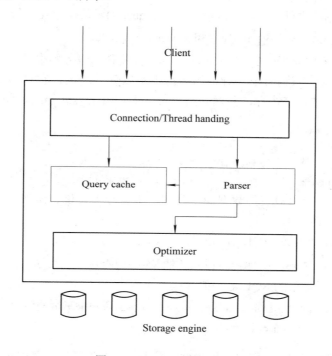

图 9-1 MySQL 的体系结构

MySQL 的连接是通过 mysql_connect()函数获得的,如果需要选择数据库文件,在 PHP 中,则要调用 mysql_select_db()函数,该函数的语法格式如下:

bool mysql_select_db(string $database_name[, resource $ link_identifier])

成功时返回 TRUE,失败时则返回 FALSE。

```
mysql_select_db ('sxerp') or
    die("<script>alert('选择数据库失败,可能是你没权限,请预先创建一个数据库!');
    history.go(-1);</script>");
```

通过 mysql_select_db()函数,就可选定在哪个数据库文件上进行操作。

9.1.3 执行数据库操作

数据库操作是指通过数据库语言对数据的对象进行操作,主要分为数据操纵语言(DML)、数据定义语言(DDL)和数据控制语言(DCL)。

- 数据操纵语言(DML)：用来操纵数据库中数据的命令，包括 select、insert、update 和 delete。
- 数据定义语言(DDL)：用来建立数据库、数据库对象和定义列的命令，包括 create、alter、drop 等。
- 数据控制语言(DCL)：用来控制数据库组件的存取许可和权限等命令，包括 grant、deny、revoke。

其他语言元素有流程控制语言、内嵌函数、批处理语句等。

对 MySQL 数据库进行操作，通常使用 mysql_query()函数执行 sql 语句，语法格式如下：

```
resource mysql_query ( string $query [, resource $link_identifier = NULL ] )
```

mysql_query()函数向指定的与 link_identifier 有关联的服务器中的当前活动数据库发送一条查询(不支持多条查询)命令。查询的字符串不以分号结束，它是指令的专用函数，所有的 SQL 语句都通过它来执行，并返回结果集。如通过 mysql_query ()函数查询数据库的版本：

```
//获得数据库版本信息
$rs = mysql_query("SELECT VERSION();",$conn);
$row = mysql_fetch_array($rs);
```

下面将以执行一个用户表的数据操作为例，来看一下查询、添加、更新和删除用户数据的 SQL 语句的代码。

查询用户表数据记录的 SQL 语句的代码如下：

```
$rs = mysql_query("select id,username,password,sex from user",$conn);
```

添加用户表数据记录的 SQL 语句的代码如下：

```
$rs = mysql_query("insert into user(username,password,sex) value('PHP','php',1)",$conn);
```

更新用户表数据记录的 SQL 语句的代码如下：

```
$rs = mysql_query("update user set username='MySQL' where username='PHP'",$conn);
```

删除用户表数据记录的 SQL 语句的代码如下：

```
$rs = mysql_query("delete from user where username='PHP'", $conn);
```

除了上述执行数据库操作的语句，还有一个需要注意的地方：要设置本次数据库联接过程中数据传输的默认字符集。这个字符集的设置需要和数据库的字符集一致，否则解析会出错，比如把数据库使用的字符集设置为 utf-8，那么作为 PHP 程序客户端使用的字符集也必须是 utf-8，才能得到正确解析，并且应该在 mysql_query()之前进行设置。设置字符集的代码如下：

```
mysql_query("set names utf8;");
```

9.1.4 从结果集中获取信息

mysql_query()函数用于执行 sql 语句，成功后将查询到的数据以结果集的形式缓存下来。获取结果信息的方式主要有 3 种：

1. 使用 mysql_fetch_array()函数从结果集中获取一行数据作为数组

函数的语法形式如下：array mysql_fetch_array(resource $result[, int $ result_type])。函数返回的是根据从结果集取得的行生成的数组，如果没有更多行则返回 FALSE。mysql_fetch_array() 中的第二个参数 $result_type 是一个常量，可以接受以下值：MYSQL_ASSOC，MYSQL_NUM 和 MYSQL_BOTH。它是从 PHP 3.0.7 起新加的特性，表示从结果集中取得一行以作关联数组或数字数组，或二者兼有，如表 9-1 所示。

表 9-1 mysql 常量说明

常量	说明
MYSQL_ASSOC	返回的数据列使用字段名作为数组的索引名
MYSQL_BOTH	返回的数据列使用字段名及数字索引作为数组的索引名
MYSQL_NUM	返回的数据列使用数字索引作为数组的索引名。索引从 0 开始，表示返回结果的第一个字段

下面代码显示了查出的 ID 信息：

```
$rs = Mysql_query("select id,username,password,sex from user",$conn);
$row=Mysql_fetch_array($rs);
echo $row["id"];
```

2. 使用 mysql_fetch_object()函数从结果集中获取一行数据作为对象

把结果集中的一行数据作为对象，也不失为一个好的解决方法。mysql_fetch_object() 的语法形式如下：

object mysql_fetch_object (resource $result)

返回根据所取得的行生成的对象，如果没有更多行则返回 FALSE。

mysql_fetch_object()和 mysql_fetch_array()类似，只有一点区别：返回的是一个对象而不是数组，如下面代码所示：

```
$rs = Mysql_query("select id,username,password,sex from user",$conn);
$object=Mysql_fetch_object($rs);
echo  $object->id;
```

在页面对象和数据库对象一致的情况下，使用这个函数是非常理想的，因为少了数据之间的转换和组合，会大大提高编写程序的效率，并且使用面向对象的模式编写程序符合成熟的程序员的编程思路，流程娴熟，效率更高。

3. 使用 mysql_fetch_row()函数逐行获取结果集中的每条记录

mysql_fetch_row()函数可以获取结果集中的每条记录，它和 mysql_fetch_array()一样，返回的是根据所取得的行所生成的数组，如果没有更多行则返回 FALSE。每个结果的列储存在一个数组的单元中，偏移量从 0 开始，即 mysql_fetch_row()函数返回的数组只能以数字为索引，不能使用联合索引，语法形式如下：

array mysql_fetch_row (resource $result)

如果将从结果集中获得的数组使用联合索引，将一无所获，代码如下：

```
while($row = Mysql_fetch_row($rs)){
    echo $row[0].'::'.$row[1]."';
```

}

9.1.5 获取结果集中的记录数

在 Web 程序开发中，对数据进行分页是很有必要的。单纯地获取特定页码的数据可以在 SQL 语句中实现，获得数据的总记录数当然也可以使用如 select count(*) from user 这样的语句进行单独查询，这无疑让人感觉繁琐和麻烦。实际上，PHP 提供的 mysql_num_row()函数可以用来获取结果集中的记录数据数，语法形式如下：

int mysql_num_rows (resource $result)

mysql_num_rows()返回结果集中行的数目，此命令仅对 SELECT 语句有效，要取得被 insert、update 和 delete 查询所影响到的行的数目，则要使用函数 mysql_affected_rows()。代码如下所示：

echo '查询到'.Mysql_num_rows($rs).'条数据';

9.2 PDO 数据库抽象层

PDO 是 PHP DATA OBJECT 的简称，是与 PHP 5.1 版本一起发行的，几乎支持所有的主流数据库。有了 PDO，用户不必再使用 mysql_*函数、oci_*函数或者 mssql_*函数，也不必再将它们封装到数据库操作类中，只需要使用 PDO 接口中的方法就可以对不同的数据库进行操作。选择数据库时，只需修改 PDO 的 DSN(数据源名称)即可。

在 Linux 环境下使用 MySQL 数据库，则需在 configure 命令中添加如下选项：

-with-pdo-MySQL=/path/to/MySQL/intallation

在 Windows 环境下启用 PDO，需要在 php.ini 文件中进行配置：打开文件中 extension=php_pdo.dll 的注释项，若要支持某个具体的数据库，还需要加载对应的数据库选项。如要支持 MySQL 数据库，则需要加载 extension=php_pdo_mysql.dll 选项。

9.2.1 PDO 构造函数

PDO 是面向对象的。在 PDO 中，要建立与数据库的连接，就要实例化 PDO 的构造函数。PDO 构造函数的语法如下：

PDO::__construct() (string $dsn [, string $username [, string $password [, array $driver_options]]])

- ◇ dsn：数据源名称，包括主机名端口号和数据库名称。
- ◇ username：连接数据库的用户名。
- ◇ password：连接数据库的密码。
- ◇ driver_options：连接数据库的其他选项。

在本地操作系统上的数据为 MySQL，端口为 3306(默认)，数据库名称为 sxerp，用户名和密码为 root，数据库中的表为 user，表结构中有 4 个字段：id、username、password 和 sex。

在 ZendStudio 中创建 PDO_BOOK 的 php 工程，在其中新建 PDO_BOOK.php 文件，

代码内容如下:

```php
<?php
/* Connect to an ODBC database using driver invocation */
$dsn = 'MySQL:dbname=sxerp;host=127.0.0.1';
$user = 'root';
$password = 'root';
try {
    $dbh = new PDO($dsn, $user, $password);
    } catch (PDOException $e) {
        echo 'Connection failed: ' . $e->getMessage();
    }
?>
```

如果需要长连接,则需要设置最后一个参数 driverOption:ATTR_PERSISTENT 为 TRUE。

```
new PDO($dsn, $user, $password,array(PDO::ATTR_PERSISTENT=>TRUE));
```

关于 php.ini 的实际配置:如果相关配置没有打开,会提示没有发现驱动的错误,如下所示:

```
extension=php_pdo.dll
;extension=php_pdo_firebird.dll
;extension=php_pdo_mssql.dll
extension=php_pdo_MySQL.dll
extension=php_pdo_oci.dll
extension=php_pdo_oci8.dll
extension=php_pdo_odbc.dll
;extension=php_pdo_pgsql.dll
extension=php_pdo_sqlite.dll
```

9.2.2 PDO 中的事务处理

高级语言操作数据库的步骤几乎都一样,分为连接数据库、开始事务管理、执行数据库操作、获得结果集、遍历结果集获得目标数据、结束事务管理、释放相关的数据库资源和错误处理等。PDO 操作流程与此类似,PDO 的构造函数已经连接了数据库并选择了目标数据库实例,事务管理则由 PDO 的 beginTransaction()、commit()与 rollback()完成。

数据库的事务处理是一个原子操作,它将相关的操作认为同时成功或同时失败,不可能出现一方成功和一方失败的情况。相关函数如下:

事务开启:beginTransaction()

MySQL 数据库通过 set autocommit=1 命令设置是否要自动提交,而 beginTransaction() 函数将关闭自动提交模式,直到事务提交或者回滚以后才能恢复。

事务提交:commit()

Commit()方法可完成事务的提交操作,成功返回 TRUE,否则返回 FALSE。

事务回滚：rollback()
rollback()方法执行事务的回滚操作。
修改 PDO_BOOK.php 的代码如下：

```php
$dsn = 'MySQL:dbname=sxerp;host=127.0.0.1';
$user = 'root';
$password = 'root';
try {
    $pdo = new PDO($dsn, $user, $password);
} catch (PDOException $e) {
    echo 'Connection failed: ' . $e->getMessage();
    return;
}
echo '数据库连接成功:数据源:'.$dsn.'主机:'.$dsn.'用户名:'.$user.'密码:'.$password;

try {
    $pdo->beginTransaction();
    // ...执行数据库操作的 SQL 语句
    $pdo->commit();
}
catch (PDOException $e) {
    die('Connection failed: ' . $e->getMessage());
    $pdo->rollBack();
}
```

9.2.3 预处理语句

在 PDO 中执行 SQL 语句有两种方式：预处理方式和直接执行方式。预处理方式的语句有 prepare()和 execute()方法，直接执行方式的语句包括 exec()和 query()方法。

预处理语句的好处在于：数据库只需要被解析一次，就可以使用相同或不同的参数执行多次。当语句准备好(prepared)之后，数据库就会开始分析、编译并优化执行计划。倘若不使用预处理技术而要重复执行多次参数不同但结构相同的查询，会占用大量时间，使得应用变慢。但预处理语句就可以避免出现重复分析、编译、优化的环节，预处理语句使用的资源更少，执行的速度更快。

预处理语句的参数不需要使用引号，底层驱动会处理这个问题。正因为预处理语句如此有用，PDO 为不支持预处理特性的数据库提供了模拟实现的方法，这使得 PHP 可以使用统一的数据访问规范，而不必关心数据库本身是否具备预处理特性。

pdo:prepare 用于创建准备查询语句对象，在这个对象上可以绑定参数。PDOStatement->execute()函数用于执行准备查询语句对象。

预处理语句的关键在于可以多次重复利用语句解析的执行计划，那么传递参数则成为关键环节。bool PDOStatement::bindParam()函数用于绑定特定数据参数到准备语句对象上，执行的顺序如下：

```
//1.准备语句对象
$stmt= $pdo->prepare(SQL 语句);
//2.绑定一个变量
$stmt->bindParam(参数);
//3.执行 SQL 语句
$stmt->execute();
```

准备语句对象有两种方式：以命名参数为占位符和以问号为占位符。具体情况如下：
命名参数占位符以"命名参数"为标识，如下所示：

```
$stmt= $pdo->prepare("INSERT INTO user(username, password,sex) VALUES (:username, :password,:sex)");
```

问号占位符以"?"为标识，如下所示：

```
$stmt= $pdo->prepare("INSERT INTO user(username, password,sex) VALUES (?,?,?)");
```

当 SQL 语句中的参数设定完毕之后，接下来就是传递参数。传递参数的过程称为绑定参数。绑定参数的方式有 4 种，分别为：使用 bindParam()绑定命名变量，参数为命名方式；使用 bindParam()绑定一个含有插入值的数组数据，参数为占位符方式；使用 bindParam()绑定一个含有插入值的数组数据；bindParam()使用序号绑定问号占位符的参数。

这几种方式绑定参数的代码如下：

```
try{
    $pdo->beginTransaction();
    // ...执行数据库操作的 SQL 语句
    //  准备语句对象
    $stmt= $pdo->prepare("INSERT INTO user(username, password,sex) VALUES (:username, :password,:sex)");

    //1.绑定一个变量
    $username= 'PersonOne';
    $password= '123456';
    $sex=1;
    $stmt->bindParam(':username', $username, PDO::PARAM_STR);
    $stmt->bindParam(':password', $password, PDO::PARAM_STR, 12);
    $stmt->bindParam(':sex', $sex, PDO::PARAM_INT);
    $stmt->execute();

    //2.使用一个含有插入值的数组执行一条预处理语句(命名参数)
    $username= 'PersonTwo';
    $password= '123456';
    $sex=1;
    $stmt->execute(array(':username' => $username, ':password' => $password,':sex'=>$sex));
```

```php
    //3.使用一个含有插入值的数组执行一条预处理语句(占位符)
    $stmt= $pdo->prepare("INSERT INTO user(username, password,sex) VALUES (?,?,?)");
    $username= 'PeronThree';
    $password= '123456';
    $sex=1;
    $stmt->execute(array($username, $password,$sex));

    //4.使用序号 执行一条问号占位符的预处理语句
    $username= 'PeronFour';
    $password= '123456';
    $sex=1;
    $stmt->bindParam(1, $username, PDO::PARAM_STR,24);
    $stmt->bindParam(2, $password, PDO::PARAM_STR, 12);
    $stmt->bindParam(3, $sex, PDO::PARAM_INT);
    $stmt->execute();
    //提交
    $pdo->commit();
}
catch (PDOException $e) {
    die('Connection failed: ' . $e->getMessage());
    $pdo->rollBack();
}
```

9.2.4 直接执行 SQL 语句

对于不需要反复执行的 sql 语句，则没有必要使用预处理语句方式。exec()方法返回执行 sql 语句后受影响的函数，相当于执行 dml 语言(insert、delete 和 update)。query()方法通常用于返回执行查询后的结果集，它返回的是一个 PDOStatement 对象。

代码如下所示：

```
$pdo->beginTransaction();
$pdo->exec("INSERT INTO user(username, password,sex) VALUES ('PHP','PHP',2)");
$pdo->query("select id,username,password,sex from user");
$pdo->commit();
```

9.2.5 PDO 中获取结果集

fetch()方法用于获取结果集中下一行数据，语法形式如下：

mixed PDOStatement::fetch ([int $fetch_style = PDO::FETCH_BOTH [, int $cursor_orientation = PDO::FETCH_ORI_NEXT [, int $cursor_offset = 0]]])

参数$fetch_style 用于控制结果集的返回方式，可选值如表 9-2 所示。

表 9-2 结果集的返回方式

值	说　明
PDO::FETCH_ASSOC	返回关联数组，并把结果集中的字段名字作为索引
PDO::FETCH_NUM	返回数字索引数组，并把结果集中的字段序号作为索引
PDO::FETCH_BOTH	返回数组，两者数组形式都有
PDO::FETCH_BOUND	以布尔值的形式返回结果，同时将获取的列值赋给 PDOStatement::bindColumn()指定的变量
PDO::FETCH_CLASS	返回一个类的实例，该类的属性映射为查询的字段名
PDO::FETCH_INTO	更新要插入数据类的实例，该类的属性映射为查询的字段名
PDO::FETCH_LAZY	在执行完毕后，以关联数组、数字索引和对象 3 种形式返回结果
PDO::FETCH_OBJ	返回一个对象

$cursor_orientation：PDOStatement 对象的一个滚动游标，可用于获取指定的一行。

$cursor_offset：游标的偏移量。

示例代码如下：

```
$pdo->beginTransaction();
$pdo->exec("INSERT INTO user(username, password,sex) VALUES ('PHP','PHP',2)");
$stmt=$pdo->query("select id,username,password,sex from user");
while ($record=$stmt->fetch(PDO::FETCH_ASSOC))
{
        echo $record["id"].' '.$record["username"].' '.$record["password"].' '.$record["sex"]."<br/>";
}
$pdo->commit();
```

获取结果集中的数据还可以使用 fetchAll()方法，返回一个二维数组。代码如下：

```
$result=$stmt->fetchAll(PDO::FETCH_ASSOC);
for($i=0;$i<count($result);$i++)
{
        echo $result[$i]['id'] .' ' . $result[$i]["username"] .' ' . $result[$i]["password"] .' ' . $result[$i]["sex"] ."<br/>";
}
```

fetchColumn()方法用于获取结果集中下一行指定列的值，代码如下：

```
while($result=$stmt->fetchColumn(1))
        echo $result.'<br/>';
```

9.2.6 捕获错误

在程序运行过程中，良好的提示可以很好地提升用户体验。PDO 中有三种方式可以捕获 SQL 语句中的错误：默认模式、警告模式和异常模式。

PDO 的方法：

bool **PDO::setAttribute**(int $attribute , mixed $value)用来设置 PDO 的属性和 PDO 的错误报告方式。属性值 PDO::ATTR_ERRMODE 表示 PDO 的错误报告模式，其属性值可以设为三个值：

- ◆ PDO::ERRMODE_SILENT：只设置错误代码，这是默认模式。
- ◆ PDO::ERRMODE_WARNING:：触发警告模式。
- ◆ PDO::ERRMODE_EXCEPTION:：抛出异常模式。

1. 使用默认模式

使用默认模式执行 SQL 操作时，返回的数据库代码是用来提示成功或失败时的代码，示例代码如下：

```php
<?php
$dsn = 'MySQL:dbname=sxerp;host=127.0.0.1';
$user = 'root';
$password = 'root';

$pdoErrmode = new PDO($dsn, $user, $password);
$pdoErrmode->beginTransaction();
$sql="INSERT INTO user(username, password,sex) VALUES (:username,:password,:sex)";
$stmt=$pdoErrmode->prepare($sql);
$username='PHP';
$password='PHP';
$sex=1;
$stmt->execute(array(':username' => $username, ':password' => $password,':sex' => $sex));
$errcode=$stmt->errorCode();
echo '错误代码为:'.$errcode.'<br/>';
if(((integer)$errcode)==0)
{
    echo '插入数据成功 ';
    $pdoErrmode->commit();
}
else
{
    $pdoErrmode->rollBack();
    echo '数据库错误<br/>';
    echo 'SQLQUERY:'.$sql;
    echo '<pre>';
    var_dump($stmt->errorInfo());
    echo '</pre>';
}
```

?>

MySQL中只有InnoDB和BDB才支持事务，使用SQL命令"show engines;"可以看到当前数据使用的数据库存储类型。

2. 触发警告模式

警告模式会产生一个PHP警告，并设置errorCode属性。程序运行过程中，如果设置的是警告模式，那么除非明确地检查错误代码，否则程序将继续执行。警告模式需要使用setAttribute()方法设置。代码如下：

```php
<?php
$dsn = 'MySQL:dbname=sxerp;host=127.0.0.1';
$user = 'root';
$password = 'root';
$pdoErrmode = new PDO($dsn, $user, $password);
$pdoErrmode->setAttribute(PDO::ATTR_ERRMODE,PDO::ERRMODE_WARNING );
$sql="select * from user where username=:username";
$stmt=$pdoErrmode->prepare($sql);
$username='PHP';
// $stmt->bindParam($parameter, $variable)
$stmt->bindParam(':username',$username,PDO::PARAM_STR,12);
$stmt->execute();
?>
<table style="background:white;border:1px solid;border-collapse:collapse;">
<tr>
    <td style="border:1px solid;">ID</td>
    <td style="border:1px solid;">用户名</td>
    <td style="border:1px solid;">密码</td>
    <td style="border:1px solid;">性别</td>
</tr>
<?php
while($result=$stmt->fetch(PDO::FETCH_ASSOC))
{
?>
<tr>
<td style="border:1px solid;"><?php echo $result['id']; ?></td>
<td style="border:1px solid;"><?php echo $result['username']; ?></td>
<td style="border:1px solid;"><?php echo $result['password']; ?></td>
<td style="border:1px solid;"><?php echo $result['sex']==2?'男':'女' ?></td>
</tr>
<?php
}
?>
```

</table>

倘若在执行 sql 语句时，将 user 改写为 user2，而 user2 在数据库中并不存在，代码在 $stml->execute()后，仍会继续执行，并不中断。

3．抛出异常模式

抛出异常模式会创建一个 PDOException，并设置 errcode 属性。执行代码的 try{}catch(){}语句块中发生的异常将会导致脚本中断，并显示堆栈跟踪哪里出现的问题。

下面的例子删除用户表相关数据，设置为异常模式，分别编写正确的 SQL 语句和能够产生异常的 SQL 语句进行测试，代码如下：

```php
<?php
$dsn = 'MySQL:dbname=sxerp;host=127.0.0.1';
$user = 'root';
$password = 'root';

try {
    $pdoErrmode = new PDO($dsn, $user, $password);
    $pdoErrmode->setAttribute(PDO::ATTR_ERRMODE,PDO::ERRMODE_EXCEPTION );
    $sql="delete   from user where id=:id";
    $stmt=$pdoErrmode->prepare($sql);
    $id=100;
    $stmt->bindParam(':id',$id,PDO::PARAM_INT);
    $stmt->execute();
}
catch(PDOException $e)
{
    echo 'PDO Exception Caught'.'<br/>';
    echo 'Error'.$e->getMessage().'<br/>';
    echo 'Code'.$e->getCode().'<br/>';
    echo 'File'.$e->getFile().'<br/>';
    echo 'Line'.$e->getLine().'<br/>';
    echo 'Trace'.$e->getTraceAsString().'<br/>';
}
?>
```

在代码中，SQL 语句如果改写为$sql="delete   from user 2 where id=:id"，换成一个不存在的表，执行时就会出现如下异常：

PDO Exception Caught
ErrorSQLSTATE[42S02]: Base table or view not found: 1146 Table 'sxerp.user2' doesn't exist Code42S02
FileF:\AppServ\www\PDO_EXCEPTION\pdo_exception.php
Line14
Trace#0 F:\AppServ\www\PDO_EXCEPTION\pdo_exception.php(14): PDOStatement->execute() #1 {main}

9.3 使用 MySQLi

在 PHP 5 之前，MySQL 是运行 MySQL 数据库的主要操作函数集，比如 mysql_query()函数；而在 PHP 5 版本以后，增加了 MySQLi 函数功能，它是 MySQL 系统函数的增强版，更稳定、更高效、更安全。MySQLi 与 MySQL 有对应的相关函数，如 mysqli_query()对应 mysql_query()，并且 MySQL 可以用面向对象的方式操作驱动 MySQL 数据库。除此之外，MySQL 是非持续连接函数，每次连接时都要打开一个连接的进程；而 MySQLi 是长连接函数，MySQLi 可使用同一连接进程多次运行 MySQLi 函数，减少了服务器的开销，与此同时，MySQLi 还封装了诸如事务等一些高级操作。相对而言，选择使用 MySQLi 作为连接 MySQL 数据库的方式要比使用 MySQL 更优化。MySQLi 提供了面向对象和面向过程两种方式来与数据库交互。

9.3.1 MySQLi 面向对象

在面向对象的方式中，MySQLi 被封装成一个类，它的构造方法如下：

__construct ([string $host [, string $username [, string $passwd [, string $dbname[, int $port [, string $socket]]]]]])

涉及的参数如下：
- host：连接服务器的地址。
- username：连接数据库的用户名，默认值是服务器进程所有者的用户名。
- passwd：连接数据库的密码，默认值为空。
- dbname：连接数据库的名称。
- port：TCP 端口号。
- socket：Unix 域 socket。

要建立与 MySQLi 的连接可以通过其构造方法实例化 MySQLi 类，代码如下：

```
<?php
$db_host="localhost";              //连接服务器的地址
$db_user="root";                   //连接数据库的用户名
$db_psw="root";                    //连接数据库的密码
$db_name="user";                   //连接数据库的名称
$MySQLi=new MySQLi($db_host, $db_user, $db_psw, $db_name);
?>
```

MySQLi 还提供了一个连接 MySQL 的成员方法 connect()。当实例化构造方法为空的 MySQLi 类时，用 MySQLi 对象调用 connect()方法同样可连接 MySQL，代码如下：

```
<?php
$db_host="localhost";              //连接服务器的地址
$db_user="root";                   //连接数据库的用户名
$db_psw="root";                    //连接数据库的密码
```

```
$db_name=" sxerp ";              //连接数据库的名称
$MySQLi=new MySQLi();
$MySQLi->connect($db_host,$db_user,$db_psw,$db_name);
?>
```

通过 MySQLi 对象调用 close()方法即可关闭与 MySQL 服务器的连接，代码如下：

```
$MySQLi->close();
```

9.3.2 MySQLi 面向过程

在面向过程的方式中，MySQLi 扩展提供的函数 mysqli_connect()与 MySQL 建立连接，该函数的语法格式如下：

```
MySQLi mysqli_connect ([ string $host [, string $username [, string $passwd [, string $dbname [, int $port [, string $socket ]]]]]] )
```

mysqli_connect()函数与 mysql_connect()函数用法十分相似。mysqli_connect()函数的示例代码如下：

```
<?php
$connection = mysqli_connect("localhost","root","root","sxerp");
if ( $connection ) {
    echo "数据库连接成功";
}else {
    echo "数据库连接失败";
}
?>
```

使用 mysqli_close()函数可关闭与 MySQL 服务器的连接，代码如下：

```
mysqli_close();
```

9.3.3 使用 MySQLi 存取数据

使用 MySQLi 存取数据包括面向对象和面向过程两种方式，以使用面向对象的方式与 MySQL 交互。在 MySQLi 中，执行 query()方法查询，语法格式如下：

```
mixed query(string $query[, int $resultmode])
```

其中$query 是向服务器发送的 SQL 语句。$resultmode 参数接受两个值：一个是 MYSQLI_STORE_RESULT，表示结果作为缓冲集合返回；另一个是 MYSQLI_USE_RESULT，表示结果作为非缓冲集合返回。

使用 query()方法执行查询的代码如下：

```
<?php
$MySQLi=new mysqli("localhost","root","root","sxerp");    //实例化MySQLi
$query="select * from user";
$result=$MySQLi->query($query);
if ($result) {
```

```
        if($result->num_rows>0){              //判断结果集中行的数目是否大于0
            while($row =$result->fetch_array() ){   //循环输出结果集中的记录
                    echo ($row[0])."<br>";
                    echo ($row[1])."<br>";
                    echo ($row[2])."<br>";
                    echo ($row[3])."<br>";
                    echo "<hr>";
            }
        }
}else {
    echo "查询失败";
}
$result->free();
$MySQLi->close();
?>
```

在上述代码中，num_rows 为结果集的一个属性，返回结果集中行的数目。方法 fetch_array()将结果集中的记录放入一个数组中并将其返回。最后，使用 free()方法释放结果集中的内存，使用 close()方法关闭数据库的连接。

对于删除记录(delete)、保存记录(insert)和修改记录(update)的操作，也是使用 query()方法来执行的。下面是删除记录的代码：

```
<?php
$MySQLi=new MySQLi("localhost","root","root","sxerp");  //实例化MySQLi
$query="delete from user where id=2";
$result=$MySQLi->query($query);
if ($result){
    echo "删除操作执行成功";
}else {
    echo "删除操作执行失败";
}
$MySQLi->close();
?>
```

保存记录(insert)和修改记录(update)的操作与删除记录(delete)的操作类似，将 SQL 语句进行相应的修改即可。

9.3.4 预准备语句

使用预准备语句可以提高重复使用语句的性能。在 PHP 中，使用 prepare()方法来查询预准备语句，使用 execute()方法来执行预准备语句。PHP 有两种预准备语句：绑定结果和绑定参数。

1. 绑定结果

绑定结果就是把 PHP 脚本中自定义的变量绑定到结果集中相应的字段上，这些变量代表着所查询的记录。绑定结果的示例代码如下：

```
<?php
$MySQLi=new MySQLi("localhost","root","root"," sxerp");    //实例化MySQLi
$query="select * from user";
$result=$MySQLi->prepare($query);                //进行预准备语句查询
$result->execute();                              //执行预准备语句
$result->bind_result($id,$ username, $ password);  //绑定结果
while ($result->fetch()) {
    echo $id;
    echo $username;
    echo $password;
}
$result->close();                                //关闭预准备语句
$MySQLi->close();                                //关闭连接
?>
```

在绑定结果的时候，脚本中的变量要与结果集中的字段一一对应，绑定以后，通过 fetch()方法将绑定在结果集中的变量取出来，最后将预准备语句和数据库连接关闭。

2. 绑定参数

绑定参数就是把 PHP 脚本中自定义的变量绑定到 SQL 语句中的参数(参数使用"?"代替)上。绑定参数使用 bind_param()方法，该方法的语法格式如下：

bool bind_param(string $types , mixed &$var1[, mixed &$...])

其中$types 是绑定变量的数据类型。它接受的字符种类有 4 个，如表 9-3 所示。参数 types 所接受的字符的种类要和绑定的变量一一对应。

表 9-3　MySQLi 绑定参数类型

字符种类	代表的数据类型
I	Integer
D	Double
S	String
B	Blob

$var1 表示绑定的变量，其数量必须要与 SQL 语句中的参数数量保持一致。

绑定参数的示例代码如下：

```
<?php
$MySQLi=new MySQLi("localhost","root","root","sunyang");    //实例化MySQLi
$query="insert into user (username,password,sex) values (?,?,?)";
$result=$MySQLi->prepare($query);
$result->MySQLi_stmt_bind_param("ssi", $username, $ password, $sex);
$result->bind_param("ssi", $ username, $ password, $ sex);    //绑定参数
```

```php
$username = 'yg123';
$password ='employee7';
$sex =1;
$result->execute();              //执行预准备语句
$result->close();
$MySQLi->close();
?>
```

在一个脚本中还可以同时绑定参数和绑定结果，示例代码如下：

```php
<?php
$MySQLi=new MySQLi("localhost","root","root","sxerp");    //实例化MySQLi
$query="select * from user where id < ?";
$result=$MySQLi->prepare($query);
result->bind_param("i",$id);                              //绑定参数
$id =2;
$result->execute();
$result->bind_result($id,$username,$password,$id);       //绑定结果
while ($result->fetch()) {
    echo $id."<br>";
    echo $username."<br>";
    echo $password."<br>";
    echo $id."<br>";
}
$result->close();
$MySQLi->close();
?>
```

9.3.5 多个查询

MySQLi 扩展提供了能连续执行多个查询的 multi_query()方法。该方法的语法格式如下：
bool MySQLi_multi_query (MySQLi $link , string $query)

在执行多个查询时，除了最后一个查询语句，每个查询语句之间要用 ";" 分开。执行多个查询的示例代码如下：

```php
$MySQLi=new MySQLi("localhost","root","root","sxerp");    //实例化MySQLi
$query = "select username   from user ;";
$query .= "select password from user ";
if ($MySQLi->multi_query($query)) {                       //执行多个查询
    do {
        if ($result = $MySQLi->store_result()) {
            while ($row = $result->fetch_row()) {
                echo $row[0];
```

```
                echo "<br>";
            }
            $result->close();
        }
        if ($MySQLi->more_results()) {
            echo ("-----------------<br>");         //查询之间的分割线
        }
    } while ($MySQLi->next_result());
}
$MySQLi->close();                                   //关闭连接
?>
```

在上述代码中，store_result()方法用于获得缓冲结果集，fetch_row()方法的作用类似于 fetch_array()方法。

本 章 小 结

通过本章的学习，读者应当了解：
- ◇ PHP 操作数据库分为连接数据库、选择数据库、执行数据库、从结果集中获取信息与事务管理 5 步。
- ◇ PDO 执行 DML 和 DQL 语句、进行预处理并绑定参数进行数据库操作。
- ◇ MySQLi 可采用面向对象和面向过程两种方式进行存取数据。

本 章 练 习

1. 简述 PHP 操作数据库的步骤。
2. 编写一段程序，使用 PHP 的 MySQL API 从结果集中遍历某个字段的数据，可采用任意一种方式。
3. PDO 和 MySQLi 的区别是什么？
4. 编写一段程序，分别使用预处理和直接执行的方式向 user 表中插入 100 条数据。
5. 简述 PDO 绑定参数的方式。
6. 使用 MySQLi 的绑定结果方式查询 user 表中 username 的数据。

第 10 章 ThinkPHP 框架

本章目标

- 了解 ThinkPHP 框架的特点
- 了解 ThinkPHP 框架的项目目录结构
- 熟悉 ThinkPHP 框架的 MVC 架构
- 熟悉 ThinkPHP 框架的内置模板引擎
- 掌握 ThinkPHP 框架的主要函数
- 掌握 ThinkPHP 框架项目构建流程
- 掌握 ThinkPHP 框架的安装与配置

ThinkPHP 是一个快捷、易用的轻量级国产 PHP 开发框架，为简化企业级 Web 应用开发而诞生，使用面向对象的开发结构和 MVC 模式。使用 ThinkPHP 可以帮助程序员更轻松地开发 PHP 程序。

10.1 ThinkPHP 框架概述

框架是为解决某个开放性问题而设计的、具有一定约束性的支撑结构。在这个结构的基础上，可以针对具体问题扩展更多的构成组件，从而更加快速和方便地构建完整的解决方案。

框架本身一般是不完整的，不能解决特定问题，但它为后续扩展的组件提供了很多方便实用的辅助性与支撑性工具(utilities)。换句话说，框架配备了若干帮助解决某类问题的库(libraries)或工具(tools)。

软件系统发展到今天，服务器端软件开发往往会涉及相当复杂的知识与内容，而如果在某些开发环节使用成熟的框架，就相当于让前人协助完成一些基础性工作，开发者自己只需集中精力设计系统的业务逻辑即可。框架一般十分成熟而稳健，可以使用它方便地处理很多系统上的细节问题，如事务处理、安全性、数据流控制等。

10.2 ThinkPHP 框架的特点

ThinkPHP 框架具有简单易用、功能齐全、利于拓展等优点，使用该框架可以减少程序员的很大一部分工作量，下面详细介绍其主要特点。

1．使用 MVC 模式

使用 ThinkPHP 开发程序时，会将程序分为模型层(Model)、控制器(Controller)层、视图(View)层 3 个组成部分。

2．自动创建目录结构

定义好项目的入口文件之后，第一次执行该文件时 ThinkPHP 会自动创建项目的相关目录结构。

3．具备 ActiveRecords 模式和丰富的 ROR 特性

ThinkPHP 采用的是非标准的 ORM 模型：表映射到类、记录(集)映射到对象和字段属性映射到对象的虚拟属性。支持 ROR(ROR 是 Rulay on Rails 的缩写，Ruby on Rails 是一个用于缩写网络应用程序的框架)，给程序开发人员提供强大的框架支持。

4．项目配置灵活简单

ThinkPHP 提供了灵活的项目配置功能。使用效率最高的返回 PHP 数组方式来定义配置，支持惯例配置、项目配置、调试配置和模块配置，且会自动生成配置缓存文件而无需重复解析。对于简单的应用，用户无需手动配置任何文件；而对于复杂的需求，用户也可以增加模块来配置文件。此外，ThinkPHP 还提供了动态配置功能，使用户在开发过程中亦能自由调整配置参数。

5. 支持 AJAX

ThinkPHP 内置了基于 AJAX 的数据返回方法，支持数据以 JSON 与 XML 格式返回客户端，并且不绑定任何 AJAX 类库，用户可随意选择自己熟悉的 AJAX 类库来操作。

6. 自动转换编码

ThinkPHP 可对模板编码、输出编码和数据库编码进行设置并自动完成编码转换工作。

10.3 安装 ThinkPHP

ThinkPHP 框架遵循 Apache 2 开源许可协议，因此可以免费获取并使用。下面以 ThinkPHP 3.1.3 完整版为例，演示安装过程。该版本官方下载地址为 http://www.thinkphp.cn。

10.3.1 ThinkPHP 的环境需求

在选择 ThinkPHP 版本时，需要注意不同版本对运行环境的需求。ThinkPHP 3.0 以上版本需要 PHP 5.2.0 以上版本支持，可运行在包括 Apache、IIS 和 nginx 在内的多种 Web 服务器上，支持 MySQL、MsSQL、PgSQL、Sqlite、Oracle、Ibase、Mongo 以及 PDO 等多种数据库。ThinkPHP 3.2 以上版本则需要有 PHP 5.3.0 以上版本(不包含 PHP 5.3dev 和 PHP 6)的支持。

10.3.2 ThinkPHP 的结构

ThinkPHP 框架中的目录结构分为两部分：系统目录和项目目录。系统目录是 ThinkPHP 文件夹下的项目内容，如表 10-1 所示。

表 10-1 系统目录

目录/文件	说明
ThinkPHP.php	框架入口文件
Common	框架公共文件目录
Conf	框架配置文件目录
Lang	框架系统语言目录
Lib	系统核心基类库目录
Tpl	系统模板目录
Extend	框架扩展目录

项目目录是程序员实际开发时使用的目录，在接口文件中配置完成并在运行接口文件后自动生成，如表 10-2 所示。

表 10-2 项 目 目 录

目录/文件	说　明
ThinkPHP.php	框架入口文件
Common	项目公共文件目录
Conf	项目配置文件目录
Lang	项目语言目录
Lib	项目核心基类库目录
Tpl	项目模板目录
Runtime	项目运行的临时目录，包括 Cache，Temp，Data 和 Log

10.3.3　入口文件的编写

使用 ThinkPHP，要先设定运行所需的上下文和变量，通过 ThinkPHP 的内核运行程序之后自动生成目录结构。

以在 appserv 集成环境下为例：首先在 appserv/www 文件夹下建立新的文件夹 think，将下载的 ThinkPHP 3.1.3 完整版解压到该文件夹中；然后在新建的 appserv/www/think 文件夹下，新建一个 index.php 文件作为入口文件，输入代码如下：

```php
<?php
define('APP_NAME','News');              //定义项目名称
define('APP_PATH','./News/');           //定义项目路径
define('APP_DEBUG',TRUE);               //显示调试模式
include './ThinkPHP/ThinkPHP.php';      //加载框架入口文件
?>
```

保存完毕后，在浏览器中输入地址 localhost/think/index.php 并运行，如页面显示如图 10-1 所示的内容，则表示框架运行成功。

此时，think 文件夹下会自动创建文件夹 News(该文件夹名称由配置文件中相关配置项决定)，即为项目目录，可在 News 文件夹中根据需求进行程序开发。

欢迎使用 ThinkPHP！

图 10-1　框架运行成功界面

10.4　ThinkPHP 配置文件

ThinkPHP 框架中，所有配置文件的定义格式均采用返回 PHP 数组的形式。根据实际开发需要，可以将配置文件分为公共配置文件和私有配置文件两部分，如果项目进行了分组，这样可以满足每个分组的不同配置需求。

公共配置文件一般放在与入口文件同级的文件夹下。例如，在 appserv/www/think 文件夹下创建公共配置文件 config.php，代码如下：

```php
<?php
```

```
return array(
        'URL_MODEL'          => '2',              //URL 模式
        'SESSION_AUTO_START' => true,             //是否开启 session
        //更多配置参数
        //...);
?>
```

config.php 文件中的内容可根据需求进行配置。如果公共配置文件中的配置无法满足需求，则可创建私有配置文件进行配置。例如，可在 appserv/www/think/News/Conf 文件夹下创建 config.php 文件，该文件为项目 News 的私有配置文件，代码如下：

```
<?php
$config = require './config.php';                 //加载公共配置文件
$index_config = array(
        'DEFAULT_THEME' => 'default',             //默认模板主题名称
);
return array_merge($config,$index_config);        //将两个数组合并成一个数组
?>
```

通过 array_merge()方法，将公共配置文件与私有配置文件中设置权限的数组合并，如果还需要配置其他内容，可根据实际情况在合适的文件中相应增加配置。

10.5 控制器

控制器负责从视图中读取数据、控制用户输入并向模型发送数据，可分为 Action 控制器与应用控制器(核心控制器 App 类)。Action 控制器负责业务过程控制，而应用控制器负责调度控制，是应用程序中处理用户交互的模块。控制器文件通常位于项目文件夹下的 Lib\Action 文件夹中。

10.5.1 命名规则

控制器的命名规则为"模块名+Action"，后缀为.class.php。模块名使用驼峰命名法命名，且首字母大写，如表 10-3 所示。

表 10-3 控制器命名规则

模块名	类名(类名)	文件名
User	UserAtion	UserAtion.class.php
User_group	UserGroupAtion	UserGroupAtion.class.php

10.5.2 使用规则

控制器类必须继承系统的 Action 基础类，此外也可以继承自己编写的 Action 类，例如 class IndexAction extends CommonAction，定义类之后，即可在该类的内部声明并使用

方法。一个类中可以包含多种方法，在类中声明一个方法，首先要声明该类是公有还是私有，再声明方法名及参数，如果方法没有参数，则要在方法名后跟一个“()”，如“public function index()”。方法内容编写完成之后，在浏览器中输入地址 http://localhost/think/index.php/Index/index 并运行，即可执行 IndexAction 类中的 index 方法，代码如下：

```
<?php
class IndexAction extends Action {            //类 Index 继承 Action
    public function index(){                  //定义公共方法 index，无参数
        //在这里添加你的程序
    }
}
?>
```

10.5.3 使用 ThinkPHP 实现九九乘法表

下面使用 ThinkPHP 框架设计一个九九乘法表。以 appserv/www/think/News/Admin/Lib/Action/IndexAction.class.php 作为控制器文件，代码如下：

```
<?php
class IndexAction extends Action {
    public function index(){
        for($i=1;$i<=9;$i++){
            for($j=1;$j<=$i;$j++){
                echo "$j*$i=".$i*$j." ";
            }
            echo "<br/>";
        }
    }
}
?>
```

在浏览器中输入地址 http://localhost/think/index.php/Index/index 并运行，结果如图 10-2 所示。

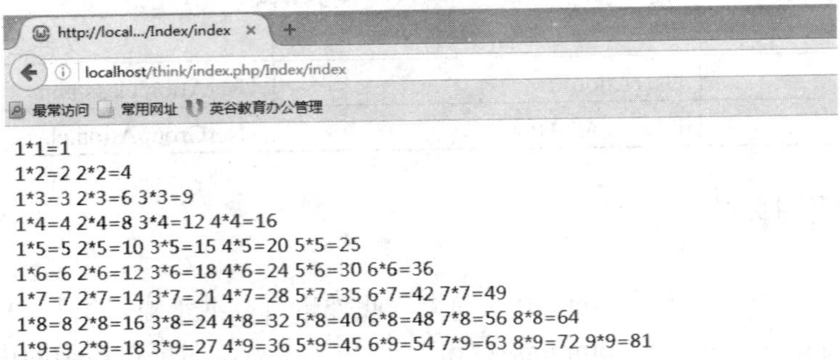
http://local.../Index/index
localhost/think/index.php/Index/index
最常访问
常用网址
英谷教育办公管理
1*1=1
1*2=2 2*2=4
1*3=3 2*3=6 3*3=9
1*4=4 2*4=8 3*4=12 4*4=16
1*5=5 2*5=10 3*5=15 4*5=20 5*5=25
1*6=6 2*6=12 3*6=18 4*6=24 5*6=30 6*6=36
1*7=7 2*7=14 3*7=21 4*7=28 5*7=35 6*7=42 7*7=49
1*8=8 2*8=16 3*8=24 4*8=32 5*8=40 6*8=48 7*8=56 8*8=64
1*9=9 2*9=18 3*9=27 4*9=36 5*9=45 6*9=54 7*9=63 8*9=72 9*9=81

图 10-2　九九乘法表结果

10.6 模型

模型(Model)是 ThinkPHP 中一个很重要的概念,与之相关的还包括模型的定义与实例化。ThinkPHP 中最基础的模型类是 Model 类,该类实现了基本的 CURD(数据库的增删改查)、ActiveRecord 模式、连贯操作和统计查询等功能。

模型还具有其他的一些高级特性,如:

- ◇ AdvModel:高级模型类,完成文本字段、只读字段、序列化字段、乐观锁、多数据库连接等操作。
- ◇ ViewModel:视图模型类,完成模型的视图(数据库的视图,是一个虚拟表,其内容由查询操作定义,作用类似于筛选)操作。
- ◇ RelationModel:关联模型类,完成模型的关联操作。

10.6.1 命名规范

ThinkPHP 中,数据库的表名和模型类的命名遵循一定的规范:数据库的表名和字段名全部采用小写形式,而模型类的名称则是将数据表的名称除去表前缀,并将首字母大写后再加上模型类的后缀,如表 10-4 所示。

表 10-4 模型命名规范

表名(不含前缀)	模型名称(类名)	文件名
user	UserModel	UserModel.class.php
user_group	UserGroupModel	UserGroupModel.class.php

当项目中的数据表命名规则与 ThinkPHP 中的规范不符时,可以对 ThinkPHP 中 Model 类的 tableName、trueTableName 和 dbName 属性进行设置以达到兼容的目的。

(1) tableName 属性:当表前缀与系统设置的前缀(DB_PREFIX)一致,但表名与模型名称不一致时,可对此属性进行设置。如表名称为 users,而模型名称为 UserModel,就需要在模型类中设置,代码如下:

```
class UserModel extends Model{
    protected $tableName = 'users';
}
```

(2) trueTableName 属性:如果表的前缀与系统设定的前缀(DB_PREFIX)不一致,但表名与模型名可能一致时,可对此属性进行设置,代码如下:

```
class UserModel extends Model{
    protected $trueTableName = 'my_user';
}
```

trueTableName 的值为完整的表名(包括前缀)。

(3) dbName 属性:定义模型当前对应的数据库名称,只有当前模型类对应的数据库名称与配置文件不同时才需要设置，代码如下：
```
class UserModel extends Model{
    protected $dbName = 'think';
}
```

10.6.2 连接数据库

ThinkPHP 连接数据库的方法比较简便，只要在 config.php 文件中配置了相关选项，在之后的页面中就不用再编写连接语句，而是只需要实例化模型即可完成连接数据库的操作。config.php 中的数据库配置代码如下：

```
<?php
return array(
        'DB_TYPE' => 'mysql',                   //数据库类型
        'DB_HOST' => 'localhost',               //数据库服务器地址，这里是本地连接
        'DB_NAME' => 'think',                   //数据库名称
        'DB_PWD' => 'root',                     //数据库密码
        'DB_USER' => 'root',                    //数据库用户名
        'DB_PORT' => '3306',                    //数据库端口
        'DB_PREFIX' => 'db_',                   //数据库表前缀
        'URL_CASE_INSENSITIVE' => true,         //URL 不区分大小写
        'URL_HTML_SUFFIX' => '',                //设置伪静态后缀名
);
?>
```

 连接数据库时的配置项需要根据实际数据库的值进行设置。

10.6.3 实例化模型

在 ThinkPHP 2.0 及以上版本中，无需定义即可直接进行模型的实例化操作，只有当业务逻辑需要时，才会对模型类进行定义。不同的模型类实例化模型的方法也不相同，下面分别介绍这些方法。

1. 实例化基础模型类

在业务逻辑不复杂，不需要定义模型类的情况下，可使用 ThinkPHP 特有的 M 方法进行实例化操作，代码如下：

```
$member=M('member');
```

使用上述方法，效果等同于以下代码：

```
$member=new Model(' member ');
```

M 方法的优点是简单高效，无需定义任何模型类即可实例化模型，因此也支持跨项目调用；缺点则是由于没有定义模型类，因而无法拓展业务逻辑，只能完成基本的 CURD 操作。

2. 实例化其他模型类

M 方法简单快捷，但是难以封装复杂的业务逻辑。然而，大多数情况下程序只需要使用一些通用的业务逻辑，就可以使用 M 方法进行封装，代码如下：

$member =M('member ', 'CommonModel');

使用上述方法，效果等同于以下代码：

$member =new CommonModel(' member ');

对于业务逻辑不复杂的程序，用上述两种方法实例化即可满足需求。但使用上述方法需要注意一点，即应在 Lib\Model 文件夹中，先创建一个继承 Model 类的模型类 CommonModel，然后才可以在 CommonModel 类中定义一些通用的逻辑方法。

3. 实例化自定义模型类

当一个项目必须根据自身的业务逻辑定义模型的时候，则需要针对每个数据表设计并定义一个模型类，这些自定义的模型类位于 Lib/Model 目录下，与模型类 CommonModel 同级存放。自定义模型类的内容如下：

```
class MemberModel extends Model{          //模型user继承Model
    Public function save(){               //公共方法save
    //在这添加自己的程序
    }
}
```

自定义的公共模型类能被其他模型类所继承，而不是只能继承 Model 类。如果要继承自定义公共模型类，可以使用 ThinkPHP 自带的 D 方法，代码如下：

$member =D('Member ');
$member ->select();

使用上述方法，效果等同于以下代码：

$member =new MemberModel();
$member ->select();

D 方法可以自动检测模型类，若模型类不存在，系统会提示异常，对实例化过的模型则不会重复实例化。默认的 D 方法只支持调用当前项目的模型，如需跨项目调用，可将代码修改如下：

$message=D('Member ', 'News');   //实例化 News 项目下的 Member 模块

4. 实例化空模型类

如果只使用 SQL 查询而并不需要使用其他的模型类，则实例化一个空模型类即可执行查询，无需再新建自定义模型类，因此可以使用 M 方法，代码如下：

$Model=M();   //实例化空模型类，效果等同于 new Model();
$Model->query(SELECT * FROM db_message); //执行 sql 查询语句

10.6.4 属性访问

PHP 5 中的魔术方法可以对属性进行直接访问，ThinkPHP 很好地利用了这一点，实

现了通过数据对象访问属性，代码如下：

```php
<?php
$user=M('User');
$user->find(1);              //find 查询，1 表示 id=1
echo $user->name;            //获取 name 属性的内容
$user->name='user';          //给 name 属性赋值
?>
```

如查询的结果是数组形式，则代码如下：

```php
<?php
$user=M('User');
$user->find(1);              //find 查询，1 表示 id=1
echo $user['name'];          //获取 name 属性的内容
$user['name']='user';        //给 name 属性赋值
?>
```

10.6.5 创建数据对象

在处理数据之前，往往要先由人工创建所需的数据对象。例如，处理提交的表单数据，需要先定义一个数组来接收这些数据，然后再对该数组进行处理，代码如下：

```php
$data['name'] = $_POST['name'];
$data['email'] = $_POST['email'];
```

ThinkPHP 能够帮助用户快速创建数据对象，最典型的应用就是根据表单数据自动创建数据对象，这一功能的优势在处理拥有非常多字段的数据表时体现得尤为明显，代码如下：

```php
$user = M('user');         // 实例化 User 模型
$user->create();           // 根据表单提交的 POST 数据创建数据对象
$user->add();              // 把创建的数据对象写入数据库
```

1. create()方法

create()方法可以配合数组使用，创建数据对象，代码如下：

```php
$data['name'] = 'tom';
$data['email'] = 'tom@126.com';
$user->create($data);
```

该方法也支持从某个数据对象创建新的数据对象，代码如下：

```php
$user = M("user");         // 从 User 数据对象创建新的 Member 数据对象
$user->find(1);
$member = M("member");
$Member->create($user);
```

事实上，create()方法的作用远不止这么简单，在创建数据对象的同时它也完成了一系列其他工作。create()方法的完整工作流程如表 10-5 所示。

表 10-5　create 工作流程

步骤	说　　明	返回
1	获取数据源(默认是 POST 数组)	
2	验证数据源合法性(非数组或者对象会过滤)	失败则返回 FALSE
3	检查字段映射	
4	判断提交状态(新增或者编辑根据主键自动判断)	
5	数据自动验证	失败则返回 FALSE
6	表单令牌验证	失败则返回 FALSE
7	表单数据赋值(过滤非法字段和字符串处理)	
8	数据自动完成	
9	生成数据对象(保存在内存)	

令牌验证、自动验证和自动完成功能，实际上都必须使用 create()方法才能生效。由于 create()方法创建的数据对象并没有真正写入到数据库中，而是保存在内存里，直到使用 add()或者 save()方法才会真正写入数据库，因此，在没有调用 add()或者 save()方法之前，用户都可以修改 create()方法创建的数据对象。

2．data()方法

如果只想创建一个简单数据对象而并不需要实现太多额外功能的话，则可以使用 data()方法轻松创建数据对象，代码如下：

```
$user = M('user');           // 实例化 User 模型
$data['name'] = tom;         // 创建数据后写入到数据库
$data['email'] = 'tom@126.com';
$user->data($data)->add();
```

data()方法也支持传入数组和对象。使用 data()方法创建的数据对象不执行自动验证与过滤操作，需要人工另行处理。

$data['name']引号中的内容应该与对应的数据库字段一致，但进行 add 或者 save 操作时，数据表中不存在的字段及非法的数据类型(例如对象、数组等非标量数据)都会自动过滤，因此不用担心非法数据表字段的写入会导致 SQL 错误。

10.6.6　连贯操作

ThinkPHP 的模型基础类提供了一种连贯操作方法，可有效提高数据存取的代码清晰度和开发效率，该方法支持所有的 CURD 操作，使用也比较简单。例如，查询 user 表中性别为 man 的前 5 条记录，并按照用户年龄从大到小排序的代码如下：

```
$user=M('user');
$user->where('sex=man')->order('age desc')->limit(5)->selected();
```

上述代码中的 where()、order()和 limit()方法就被称为连贯操作方法。除 select()方法必须放在最后以外(因为 select 方法不是连贯操作方法)，对连贯操作方法的书写顺序并没有先后要求。常用的连贯操作方法如表 10-6 所示。

表 10-6 常用连贯操作方法

连贯操作	作用	支持的参数类型
where	用于查询或者更新条件的定义	字符串、数组和对象
table	用于定义要操作的数据表名称	字符串和数组
data	用于新增或者更新数据之前的数据对象赋值	数组和对象
field	用于定义要查询的字段(支持字段排除)	字符串和数组
order	用于对结果排序	字符串和数组
limit	用于限制查询结果数量	字符串和数字
page	用于查询分页(内部会转换成 limit)	字符串和数字
group	用于对查询的 group 支持	字符串

10.6.7 CURD 操作

CURD 有 4 个最基本的操作,与连贯操作配合使用可以满足程序组对数据库的基本操作需求。下面详细介绍这 4 个操作在 ThinkPHP 中的具体应用。

1. 新增操作

ThinkPHP 使用 add()方法完成新增数据的操作,该方法支持连贯操作,代码如下:

```
$user=M('user');
$data['name']="Tom";
$data['age']="16";
$data['sex']= "man";
$user->add($data);
```

如果在使用 add()方法前已经创建了数据对象(如使用了 data()方法或 create()方法),则不需要再用 add()方法传入数据,代码如下:

```
$user=M('user');
$data['name']="Tom";
$data['age']="16";
$data['sex']= "man";
$user->data($data)->add();
```

2. 查询操作

ThinkPHP 提供了多种读取数据的方法,分别为读取某字段值的 getField()方法、读取数据集的 select()方法以及读取数据的 find()方法,下面分别介绍这三种方法。

1) getField()方法

getField()方法读取一个或多个字段的值。如果查询一个字段,则返回一个字符串;如果读取多个字段,则默认返回一个关联数组,以第一个字段的值为索引,因此第一个字段要尽量选择不会重复的。示例代码如下:

```
$user=M('user');
//查询 id=1 的用户名称
```

```
$name=$user->where('id=1')->getField('name');
//打印$name 数据
var_dump($name);
echo "<br/>";
echo "------";
echo "<br/>";
//查询 id=1 的用户的 id，性别，年龄，名称
$list=$user->where('id=1')->getField("id, sex, age, name");
var_dump($list);
```

运行结果如图 10-3 所示。

string(3) "Tom"
------
array(1) { [1]=> array(4) { ["id"]=> string(1) "1" ["sex"]=> string(3) "man" ["age"]=> string(2) "16" ["name"]=> string(3) "Tom" } }

图 10-3　$name 与$list 的值

分割线以上为$name 的数据，是一个字符串；分割线以下为$list 的数据，是一个以 id=1 为键名的二维数组。

2) select()方法

select()方法返回一个二维数组。如果查询结果为空，则返回一个空数组。select()方法返回的数据是符合条件的所有数据。示例代码如下：

```
$user=M('user');
//查询 user 表中所有用户，显示前两条
$list=$user->limit(2)->select();
//查询用户表中 sex=man 的所有数据，显示前两条
$men=$user->where("sex = 'man'")->limit(2)->select();
```

3) find()方法

find()方法与 select()方法类似，区别在于 find()方法只返回一条数据，即使符合条件的数据有多条也只返回一条，且 limin()方法对 find()方法无效。示例代码如下：

```
$user=M('user');
//查询 user 表中 sex=man 的用户，显示一条
$men=$user->where("sex = 'man'")->find();
var_dump($men);
```

其运行结果如图 10-4 所示。

array(4) { ["id"]=> string(1) "1" ["name"]=> string(3) "Tom" ["sex"]=> string(3) "man" ["age"]=> string(2) "16" }

图 10-4　$men 的值

从结果可以看出，使用同一张数据表、应用同一种查询条件，使用 select()方法与 find()方法得出的结果却并不相同。

3．修改操作

ThinkPHP 提供了多种修改数据的方法，既有对数据批量进行操作的 save()方法，也有对单独某个字段进行操作的 setField()方法，还有对数值类型字段进行操作的 setInc()和

setDec()方法，下面详细介绍这几种方法。

1) save()方法

save()方法是最常使用的数据库更新方法，该方法支持连贯操作，示例代码如下：

```
$user=M('user');
$data['name']   =   'NewTom';
$data['sex']    =   'man';
$data['age']    =   '21';
$user ->where('id=1')->save($data);
//效果等同于下方代码
//$user ->where('id=1')->data($data)->save();
```

 使用 save()方法时，如果没有设置条件且数据本身不包含主键字段，则 save()不会进行更新数据库操作；如果使用连贯操作并通过 data()方法创建对象，则不需要 save()传入数据。

2) setField()方法

如果只是针对某个字段或某几个字段进行修改，则可以使用 setField()方法。例如，更新 id=1 的用户的 name 字段值的代码如下：

```
$user=M('user');
$user=where('id=1')->setField('name', 'Tom');
```

如需更新多个字段，则可通过传入数组的方式进行替换，代码如下：

```
$user=M('user');
$user=where('id=1')->setField(array('name', 'age'),array(Tom,21));
```

3) setInc()和 setDec()方法

setInc()和 setDec()方法一般用于统计字段值的增减操作，使用时需要声明增减的字段和增减的数值，如果上述数值不设置，则默认为 1。示例代码如下：

```
$user=M('user');
$user->where('id=1')->setInc('score');        //id=1 用户积分加 1
$user->where('id=1')->setInc('score',3);      //id=1 用户积分加 3
$user->where('id=1')->setDec('score');        //id=1 用户积分减 1
$user->where('id=1')->setDec('score',3);      //id=1 用户积分减 3
```

4．删除操作

ThinkPHP 中，可以使用 delete()方法执行删除操作，该方法支持连贯操作。示例代码如下：

```
$user=M('user');
$user->where('id=1')->delete();               //删除 id=1 用户信息
```

10.7 视图

ThinkPHP 的视图由两部分组成：View 视图类和模板文件(由模板引擎创建的默认后缀为.html 的文件，用于最终展示的页面)。Action 控制器直接与 View 视图类相关联，把需要输出的数据通过给模板变量赋值的方式传递到 View 视图类，具体的输出工作则交由后者进行。View 视图类还能与模板引擎对接，实现布局渲染、输出替换、页面展示等功能。

本节将介绍 ThinkPHP 框架中模板定义、模板赋值、模板输出、模板替换等功能的具体使用方法。

10.7.1 模板定义

为更有效地管理模板文件，ThinkPHP 使用目录对模板文件进行划分，默认的模板文件命名规则为：模板目录/[分组名/][模板主题/]模块名/操作名+模板后缀。

模板目录默认为项目目录下的 Tpl 文件夹，而如果定义了分组，则会在该文件夹中按分组名分列若干子目录。例如，在 Tpl 文件夹下定义了分组 default，则模板文件名中的分组名就是 default。模板主题功能是为多模板切换而设计的，ThinkPHP 3.2 及以上版本中模板主题默认为空(不启用模板主题功能)，而如果有多个模板主题，则可使用 DEFAULT_THEME 参数设置默认的模板主题名。每个模板主题下有若干个以项目模块名称命名的子目录，子目录下是与每个模块的具体操作相对应的模板文件。例如，控制器 IndexModel.class.php 中的方法为 public function index()，则该方法对应的模板就是 Index 文件夹下的 index.html 文件。模板文件的默认后缀是.html，也可使用 TMPL_TEMPLATE_SUFFIX 参数修改为其他后缀。例如，Login 模块的 login 操作对应的模板文件路径为 Tpl/Login/login.html，但如果项目启用了模块分组功能(假设 Login 模块属于 News 分组)，则该模板文件路径会变为 Tpl/News/Login/login.html。为简化目录层次，模块分组功能提供了 TMPL_FILE_DEPR 参数，如果将 TMPL_FILE_DEPR 配置为 "_" 的话，则上述模板文件路径将变为 Tpl/News/Login_login.html。

正因为 ThinkPHP 框架有这样一种自动识别模板文件路径的机制，所以通常情况下，使用 display 方法无需传入任何参数即可输出对应模板。

10.7.2 模板赋值

要用模板输出变量，必须先在 Action 类中将变量传递给模板。视图类提供了 assign() 方法给模板变量赋值，任意类型的变量都可统一使用该方法赋值，代码如下：

```
$this->assign('name', $value);
// 下面的写法是等效的
$this->name = $value;
```

系统只会输出控制器中预先定义的需输出变量，其他变量则不会输出，这在一定程度上保证了变量的安全性。如果要同时输出多个模板变量，代码如下：

```
$array['name']  = 'user';
$array['email'] = 'user@126.com';
$array['phone'] = '12335678';
$this->assign($array);
```

这样，就可以在模板文件中同时输出 name、email 与 phone 三个变量。

10.7.3 模板输出

给模板变量赋值之后，需要输出模板文件中 name、email 与 phone 这三个变量。调用 display()方法来进行模板输出，代码如下：

$this->display();

根据模板定义的规则，系统会按照默认规则自动定位模板文件，因此通常 display()方法无需传入任何参数即可输出对应的模板，这是输出模板的最简单方法。但如果想输出指定的模板文件，则需要使用以下方法。

1．调用当前模块的其他操作模板

格式：display('操作名')

范例：假设当前进行的是 Login 模块下的 login 操作，需要调用 Login 模块的 register 操作模板，代码如下：

$this->display('register');

2．调用其他模块的操作模板

格式：display('模块名:操作名')

范例：假设当前进行的是 Login 模块下的 login 操作，需要调用 Register 模块的 register 操作模板，代码如下：

$this->display(Register: register);

使用 display()方法不需要填写模板文件的路径和后缀，实际上其中的模块名和操作名并不一定要有对应的模块或者操作，而是仅有一个目录名称和文件名称即可。例如，项目中可能根本没有 Public 模块，更没有 Public 模块的 menu 操作，但同样可以使用$this->display('Public:menu')的方法。

3．调用其他主题的操作模板

格式：display('主题名:模块名:操作名')

范例：假设当前操作是 Index 主题 Login 模块下的 login 操作，需要调用 Admin 主题的 Register 模块下的 register 操作模板，代码如下：

$this->display('Admin:Register:register');

4．使用全路径输出模板

格式：display('模板文件名')

范例：直接输出当前 Public 目录下的 menu.html 模板文件，代码如下：

$this->display('./Public/menu.html');

这种方式需要指定模板路径和后缀，这里的 Public 目录与当前项目的入口文件处于同级目录下，而其他位置的文件也可以直接输出，代码如下：

$this->display('./Public/menu.tpl');

./Public/menu.tpl 必须是一个实际存在的模板文件，如果使用的是相对路径，则要注意

当前位置是相对于项目的入口文件,而不是模板目录。

10.7.4 模板替换

进行模板输出之前,系统还会对模板的渲染结果进行一些特殊字符串的替换操作,即实现对模板输出的替换和过滤。模板替换适用于所有的模板引擎,包括原生的 PHP 模板,这一机制使得定义模板文件更为方便。

默认的模板替换规则如下:

- ../Public:会替换成当前项目的公共模板目录。通常是:/项目目录/Tpl/当前主题/Public/。
- _TMPL_:会替换成项目模板目录。通常是:/项目目录/Tpl/当前主题/。
- _PUBLIC_:会替换成当前网站的公共目录,通常是:/Public/。
- _ROOT_:会替换成当前网站的地址(不含域名)。
- _APP_:会替换成当前项目的 URL 地址(不含域名)。
- _GROUP_:会替换成当前分组的 URL 地址(不含域名)。
- _URL_:会替换成当前模块的 URL 地址(不含域名)。
- _ACTION_:会替换成当前操作的 URL 地址(不含域名)。
- _SELF_:会替换成当前页面的 URL 地址。

10.8 ThinkPHP 的模板引擎

ThinkPHP 内置了一个性能卓越的模板引擎 ThinkTemplate,这是一个基于 XML 标签库技术的编译型模板引擎,专门服务于 ThinkPHP。通过使用该模板引擎,程序在每个模板文件执行过程中都会生成一个编译后的缓存文件,这是一个可运行的 PHP 文件,默认以模板文件的 md5 编码作文件名,保存在项目的 Runtime/Cache 目录下。如果在模板标签的使用过程中发现问题,则可以尝试查看模板缓存文件来找到问题所在。

ThinkTemplate 使用了动态编译和缓存技术,支持两种标签类型:普通标签和 XML 标签。普通标签主要用于输出变量并完成一些基本操作;XML 标签主要用于完成逻辑判断、控制和循环输出等操作。

10.8.1 变量输出

在 Action 中使用 assign()方法可以给模板变量赋值,但赋值之后又该怎样将其在模板文件中显示呢?假设在 Action 中给一个 name 模板变量进行了赋值,则代码如下:

```
$name = 'ThinkPHP';
$this->assign('name',$name);   //第一个参数为变量名称,第二个参数为赋值
```

使用内置的模板引擎输出变量,代码如下:

```
{$name}
```

模板编译后的结果如下:

```
<?php echo($name);?>
```

运行时，就可以在标签位置显示变量的输出结果。

模板标签中的"{"和"$"之间不能有任何的空格，否则标签无效。

普通标签的默认开始标记是"{"，结束标记是"}"。可通过设置 TMPL_L_DELIM 和 TMPL_R_DELIM 参数进行更改。例如，在项目配置文件中对其进行定义，代码如下：

```
'TMPL_L_DELIM'=>'<{',
'TMPL_R_DELIM'=>'}>',
```

则之前的变量输出标签就要做出相应修改，代码如下：

```
<{$name}>
```

如需把一个用户数据对象赋值给模板变量，代码如下：

```
$user = M('user');
$list = $user->find(1);
$this->assign('list',$list);
```

如果$list是一个对象，则输出相关的值，代码如下：

```
{$list:name}// 输出用户的名称
{$list:email} // 输出用户的 email 地址
```

如果$list是一个数组变量，则可以使用下面的方式来输出相关的值，代码如下：

```
{$list['name']}// 输出用户的名称
{$list['email']} // 输出用户的 email 地址
```

为方便定义模板，模板输出支持点语法，代码如下：

```
{$list.name}
{$list.email}
```

因为点语法默认的输出方式是数组，所以上面两种方式在默认情况下是等效的，但可以通过设置 TMPL_VAR_IDENTIFY 参数来控制点语法的输出效果。

- 如果将 TMPL_VAR_IDENTIFY 设置为"array"，则{$user.name}与{$user['name']}等效，即输出数组变量。
- 如果将 TMPL_VAR_IDENTIFY 设置为"obj"，则{$user.name}和{$user:name}等效，即输出对象的属性。
- 如果将 TMPL_VAR_IDENTIFY 留空，则系统会自动判断要输出的变量是数组还是对象，但这样会在一定程度上影响效率，且只支持二维数组和两级对象。

10.8.2 内置标签

变量输出使用普通标签就足够，而如果要实现其他的控制、循环和判断功能，则需使用 ThinkTemplate 引擎的标签库功能。ThinkPHP 框架内置标签库中的所有标签无需引入标签库即可直接使用。

XML 标签有两种：闭合标签与开放标签。一个标签在定义时就已经确定了是闭合标签还是开放标签，二者不可混合使用。

闭合标签的格式如下：

```
<include file="read" />
```

开放标签的格式如下：

```
<gt name="name" value="5">value</gt>
```

下面介绍几种常用的内置标签。

1. 包含文件标签

可以使用 iclude 标签来包含外部的模板文件。include 是闭合标签，代码如下：

```
<include file="./Tpl/default/Public/header.html" />
```

从 ThinkPHP 3.1 版本开始，include 标签支持导入多个模板，模板名中间使用逗号分隔即可，代码如下：

```
<include file='file1,file2' />
```

2. 导入文件标签

可以使用 import 标签来导入文件。import 是闭合标签，其中 type 属性默认是 js，即如果不另行声明，则 type 默认都是 js 文件，代码如下：

```
<import type='js' file="Js.Util.Array" />
<!--效果与下方相同-->
<import file="Js.Util.Array" />
```

import 标签还支持多个文件批量导入，代码如下：

```
<import file="Js.Util.Array,Js.Util.Date" />
```

import 标签导入外部 css 文件时，必须指定 type 属性的值，代码如下：

```
<import type='css' file="css.common" />
```

3. volist 标签

可以使用 volist 标签在模板中循环输出数据集或者多维数组。volist 是非闭合标签，使用方法如下：

首先在 Action 中给模板赋值，代码如下：

```
$user = M('user');
$list = $user->select();
$this->assign('list',$list);
```

然后在模板输出时，循环输出用户的编号和姓名，代码如下：

```
<volist name="list" id="vo">
    {$vo.id}
    {$vo.name}
</volist>
```

volist 标签的 name 属性表示模板赋值的变量名称，因此不可随意在模板文件中改变；id 表示当前的循环变量，可以随意指定，但要确保不与 name 属性冲突。volist 标签支持输出部分数据。例如，输出 list 数组中的第 5～15 条记录，代码如下：

PHP 程序设计及实践

```
<volist name="list" id="vo" offset="5" length='10'>
    {$vo.name}
</volist>
```

4．foreach 标签

foreach 标签也可以用来进行循环输出。foreach 是非闭合标签，代码如下：

```
<foreach name="list" item="vo">
    {$vo.id}
    {$vo.name}
</foreach>
```

5．switch 标签

可以使用 switch 标签依不同条件执行不同动作。switch 是非闭合标签，代码如下：

```
<switch name="变量" >
<case value="值 1" break="0 或 1">输出内容 1</case>     //是否 break，默认为 1
<case value="值 2">输出内容 2</case>
<default />默认情况
</switch>
```

以判断一个用户的等级权限为例，代码如下：

```
<switch name="User.level">
    <case value="1">value1</case>
    <case value="2">value2</case>
    <default />default
</switch>
```

case 的 value 属性不一定只是模板中声明的默认值，也可以用变量来表示，代码如下：

```
<switch name="User.userId">
    <case value="$adminId">admin</case>
    <case value="$memberId">member</case>
    <default />default
</switch>
```

6．if 标签

if 标签中包含 3 部分：if、elseif 和 else。其中，if 为非闭合标签，elseif 和 else 是闭合标签。如果判断只有两层，则可以没有 elseif 标记。示例代码如下：

```
<if condition="($name eq 1) OR ($name gt 100) "> value1
<elseif condition="$name eq 2"/>value2
<else /> value3
</if>
```

condition 属性必填，表示要判断的条件，支持 eq 等判断表达式，但不支持带有"＞""＜"等符号的用法，因为会与模板的解析混淆。

除此之外，也可以在 condition 属性里面使用 PHP 代码，示例如下：

```
<if condition="strtoupper($user['name']) neq 'THINKPHP'">ThinkPHP
```

· 170 ·

```
<else /> other Framework
</if>
```

condition 属性支持点语法和对象语法。例如，自动判断 user 变量是数组还是对象的代码如下：

```
<if condition="$user.name neq 'ThinkPHP'">ThinkPHP
<else /> other Framework
</if>
```

10.9 ThinkPHP 的单字母方法

ThinkPHP 中有很多重要的方法，其中大部分是单字母函数，这些函数在程序开发中发挥了重大的作用，可以帮助使用者提高效率，节省时间。本章 10.6.3 中提到的 D 方法与 M 方法都属于单字母方法，下面介绍其他常用的单字母方法。

10.9.1 A 方法：实例化控制器

A 方法的作用是实例化当前项目的控制器，之后程序就可以调用该控制器中的方法。但需要注意的是：在跨项目调用的情况下，使用 A 方法对当前控制器部分变量进行操作(如修改、重定义)会产生某些未知问题，因此官方建议一般应单独开发公共调用的控制器层。

调用格式：A('[项目://][分组/]模块','控制器层名称')

如果要实例化当前项目的控制器，代码如下：

```
$User = A('User');
```

如果采用了分组模式，并且要实例化另外一个 Admin 分组的控制器，代码如下：

```
$User = A('Admin/User');
```

A 方法也支持跨项目实例化，项目的目录要保持同级，代码如下：

```
$User = A('Admin://User');
```

10.9.2 R 方法：直接调用控制器的操作方法

R 方法用来调用某个控制器的操作方法，是 A 方法的进一步增强和补充。

调用格式：R('[项目://][分组/]模块/操作','参数','控制器层名称')

例如，在 User 模块下定义了一个名为 detail 的操作方法，代码如下：

```
class UserAction extends Action {
  public function detail($id){
    return M('User')->find($id);
  }
}
```

然后，就可以使用 R 方法在其他控制器里面调用这个操作方法，代码如下：

```
$data = R('User/detail',array('5'));
```

如果调用的方法没有参数，则第二项可以为空，代码如下：

```
$data = R('User/detail');
```

要调用的方法必须是 public 方法。

官方建议不要在同一层加入太多调用，因为这会引起逻辑的混乱，而是应将被公共调用的部分封装成单独的接口。可以借助 ThinkPHP 3.1 版本新增的多层控制器特性，单独添加一个控制器层用于接口调用。

首先添加一个 Api 控制器层，代码如下：

```
class UserApi extends Action {
  public function detail($id){
    return M('User')->find($id);
  }
}
```

然后使用 R 方法调用，代码如下：

```
$data = R('User/detail',array('5'),'Api');
```

可见，R 方法的第三个参数能够指定调用的控制器层。

10.9.3　C 方法：设置和获取配置参数

C 方法是 ThinkPHP 用来设置、获取以及保存配置参数的方法，使用频率较高，且由于采用了函数重载设计，用法较多，下面分别进行说明。

1．设置参数

将 DB_NAME 配置参数的值设置为 thinkphp，代码如下：

```
C('DB_NAME','thinkphp');
```

配置参数不识别大小写，DB_NAME 也可以写作 db_name，但建议遵守统一大写的配置定义格式规范。项目的所有参数在未生效之前都可以使用该方法动态地改变配置，最后设置的值会覆盖前面设置的或是默认配置的值，也可以使用参数配置方法添加新的配置。

支持对二级配置参数的设置(配置参数不建议超过二级)，代码如下：

```
C('USER.USER_ID',8);
```

如果要设置多个配置参数，可以使用批量设置。

如果 C 方法的第一个参数传入数组，则表示批量赋值，代码如下：

```
$config['user_id'] = 1;
$config['user_type'] = 1;
C($config);
```

2．获取参数

获取所设置的配置参数，代码如下：

```
$userId = C('USER_ID');
```

```
$userType = C('USER_TYPE');
```
如果 USER_ID 参数尚未被设置,则返回 NULL。

也可以获取二级配置参数,代码如下:
```
$userId = C('USER.USER_ID');
```
如果传入的配置参数为空,则表示获取全部的配置参数,代码如下:
```
$config = C();
```

3. 保存设置

ThinkPHP 3.1 版本增加了一个永久保存配置参数的功能,仅针对批量赋值的情况,代码如下:
```
$config['user_id'] = 1;
$config['user_type'] = 1;
C($config,'name');
```
在批量设置了 config 参数后,会连同当前所有的配置参数保存到缓存文件(或者其他配置的缓存方式)中。保存后如果要取回保存的参数,代码如下:
```
$config = C('','name');
```
其中,name 是前面保存参数时所用缓存的标识,必须与之前缓存所用的标识一致才能正确取回保存的参数。取回的参数会和当前的配置参数合并,无需手动操作。

10.9.4 L 方法:设置和获取语言变量

L 方法用来在启用多语言时设置和获取当前语言的定义。

调用格式:L('语言变量'[,'语言值'])

1. 设置语言变量

除了使用语言包定义语言变量之外,也可以用 L 方法动态设置该变量,代码如下:
```
L('LANG_VAR','语言定义');
```
语言定义不区分大小写,但为规范起见,建议统一采用大写定义语言变量。

L 方法也支持批量设置语言变量,代码如下:
```
$lang['lang_var1'] = '语言定义 1';
$lang['lang_var2'] = '语言定义 2';
$lang['lang_var3'] = '语言定义 3';
L($lang);
```
上述代码表示同时设置 3 个语言变量:lang_var1、lang_var2 和 lang_var3。

2. 获取语言变量

L 方法可以获取语言变量,代码如下:
```
$langVar = L('LANG_VAR');
```
如参数为空,则表示获取当前全部语言变量(包括语言定义文件中的),代码如下:
```
$lang = L();
```
也可以在模板中使用,来输出语言定义,代码如下:

{$Think.lang.lang_var}

10.9.5　N 方法：计数器

　　N 方法属于计数器方法，用于核心的查询、缓存统计的计数和统计，也可以用于程序的其他计数用途，用法较为简单。
　　调用格式：N('计数位置'[,'步进值'])
　　如果要统计页面中的查询次数，代码如下：

N('read',1);　　//每次执行到该位置都会引起计数器加1
　　如果要统计当前页面到结束之前执行的查询数目，代码如下：

$count = N('read');

　　　N 方法在页面执行完毕后的统计结果不会带入下次统计，也就是说，如果下次继续使用 N 方法统计，则会重新从默认初始值开始记录，而不是从上次统计的数字开始记录。

10.9.6　G 方法：调试统计

　　G 方法用来标记位置和统计区间，代码如下：

G('begin');
// ...其他代码段
G('end');
// ...也许这里还有其他代码
// 进行统计区间
echo G('begin','end');

　　默认的统计精度是小数点后 4 位，如果觉得这个统计精度不够，也可以设置显示位数，代码如下：

G('begin','end',6);
　　如果 end 标签没有被标记的话，该方法会自动把当前位置标记为 end 标签。

10.9.7　U 方法：URL 地址生成

　　U 方法能够根据当前的 URL 模式及设置自动生成对应的 URL 地址。
　　调用格式：U('地址','参数','伪静态','是否跳转','显示域名')。
　　在模板中使用 U 方法代替写入固定 URL 地址的好处在于：一旦运行环境变化或者参数设置改变，无需更改模板中的任何代码。
　　U 方法的基本使用，代码如下：

U('User/add') // 生成 User 模块的 add 操作地址
　　U 方法支持分组调用，代码如下：

U('Home/User/add') // 生成 Home 分组的 User 模块的 add 操作地址
　　如果只写操作名，表示调用当前模块，代码如下：

U('add') // 生成当前访问模块的 add 操作地址

除了分组、模块和操作名之外，也可以传入一些其他参数，代码如下：

U('User/login?name=tom') // 生成 User 模块的 login 操作并且传递 name 为 tom 的参数

U 方法的第二个参数可以传入数组或字符串，而如果只是字符串方式的参数，可在第一个参数中定义，代码如下：

U('User/login',array('name'=>tom,'status'=>1))

等效代码如下：

U('User/login','name=tom&status=1')

U('User/login? name=tom&status=1')

10.9.8 I 方法：安全获取系统输入变量

I 方法是 ThinkPHP 3.1.3 版本新增的方法，用来更方便、安全地获取系统输入变量。

调用格式：I('变量类型.变量名',['默认值'],['过滤方法'])

变量类型是指请求方式或者输入类型，I 方法支持的变量类型如表 10-7 所示。

表 10-7　I 方法支持的变量类型

变量类型	含　义
get	获取 GET 参数
post	获取 POST 参数
param	自动判断请求类型获取 GET、POST 或者 PUT 参数
request	获取 REQUEST 参数
put	获取 PUT 参数
session	获取$_SESSION 参数
cookie	获取$_COOKIE 参数
server	获取$_SERVER 参数
globals	获取$GLOBALS 参数

变量类型不区分大小写，变量名则严格区分大小写。默认值和过滤方法均属于可选参数。

以 GET 变量类型为例，说明 I 方法的使用，代码如下：

echo I('get.id'); // 相当于 $_GET['id']
echo I('get.name'); // 相当于 $_GET['name']

I 方法支持默认值，代码如下：

echo I('get.id',0); // 如果不存在$_GET['id'] 则返回 0
echo I('get.name',''); // 如果不存在$_GET['name'] 则返回空字符串

I 方法支持采用方法过滤，代码如下：

echo I('get.name','','htmlspecialchars'); // 采用 htmlspecialchars 方法对$_GET['name'] 进行过滤，如果不存在则返回空字符串

I 方法支持直接获取整个变量类型，代码如下：

I('get.'); // 获取整个$_GET 数组

10.10 ThinkPHP 的注意事项

ThinkPHP 框架由一定的规范约束，使用 ThinkPHP 开发就要遵循它的规则，以免操作错误。

10.10.1 ThinkPHP 的命名规则

使用 ThinkPHP 框架命名文件时，需要根据不同的文件类型适用不同的规则：

(1) 类文件(指 ThinkPHP 内部使用的类库文件，不是外部加载的类库文件)都以.class.php 为后缀，使用驼峰命名法且首字母大写，如 DbMysql.class.php。

(2) 文件命名与调用时的大小写形式务必一致，因为类 Unix 系统对大小写敏感。

(3) 类名必须与文件名一致，如 UserAction 类的文件名是 UserAction.class.php，InfoModel 类的文件名是 InfoModel.class.php，不同类库的类命名也有一定规范。

(4) 函数采用小写字母加下划线的形式命名，如 get_client_ip()。

(5) 方法使用驼峰命名法命名，并且首字母小写或使用下划线"_"，如 getUserName()与_parseType()。通常以下划线开头的方法属于私有方法。

(6) 属性使用驼峰命名法命名，并且首字母小写或使用下划线"_"，如 tableName 与_instance。通常以下划线开头的属性属于私有属性。

(7) 以双下划线"__"开头的函数或方法属于魔术方法，如__call()与__autoload()。

(8) 常量以大写字母加下划线的形式命名，如 HAS_ONE 与 MANY_TO_MANY。

(9) 配置参数以大写字母加下划线的形式命名，如 HTML_CACHE_ON。

(10) 语言变量以大写字母加下划线的形式命名，如 MY_LANG。以下划线开头的语言变量通常用于系统语言变量，如_CLASS_NOT_EXIST_。

(11) 对变量的命名没有强制规范，可根据自定义规范进行。

(12) ThinkPHP 的模板文件默认以.html 为后缀(可以通过配置修改)。

(13) 数据表和字段采用小写加下划线的形式命名，如 think_user 表与 user_name 字段，注意字段名不要以下划线开头，类似_username 这样的数据表字段可能会被过滤。

ThinkPHP 中有一个函数命名的特例，即单字母大写函数，这类函数通常是某些操作的快捷定义或者有特殊的作用。此外，由于 ThinkPHP 默认全部使用 UTF-8 编码，因此程序文件必须采用 UTF-8 编码格式保存，并去掉 BOM 信息头(BOM 信息头放在采用 UTF-8 编码的文件头部，占用三个字节，用来标识该文件采用 UTF-8 编码。许多编辑器都设置了去掉 BOM 信息头的方法，也可以用工具对其统一检测和处理)，否则可能导致很多意想不到的问题。

10.10.2 ThinkPHP 页面跳转与重定向

实际开发时，如遇到登录成功、登录失败、非法登录等情况，常常需要实现页面的跳转功能。ThinkPHP 提供了实现这一功能的两种方法，可根据实际情况选用。

第 10 章 ThinkPHP 框架

1. 页面跳转

应用开发中经常需要实现一些带有提示信息的页面跳转，如提示操作成功或者操作错误，然后自动跳转到另外一个目标页面。系统的 Action 类内置了两个跳转方法——success()与 error()，用于实现页面跳转提示，并且支持使用 AJAX 技术提交。

success()方法与 error()方法配合 U 方法，可以声明页面地址，示例代码如下：

```
$user = M('user'); //实例化 User 对象
$data['name']= 'Tom';
$result = $user->add($data);
if($result){
  //设置成功后跳转页面的地址，默认的返回页面是$_SERVER['HTTP_REFERER']
    $this->success('新增成功', U('User/list'),3);
} else {
   //错误页面的默认跳转页面是返回前一页，通常不需要设置
    $this->error('新增失败');
}
```

success()方法与 error()方法中，第一个参数为提示信息，第二个参数为跳转地址，第三个参数为跳转时间(单位为秒)。跳转地址是可选的，success()方法的默认跳转地址为$_SERVER["HTTP_REFERER"]，error()方法的默认跳转地址为 javascript:history.back(-1)。success()方法的默认等待时间是 1 秒，error()方法的默认等待时间是 3 秒。

success()方法与 error()方法除了有文字提示参数，还有跳转地址参数，代码如下：

```
//默认错误跳转对应的模板文件
'TMPL_ACTION_ERROR' => THINK_PATH . 'Tpl/dispatch_jump.tpl',
//默认成功跳转对应的模板文件
'TMPL_ACTION_SUCCESS' => THINK_PATH . 'Tpl/dispatch_jump.tpl',
```

除了使用绝对路径声明跳转地址参数，还可以使用项目内部的模板文件声明该参数，代码如下：

```
//默认错误跳转对应的模板文件
'TMPL_ACTION_ERROR' => 'Public:error';
//默认成功跳转对应的模板文件
'TMPL_ACTION_SUCCESS' => 'Public:success';
```

2. 重定向

Controller 类的 redirect()方法可以实现页面的重定向功能，其参数用法与 U 方法一致，示例代码如下：

```
//重定向到 New 模块的 Category 操作
$this->redirect('New/category', array('cate_id' => 2), 5, '页面跳转中...');
```

上述代码是停留 5 秒后跳转到 New 模块的 category()方法，并显示 "页面跳转中" 字样，重定向后当前的 URL 地址会改变。

如果只是想重定向到一个指定的 URL 地址而不是某个模块的操作方法，则可以直接使用 redirect()方法重定向，代码如下：

```
//重定向到指定的 URL 地址
redirect('/New/category/cate_id/2', 5, '页面跳转中...')
```

redirect()方法中，第一个参数是重定向的 URL 地址。

本 章 小 结

通过本章的学习，读者应当了解：
- 安装并使用 ThinkPHP 框架的方法。
- ThinkPHP 框架下各类型文件的命名规范。
- ThinkPHP 框架的 MVC 架构，控制器、视图与模型以及各部分之间的联系。
- 灵活使用 ThinkPHP 框架的单字母方法。
- ThinkPHP 框架内置模板引擎的特点。

本 章 练 习

1. 创建一个控制器文件对用户的信息进行处理，该控制器名称为 User___.___.php。
2. ThinkPHP 实例化模型的方法包括____方法和____方法。
3. ThinkPHP 跳转页面的方法有几种？
4. 请写出 ThinkPHP 重定向方法的代码格式。
5. 当前有一张用户表 user，表中存在以下字段：主键 id，用户名 name，用户年龄 age，用户性别 sex。现在向表中插入一条数据，要求包括以下信息：姓名：张三，年龄：18，性别：男。应如何在控制器中操作？请写明操作步骤。

实践篇

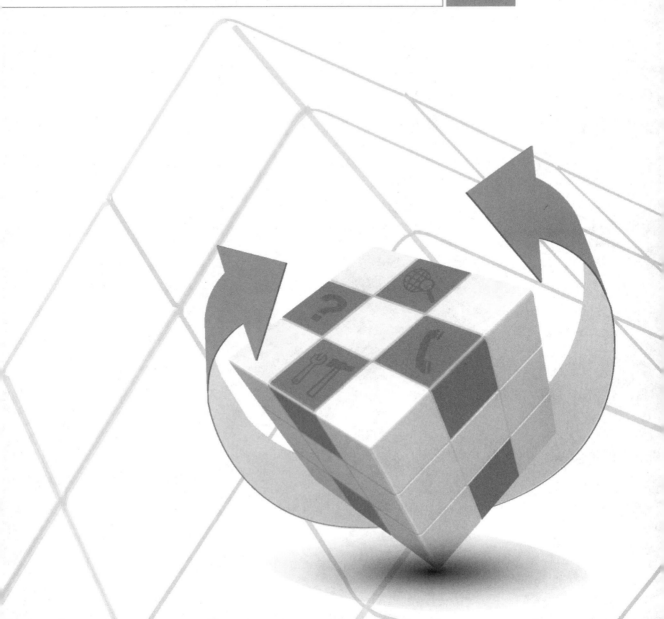

实践 1　安装 PHP 开发环境

实践 1.1　安装 AppServ

完成 PHP 程序开发环境 AppServ 的安装部署，安装 PHP 编程工具 Zend Studio，并使用 IDE Zend Studio 编写一个 PHP 程序。

【分析】

(1) PHP 开发环境包括：Web 服务器、PHP 运行环境与 MySQL 数据库。一般而言，Web 服务器为 Apache，操作系统为 Linux，数据库为 MySQL 和编程语言为 PHP，由这 4 个组件构成"黄金开发组合"LAMP。但在本书中，案例实际使用的操作系统为 Windows。

(2) 本实践使用集成环境 AppServ 2.5.10 作为开发环境。

【参考解决方案】

1．获取 AppServ

AppServ 是开源软件，可以在它的官方网站 http://www.appservnetwork.com 上免费获取资源，本书以 2.5.10 版本为例，下载页面如图 1-1 所示。

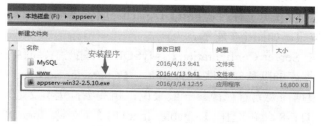

图 1-1　AppServ 下载页面

2．安装 AppServ

(1) 下载安装文件 appserv-win32-2.5.10.exe，然后双击该文件，如图 1-2 所示，进入 AppServ 安装程序。

图 1-2　AppServ 安装程序

(2) 在安装向导的【Welcome to the AppServ 2.5.10 Setup Wizard】界面中，单击【Next】按钮进行安装，如图1-3所示。

(3) 此时出现【Licensed Agreement】(许可协议)界面，这里必须单击【I Agree】按钮，同意安装协议，如图1-4所示。

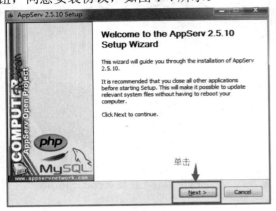

图1-3　Setup Wizard　　　　　　　　　　图1-4　接受协议

(4) 在【Choose Install Location】(选择安装路径)界面中，选择要安装程序的路径，然后单击【Next】按钮，如图1-5所示。

(5) 在【Select Components】(选择组件)界面中，选择所有的组件选项，然后单击【Next】按钮，如图1-6所示。

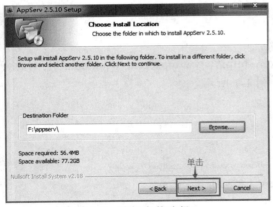 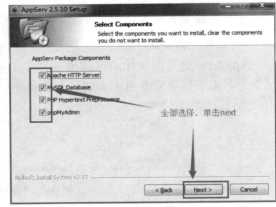

图1-5　选择安装路径　　　　　　　　　　图1-6　选择组件

(6) 在【Apache HTTP Server Information】(Apache服务器信息)界面中，配置Apache服务器，服务器名默认设置为localhost或127.0.0.1，默认端口为80，若该端口已被其他服务占用，则需修改【Apache HTTP Port】(Apache服务器端口)，如改为80。设置完毕后，单击【Next】按钮，如图1-7所示。

(7) 在【MySQL Server Configuration】(MySQL服务配置)界面中配置MySQL服务账户。MySQL服务数据库的默认管理账户为root，【Character Sets and Collations】(字符集)默认为UTF-8，可根据需要自行修改。一般来说，相关字符集英文通用UTF-8，中文常用GBK，建议选择UTF-8，并选中【Enable InnoDB】(支持InnoDB)选项，然后单击【Install】按钮进行安装，如图1-8所示。

实践 1　安装 PHP 开发环境

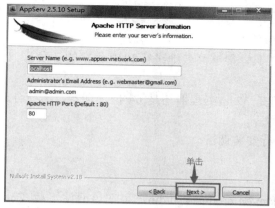
图 1-7　Apache 服务器信息

图 1-8　MySQL 服务配置

(8) 这时进入【Installing】安装界面，等待安装完成即可，如图 1-9 所示。

(9) 在最后出现的【Completing the AppServ 2.5.10 Setup Wizard】界面中，选择【Start Apache】(开机自动启动 Apache)和【Start MySQL】(开机自动启动 MySQL)选项，最后单击【Finish】按钮完成安装，如图 1-10 所示。

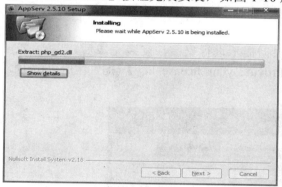
图 1-9　MySQL 安装界面

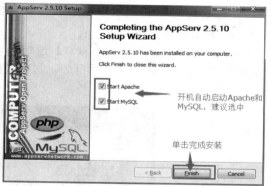
图 1-10　MySQL 安装完成

(10) 在浏览器中输入 http://localhost，测试 AppServ 是否安装配置成功，若出现如图 1-11 所示内容，则说明安装成功。

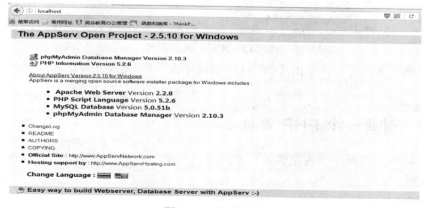
图 1-11　集成测试

· 183 ·

实践 1.2　安装 Zend Studio

Zend Studio 是一种类似 Eclipse 的开发工具，能够高效地进行 PHP 程序的开发。

【分析】

（1）安装 Zend Studio 时，要根据计算机是 32 位处理器还是 64 位处理器，选择合适的安装包。

（2）本实践使用 Zend Studio 12.5 版本进行安装调试。

【参考解决方案】

1. 获取 Zend Studio

Zend Studio 的官方网站是 www.zend.com/en/products/studio，可在该网站下载 Zend Studio 12.5.1 软件，如图 1-12 所示。

图 1-12　下载 Zend Studio

2. 安装 Zend Studio

启动安装向导，单击【Next】按钮，根据提示进行安装。安装完成后，启动 Zend Studio 主程序，在弹出的对话框中，选择【Provide your license key】(提供注册码)选项，输入注册码，如图 1-13 所示。

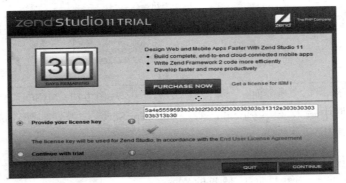

图 1-13　注册码输入界面

输入正确注册码之后，单击【CONTINUE】按钮即可完成安装，进入 Zend Studio 操作页面。

实践 1.3　创建一个 PHP 项目

开发环境与工具程序安装完成后，下面通过创建一个 PHP 项目，了解 Zend Studio 的基本使用方法。

【分析】

（1）一个 PHP 项目由多个文件组成，统一存放于一个文件夹中，该文件夹就是项目文件夹，也称项目根目录，本实践使用【File】/【New】/【Local PHP Project】命令来新建项目文件夹。

（2）熟悉使用 Zend Studio 开发工具创建项目、编写代码、调试及运行 PHP 程序的方法。

（3）本实践使用的集成环境为 AppServ 2.5.10，编程工具版本为 Zend Studio 12.5。

【参考解决方案】

1．创建项目

在 Zend Studio 中创建一个项目，并在项目中建立各种文件夹及文件。

（1）首先启动 Zend Studio 主程序，在窗口左侧工作区中单击鼠标右键，在弹出菜单中选择【New】/【Local PHP Project】命令，或者选择导航栏中的【File】/【New】/【Local PHP Project】命令，创建 PHP 项目，如图 1-14 所示。

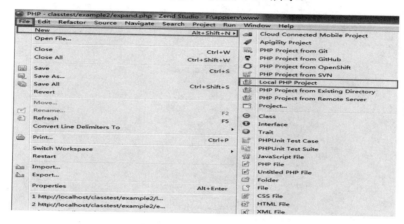

图 1-14　创建 PHP 项目

（2）在弹出的【New Local PHP Project】对话框中，设置【Project Name】(项目名称)为 ph01，单击【Finish】按钮，完成项目 ph01 的命名工作，如图 1-15 所示。

（3）创建完毕的项目 ph01 目录结构如图 1-16 所示，其中自动生成了一个 index.php 文件，可输入代码进行编程。

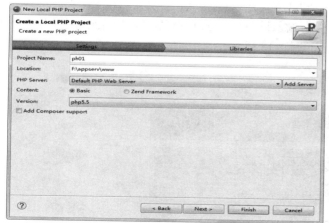

图 1-15　项目命名

图 1-16　ph01 目录结构

2. 测试程序运行

(1) 打开 index.php 文件，在其中输入如下代码：

```php
<?php
echo "hello,这是我的第一个程序<br/>";
echo "<br/>";
echo "<br/>";
phpinfo();
?>
```

(2) 输入完成后，在窗口右侧代码编辑区空白处单击鼠标右键，在弹出菜单中选择【Run As】/【PHP Web Application】(运行 PHP Web 应用程序)命令，运行程序，如图 1-17 所示。

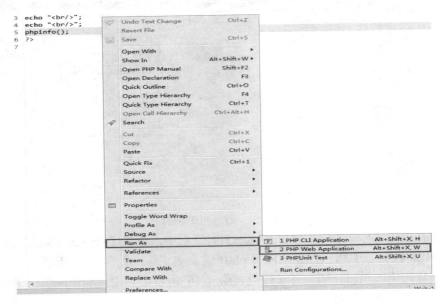

图 1-17 运行程序

(3) 也可以通过在浏览器地址栏中输入网址的方式运行程序，结果相同。比如，在 Zend Studio 内置浏览器上的运行结果如图 1-18 所示。

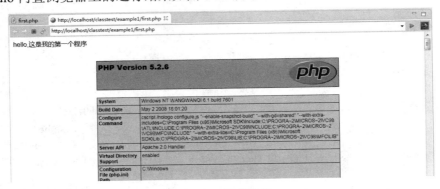

图 1-18 运行结果

实践 1　安装 PHP 开发环境

汉化 Zend Studio 软件

Zend Studio 默认语言是英语，不会英语的用户使用起来较为不便。为方便操作，可对 Zend Studio 进行汉化。

(1) 启动 Zend Studio 主程序，选择导航栏中的【Help】/【Insert New Software】命令，在弹出的【Install】对话框中，将【Work with】设置为 http://archive.eclipse.org/technology/babel/update-site/R0.9.1/helios/(注意地址最后一个斜杠前后不能有空格)，设置完成后，按回车键搜索语言包，此过程需要几分钟时间。

(2) 在显示的搜索结果中，选择【Babel Language Packs in Chinese(simplified)】(简体中文)一项，单击【Next】按钮，如图 1-19 所示。然后会出现一个进度条，执行完毕需要几分钟时间。

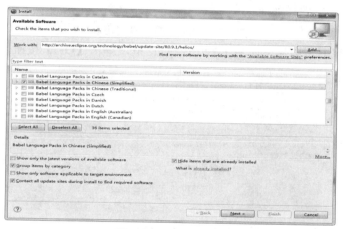

图 1-19　选择汉化包

(3) 进度条执行完毕之后，在接下来出现的【Install Details】对话框中，继续单击【Next】按钮，如图 1-20 所示。

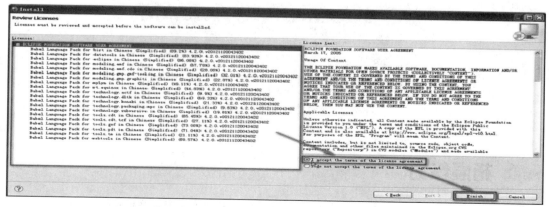

图 1-20　汉化包安装信息

• 187 •

(4) 在随后出现的【Review Licenses】(汉化包安装使用协议)界面中，选择第一个选项，同意安装协议，然后单击【Finish】按钮，开始安装，如图 1-21 所示。

图 1-21　汉化包安装使用协议

(5) 安装过程中，会弹出如图 1-22 所示对话框，单击【OK】按钮，继续安装。

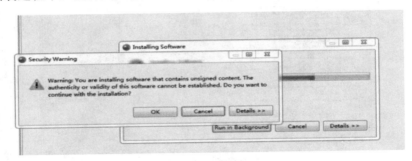

图 1-22　安装进程提示框

(6) 安装完成后，弹出如图 1-23 所示对话框，单击【Restart Now】按钮，重新启动 Zend Studio，完成汉化。

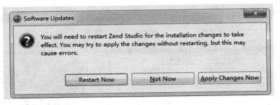

图 1-23　重启提示框

拓展练习

使用 Zend Studio，输出唐朝诗人李白的诗作《静夜思》。要求标题、作者各占一行，每句诗各占一行。

实践 2　PHP 基本语法

实践 2.1　用户登录功能

从本章开始，将逐步实现一个新闻发布系统前台的部分功能。新闻发布系统的基本功能模块如图 2-1 所示。

在本实践中，将通过设计新闻发布系统的必需功能模块——用户登录功能模块，帮助读者清晰地了解 PHP 的基本语法，进而学会使用 Zend Studio 开发 PHP 项目。

【分析】

(1) 本程序中，默认用户名为"张三"，密码为"123"，通过判断前台传递的用户名及密码是否与此默认值相符，来决定用户是否能登录成功。

(2) 本程序使用的集成环境为 Appser 2.5.10，开发工具版本为 Zend Studio 12.5。

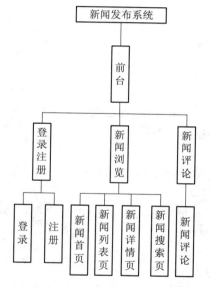

图 2-1　新闻发布系统前台功能模块图

【参考解决方案】

1. 创建 HTML 登录页面

(1) 在 Zend Studio 主菜单中，选择【File】/【New】/【Local PHP Project】命令，在弹出的对话框中，将【Project Name】设置为 ph02，然后单击【Finish】按钮，创建 PHP 项目 ph02。

(2) 在工作区中的 ph02 文件夹下的 index.php 图标上单击鼠标右键，在弹出菜单中选择【Refactor】/【Rename】命令，如图 2-2 所示。在弹出的对话框中，将【New Name】设置为 login.php，然后单击【Finish】按钮，完成重命名。

(3) 在工作区中的 ph02 文件夹上单击鼠标右键，在弹出菜单中选择【New】/【Html File】命令，在随后弹出的对话框中，将【File Name】设置为 login.html，然后单击【Finish】按钮，完成 HTML 登录页面的创建。创建完成的 ph02 目录结构如图 2-3 所示。

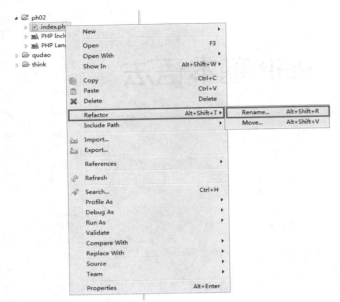

图 2-2　重命名 index.php　　　　　　　　图 2-3　ph02 目录结构

(4) 双击 ph02 文件夹下的 login.html 图标，打开 login.html 文件，输入如下代码：

```
<html>
<head>
<meta charset="UTF-8">
<title>登录</title>
<link href="./login.css"  rel="stylesheet" type="text/css" />
</head>
<body>
<div class="view-container ">
<div id="account_login" class="account-box-wrapper">
<div class="account-box">
<form   method="post" action="login.php">
<div class="account-form-title">
<label>账号登录</label>
</div>
<div class="account-input-area">
<input name="c_name" type="text" placeholder="用户名">
</div>
<div class="account-input-area">
<input type="password" name="c_password" placeholder="密码">
</div>
<input    class="account-button " type="submit" value="登录">
<div class="account-bottom-tip ">
```

```
<label>还没有账户?<a href="register.html">马上注册!</a></label>
        </div>
    </form>
    </div>
  </div>
 </div>
</body>
</html>
```

2. 创建 CSS 样式文件

(1) login.html 代码中引入了 login.css 样式,因此需要编写相应的 login.css 文件。在工作区中的 ph02 文件夹上单击鼠标右键,在弹出菜单中选择【New】/【CSS File】命令,在随后弹出的对话框中,将【File Name】设置为 login.css,然后单击【Finish】按钮,创建 .css 文件,打开该新建文件,输入如下代码:

```
*{font-family:"微软雅黑";}
body{ background:#f3f3f3;}
span{color:red;}
.view-container {padding-top: 64px;min-height: 600px;padding-bottom: 5rem;}
.account-box-wrapper {margin-top: 98px;margin-bottom: 98px}
.account-box {position: relative;left: 50%;background: #FFF;box-shadow: 0 2px 5px 0 rgba(0,0,0,.2);border-radius: 7px;padding-bottom: 30px;width: 482px;margin-left: -241px}
.account-form-title {padding: 20px 35px;border-bottom: solid1pxrgba(151,159,168,.2);margin-bottom: 35px}
.account-form-titlelabel {font-size: 21px;color: #414952}
.account-input-area {margin: 0 35px 30px}
.account-input-areainput {width: 412px;height: 56px;background: #edf1f5;border: 1px soli d#cad3de;border-radius: 5px;padding: 0 20px;font-size: 14px;color: #2D3238}
.account-input-areainput.short {width: 260px;float: left}
.account-input-area::-webkit-input-placeholder {color:#8796a8}
.account-input-area:-moz-placeholder {color:#8796a8}
.account-input-area::-moz-placeholder {color:#8796a8}
.account-input-area:-ms-input-placeholder {color:#8796a8}
.account-button,.account-input-area.account-send-code { box-shadow: 0 2px 2px 0 rgba(45,51,56,.2); color: #FFF;cursor: pointer}
.account-input-areainput[type=number]::-webkit-inner-spin-button,.account-input-areainput[type=number]::-webkit-outer-spin-button {-webkit-appearance:none;margin:0}
.account-input-areainput[type=number] {-moz-appearance: textfield}
.account-input-area.account-send-code
{width: 98px; height: 56px;border: none; border-radius: 5px;background: #414952;font-size: 14px;margin-left: 8px}
.account-input-area.captcha {width: 98px;margin-left: 8px;position: relative;top: 14px;cursor: pointer
```

PHP 程序设计及实践

```css
.account-button {margin: 28px   35px;   background: #4289db;border-radius: 5px;width: 412px;height: 49px;font-size: 18px;border: none}
#account_login.reset-password,.account-bottom-tip.top-tip
{margin-bottom: 7px}
.account-bottom-tip {text-align: center;font-size: 14px;color: #8796a8;line-height: 20px}
.account-bottom-tipa {color: #4289db;text-decoration:none;}
#account_login.check-box {margin-top: 30px;margin-left: 35px;position: relative}
```

(2) 完成 HTML 页面和 CSS 样式的编写后，在代码编辑区空白处单击鼠标右键，在弹出菜单中选择【Run As】/【PHP Web Application】命令(或者在浏览器地址栏中输入正确的 URL 网址，例如 http://localhost/ph02/login.html)，访问新建页面。至此，前端页面的框架搭建工作完成。

3. 创建 login.php 文件

在工作区中的 ph02 文件夹上单击鼠标右键，在弹出菜单中选择【New】/【PHP File】命令，在随后弹出的对话框中，将【File Name】设置为 login.php，然后单击【Finish】按钮，创建.php 文件，打开该新建文件，输入如下代码：

```php
<?php
echo    "<meta charset='UTF-8'>";
$c_name=$_POST['c_name'];
$c_password=$_POST['c_password'];
/*用户名非空校验*/
if(empty($c_name)){
echo "<script language=javascript>alert ('用户名不能为空。');</script>";
echo    "<script language=javascript>window.location.href='login.html'</script>";
}
/*密码非空校验*/
elseif(empty($c_password)){
echo "<script language=javascript>alert ('密码不能为空。');</script>";
echo    "<script language=javascript>window.location.href='login.html'</script>";
}
/*校验用户名密码是否正确*/
elseif($c_name!='张三' || $c_password!='123'){
echo "<script language=javascript>alert ('用户名或密码错误。');</script>";
echo    "<script language=javascript>window.location.href='login.html'</script>";
}
/*用户名密码正确*/
else{
echo "<script language=javascript>alert ('登录成功。');</script>";
}
?>
```

4．测试程序运行

至此，登录功能编写完成，接下来，在代码编辑区空白处单击鼠标右键，在弹出菜单中选择【Run As】/【PHP Web Application】命令，在随后弹出的 login.html 页面中填写相关信息，然后单击【登录】按钮提交，测试程序。login.html 页面效果如图 2-4 所示。

图 2-4 用户登录页面效果图

实践 2.2 用户注册功能

在本实践中，将实现新闻发布系统的必需功能模块——用户注册功能，完善新闻发布系统的整体结构。

【分析】

(1) 在 register.html 页面中输入的信息，需要提交到 regishter.php 文件中进行处理：
- "用户名"、"密码"和"邮箱"有一项为空时，提示"用户名、密码和邮箱不能为空"，返回注册页面。
- "用户名""密码""邮箱"同时不为空时，提示"注册成功"并跳转登录页面。

(2) 本程序使用的集成环境为 Appser 2.5.10，开发工具版本为 Zend Studio 12.5。

【参考解决方案】

1．创建 HTML 注册页面

在工作区中的 ph02 文件夹上单击鼠标右键，在弹出菜单中选择【New】/【HTML File】命令，在随后弹出的对话框中，将【File Name】设置为 register.html，然后单击【Finish】按钮，创建 .html 页面文件，打开该新建文件，输入如下代码：

```
<html>
<head>
<meta charset="UTF-8">
<title>登录</title>
<link href="./login.css"  rel="stylesheet" type="text/css" />
</head>
<body>
<div class="view-container ">
<div id="account_register_phone" class="account-box-wrapper">
```

```
<div class="account-box">
<div class="">
<div class="account-form-title">
<label>账号注册</label>
</div>
<form   method="post" action="register.php">
<div class="account-input-area">
    <input id="c_name" name="c_name" type="text" placeholder="用户名">
    <span id="nameMessage"></span>
</div>
<div class="account-input-area">
    <input id="c_password" name="c_password" type="password" placeholder="密码">
    <span id="passMessage"></span>
</div>
<div class="account-input-area">
    <input id="c_email" name="c_email" type="text" placeholder="邮箱">
    <span id="nameMessage"></span>
</div>
<input type="submit" class="account-button"  value="注册" >
</form>
    <div class="account-bottom-tip top-tip">
<label></label>
</div>
<div class="account-bottom-tip">
    <label>已注册过账号？<a href="login.html">点击登录！</a></label>
</div>
</div>
</div>
</div>
</div>
</body>
</html>
```

完成页面文件编写后，在代码编辑区空白处单击鼠标右键，在弹出菜单中选择【Run As】/【PHP Web Application】命令(或者在浏览器中输入 URL 网址，如 http://localhost/ph02/register.html)，访问编写完成的 HTML 页面。

2. 创建 register.php 文件

在工作区中的 ph02 文件夹上单击鼠标右键，在弹出菜单中选择【New】/【PHP File】命令，在随后弹出的对话框中，将【File Name】设置为 register.php，然后单击【Finish】按钮，创建.php 文件，打开该新建文件，输入如下代码：

```
<?php
```

```
echo    "<meta charset='UTF-8'>";
    $c_name=$_POST['c_name'];
    $c_password=$_POST['c_password'];
    $c_email=$_POST['c_email'];
if(!empty($c_name)&&!empty($c_password)&&!empty($c_email)){
echo "<script language=javascript>alert ('注册成功');</script>";
echo    "<script language=javascript>
            window.location.href='login.html'</script>";
}else{
echo    "<script language=javascript>
            alert ('用户名，密码,邮箱不能为空。');</script>";
echo    "<script language=javascript>
            window.location.href='register.html'</script>";
    }
?>
```

3．测试程序运行

至此，登录功能编写完成。接下来，在代码编辑区空白处单击鼠标右键，在弹出菜单中选择【Run As】/【PHP Web Application】命令，在随后弹出的 register.html 页面中填写相关信息，然后单击【注册】按钮提交，测试程序。register.html 页面效果如图2-5 所示。

图2-5 注册页面效果图

三元运算符的使用

在前面的示例程序中，判断用户名及密码正确与否使用的是多向条件分支判断方法，但更快捷的方法是三元运算。使用巢状条件分支配合三元运算符能有效地简化程序语句，基本步骤如下：

（1）在 login.html 文件中，修改 form 表单的 action 值，其余不变，代码如下：

```
<form  method="post" action="expand.php">
```

（2）在工作区中的 ph02 文件夹上单击鼠标右键，在弹出菜单中选择【New】/【PHP File】命令，在随后弹出的对话框中，将【File Name】设置为 expand.php，然后单击【Finish】按钮，创建.php 文件，打开该新建文件，输入如下代码：

```
<?php
    echo "<meta charset='UTF-8'>";
   $c_name=$_POST['c_name'];
   $c_password=$_POST['c_password'];
if(!empty($c_name)&&!empty($c_password)){
       $message=($c_name!='张三' || $c_password!='123')?"用户名或密码错误":"登录成功";
echo   $message;
}else{
       $message="用户名，密码不能为空";
echo   $message;
    }
?>
```

（3）至此，修改 PHP 文件判断条件的工作完成。接下来，在编辑区空白处单击鼠标右键，在弹出菜单中选择【Run As】/【PHP Web Application】命令，在随后弹出的 register.html 页面中填写相关信息，然后单击【注册】按钮提交，即可测试程序。

拓展练习

参照实践拓展中的例子，使用三元运算符重写 register.php 文件。

实践 3　字符串和数组

实践 3.1　设计新闻前台首页

登录新闻网站，显示的第一个页面即为新闻前台首页。本实践将分步完成新闻前台首页的页面布局设计、功能实现以及相关 CSS 文件的编写工作。

【分析】

(1) 新闻前台首页的页面分为三大部分：头部、主体部分与尾部。
- 头部：包括网站 logo、分类导航栏、登录注册按钮与搜索框四部分。
- 主体部分：显示新闻分类以及热门新闻的页面。
- 尾部：包括友情链接、版权等信息。
- 点击分类导航栏中的信息，可以跳转到新闻分类列表。
- 点击首页显示的新闻，可以跳转到新闻内容页。

(2) 网站导航栏、友情链接、新闻信息中的信息需要提前在 PHP 程序中声明数值，展示时遍历数组，获取数组中的数据并逐条显示出来。

(3) 本程序使用的集成环境为 Appserv 2.5.10，开发工具版本为 Zend Studio 12.5。

【参考解决方案】

1. 创建 index.php 文件

启动 Zend Studio 主程序，在工作区中单击鼠标右键，在弹出菜单中选择【New】/【Local PHP Projcet】命令，在随后弹出的对话框中，将【Project Name】设置为 ph03，然后单击【Finish】按钮，创建 PHP 项目 ph03。

在新建的 ph03 文件夹上单击鼠标右键，在弹出菜单中选择【New】/【PHP File】命令，在随后弹出的对话框中，将【File Name】设置为 index.php，然后单击【Finish】按钮，创建 .php 文件，打开该新建文件，输入如下代码：

```
<html>
<head>
<meta http-equiv=Content-Type content="text/html; charset=utf-8">
<title>新闻网站</title>
<link href="./main.css" rel="stylesheet" type="text/css" />
</head>
```

```php
<!--应用数组开始 -->
<?php
  $menu=array(
array('id'=>1,'name'=>'时政新闻'),
array('id'=>2,'name'=>'国际新闻'),
array('id'=>3,'name'=>'体育新闻'),
array('id'=>4,'name'=>'娱乐新闻')
  );
  $news=array(
array('id'=>1,'type'=>1,'title'=>'时政-测试新闻 1','time'=>'2016-4-14'),
array('id'=>2,'type'=>1,'title'=>'时政-测试新闻 2','time'=>'2016-4-14'),
array('id'=>3,'type'=>1,'title'=>'时政-测试新闻 3','time'=>'2016-4-13'),
array('id'=>4,'type'=>1,'title'=>'时政-测试新闻 4','time'=>'2016-4-13'),
array('id'=>5,'type'=>1,'title'=>'时政-测试新闻 5','time'=>'2016-4-12'),
array('id'=>6,'type'=>2,'title'=>'国际-测试新闻 1','time'=>'2016-4-14'),
array('id'=>7,'type'=>2,'title'=>'国际-测试新闻 2','time'=>'2016-4-13'),
array('id'=>8,'type'=>2,'title'=>'国际-测试新闻 3','time'=>'2016-4-13'),
array('id'=>9,'type'=>2,'title'=>'国际-测试新闻 4','time'=>'2016-4-11'),
array('id'=>10,'type'=>2,'title'=>'国际-测试新闻 5','time'=>'2016-4-11'),
array('id'=>11,'type'=>3,'title'=>'体育-测试新闻 1','time'=>'2016-4-13'),
array('id'=>12,'type'=>3,'title'=>'体育-测试新闻 2','time'=>'2016-4-12'),
array('id'=>13,'type'=>3,'title'=>'体育-测试新闻 3','time'=>'2016-4-11'),
array('id'=>14,'type'=>3,'title'=>'体育-测试新闻 4','time'=>'2016-4-11'),
array('id'=>15,'type'=>3,'title'=>'体育-测试新闻 5','time'=>'2016-4-11'),
array('id'=>16,'type'=>4,'title'=>'娱乐-测试新闻 1','time'=>'2016-4-13'),
array('id'=>17,'type'=>4,'title'=>'娱乐-测试新闻 2','time'=>'2016-4-13'),
array('id'=>18,'type'=>4,'title'=>'娱乐-测试新闻 3','time'=>'2016-4-12'),
array('id'=>19,'type'=>4,'title'=>'娱乐-测试新闻 4','time'=>'2016-4-11'),
array('id'=>20,'type'=>4,'title'=>'娱乐-测试新闻 5','time'=>'2016-4-11')
  );
  $link=array(
array('link'=>'http://www.121ugrow.com/','name'=>'英谷教育'),
array('link'=>'http://www.baidu.com/','name'=>'百度'),
array('link'=>'http://www.taobao.com/','name'=>'淘宝'),
array('link'=>'http://www.sina.com/','name'=>'新浪')
  );
?>
<!--应用数组结束 -->
<body>
<div class="contain">
<!-- header 开始 -->
```

```php
<div class="logo"><a href="index.php"></a></div>
<div class="menu">
<ul>
<?php
        foreach($menu as $key => $list){
            echo   "<li><span>|  <span><a href='list.php?id=".$list['id']."'>".$list['name']."</a></li>";
        }
?>
    </ul>
    <ul id="login">
       <li><a href="register.html" target="_self">注册</a></li>
       <li><a href="login.html" target="_self">登录</a></li>
    </ul>
</div>
<div class="line1"></div>
<div class="main">
  <div class="select">
    <form action="#" method="post">
         <div class="select_left">
          <strong>搜索:</strong>
              <input name="keyword" placeholder="请输入关键字"/>
         </div>
         <div class="select_right">
              <input name="Submit" type="Submit"   value="立即搜索"  />
         </div>
    </form>
  </div>
  <div style="clear: both;"></div>
<!-- header 结束 -->
<!--页面主要内容开始 -->
    <div class="main_list">
     <div class="main_list_left">
        <div class="main_type_title">
           <span>时政新闻</span>
              <em><a href="list.php?id=1">更多>></a></em>
        </div>
     <div class="main_news_title">
            <ul>
<?php
```

```php
foreach($news as $key=>$list){
    if($list['type']==1){
?>
                <li><a href="details.php?n_id=<?php echo $list['id']; ?>">
                        <?php echo $list['title']; ?>
                    </a>
                    <span><font color=#297ad6>
                            <?php echo $list['time']; ?></font>
                    </span>
                </li>
<?php
    }
  }
?>
</ul>
            </div>
            </div>
            <div class="main_list_right">
            <div class="main_type_title">
<span style="float:left;">国际新闻</span>
                    <em><a href="list.php?id=2">更多>></a></em>
                </div>
                <div class="main_news_title">
                    <ul>
<?php
    foreach($news as $key=>$list){
if($list['type']==2){
?>
                <li><a href="details.php?n_id=<?php echo $list['id']; ?>">
                        <?php echo $list['title']; ?>
                    </a>
                    <span><font color=#297ad6>
                            <?php echo $list['time']; ?></font>
                    </span>
                </li>
<?php
    }
  }
?>
                    </ul>
                </div>
```

```
            </div>
        </div>
                <div class="main_list">
            <div class="main_list_left">
                <div class="main_type_title">
                    <span>体育新闻</span>
                    <em><a href="list.php?id=3">更多>></a></em>
                </div>
                <div class="main_news_title">
                    <ul>
<?php
    foreach($news as $key=>$list){
        if($list['type']==3){
?>
                        <li><a href="details.php?n_id=<?php echo $list['id']; ?>">
                            <?php echo $list['title']; ?>
                        </a>
                        <span><font color=#297ad6>
                            <?php echo $list['time']; ?></font>
                        </span>
                        </li>
<?php
        }
    }
?>
                    </ul>
                </div>
            </div>
            <div class="main_list_right">
                <div class="main_type_title">
                    <span style="float:left;">娱乐新闻</span>
                    <em><a href="list.php?id=4">更多>></a></em>
                </div>
                <div class="main_news_title">
                    <ul>
<?php
    foreach($news as $key=>$list){
        if($list['type']==4){
?>
                        <li><a href="details.php?n_id=<?php echo $list['id']; ?>">
                            <?php echo $list['title']; ?>
```

```
                        </a>
                <span><font color=#297ad6>
                        <?php   echo   $list['time']; ?></font>
                        </span>
                </li>
<?php
        }
    }
?>
                </ul>
                </div>
        </div>
        </div>
<!--页面主要内容结束 -->
<!-- footer 开始 -->
            <div class="footer">
            <?php
              $i = 0;
              $num=count($link);
            foreach($link as $key=>$list){
                    $i++;
            if($num==$i){
            echo   "<a href='". $list['link'] ."'>";
            echo   $list['name']."</a>";
            }else{
            echo   "<a href='". $list['link'] ."'>";
            echo   $list['name']."</a>";
            echo   '|';
                }
        }
?>
            </div>
<!-- footer 结束 -->
        </div>
</div>
</body>
</html>
```

上述代码将新闻分类与新闻内容的数据分别放入两个数组当中，并使用 foreach 循环方法进行遍历来展示数据，程序中部分 a 标签的 href 属性暂不填写，引入的 CSS 样式将在后面讲解。

2. 创建CSS样式文件

在工作区中的 ph03 文件夹上单击鼠标右键，在弹出菜单中选择【New】/【CSS File】命令，在随后弹出的对话框中，将【File Name】设置为 main.css，然后单击【Finish】按钮，创建.css 文件，打开该新建文件，输入如下代码：

```
body {font-size: 12px;margin: 10px 0;background: #f3f3f3; font-weight: normal;font-family: '微软雅黑',Verdana,Arial,Helvetica,sans-serif;color: #333; padding: 0;margin: 0;}
form, p, h1, h2, h3, ul, li
{margin: 0;padding: 0;font-size: 12px;font-weight: normal;}
ul {list-style: none;}
li {color: #183778;}
a:link, a:visited, a:hover, a:active
{color: #1f3a87;text-decoration: none;}
a:hover {text-decoration: underline;}
.contain {margin: 0 auto;width: 960px;}
.logo {font-size: 1px;background: url(./images/logo.png)no-repeat; float: left; width: 130px;height: 35px;
      margin-left: 20px;margin-top: 30px;}
.logo a {display: block;width: 130px;color: #fff;height: 35px; text-decoration: none;}
.menu {height: 90px;  background-color: #fff;border: 1px#dddsolid;}
.menuul {width: 500px;color: #333;height: 30px;margin: 35px 0 0 50px;float: left;overflow: hidden;}
.menu li {float: left;margin-left: 9px;list-style-type: none;font-size: 12px;}
.menuulli:first-child {margin-left: -10px;}
.menu li span {color: #ccc;font-size: 10px;}
.menu li a {color: #333;line-height: 30px;text-decoration: none;font-size: 16px;}
#login {float: right;width: 105px;margin-left: 0;height: 32px;background: url(./images/login.png)no-repeat;padding: 0 15px;}
#login li {float: left;margin-right: 0;margin-left: 8px;margin-top: 1px;list-style-type: none;}
#login li a {color: #fff;font-size: 14px;}
.main {width: 960px;margin: 0 auto;}
.main a:link, .main a:visited, .main a:hover
{color: #333;text-decoration: none;}
.main a:hover {text-decoration: underline;}
.select {width: 958px;height: 58px;overflow: hidden;  float: left;background: #fff;  border: 1px solid #ddd;}
.select_left {height: 36px;width: 750px;background: rl(./images/search.png)no-repeat 5px 5px;padding-left: 32px;line-height: 36px;float: left;margin-top: 12px; margin-left: 10px;}
.select_left strong {font-size: 14px;}
.select_left input {border: 1px solid #297ad6; width: 700px;height: 24px;font-size: 12px;padding-left: 5px;}
.select_right {width: 108px;height: 36px;float: right;padding-right: 10px;margin-top: 6px;margin-right: 40px;}
.select_right input {width: 72px;height: 24px;font-size: 14px;background: #297ad6;margin-top: 12px;color: #fff;border: none;font-size: 12px;}
.currect_position {float: left;width: 938px;line-height: 35px;background:#fff;border:1px solid #ddd;padding-left:20px;}
```

```css
.main_list {width: 960px;height: auto;overflow: hidden;margin-top: 5px}
.main_list_left {width: 475px;border: 1px  solid  #ddd;background: #fff;margin-top: 8px;float: left;}
.main_list_right {margin-left: 6px;width: 475px;border: 1px  solid  #ddd;background: #fff;margin-top: 8px;float: left;}
. main_type_title{height: 30px;}
. main_type_title    span {float: left; border: 1px solid #fff;line-height: 30px;font-size: 14px;font-weight: bold;color: #297ad6;padding-left: 8px;}
. main_type_title   em {float: right;border: 1px  solid  #fff;line-height: 30px;font-size: 12px;font-weight: bold;color: #297ad6;padding-left: 8px;float: right;font-style: normal;width: 50px;font-weight: normal;}
. main_news_title{width: 470px;height: auto;overflow: hidden;}
. main_news_title   ul {width: 455px;float: left;line-height: 25px;margin-left: 10px;}
. main_news_title   ul li a {width: 370px;float: left;overflow: hidden;text-overflow: ellipsis;white-space: nowrap;}
. main_news_titleli span {float: right;}
.line1 {border: 3pxsolid#297ad6;}
.footer {width: 960px;margin: 0auto;border: 1px  solid  #ddd;background: #fff; padding: 10px0;margin-top: 12px;color: #999;text-align: center;line-height: 200%;margin-bottom: 20px;}
.footer a:link, .footer a:visited, .footer a:hover
{color: #297ad6;text-decoration: none;}
.footer a:hover {text-decoration: underline;}
```

3．创建 images 文件夹

在工作区中的 ph03 文件夹上单击鼠标右键，在弹出菜单中选择【New】/【Folder】命令，在随后弹出的对话框中，将【Folder Name】设置为 images，然后单击【Finish】按钮，创建 images 文件夹，将 CSS 文件中用到的图片放入该文件夹下即可。

4．测试程序运行

至此，新闻前台首页设计完成。在代码编辑区空白处单击鼠标右键，在弹出菜单中选择【Run As】/【PHP Web Application】命令，预览并测试显示的页面，效果如图 3-1 所示。

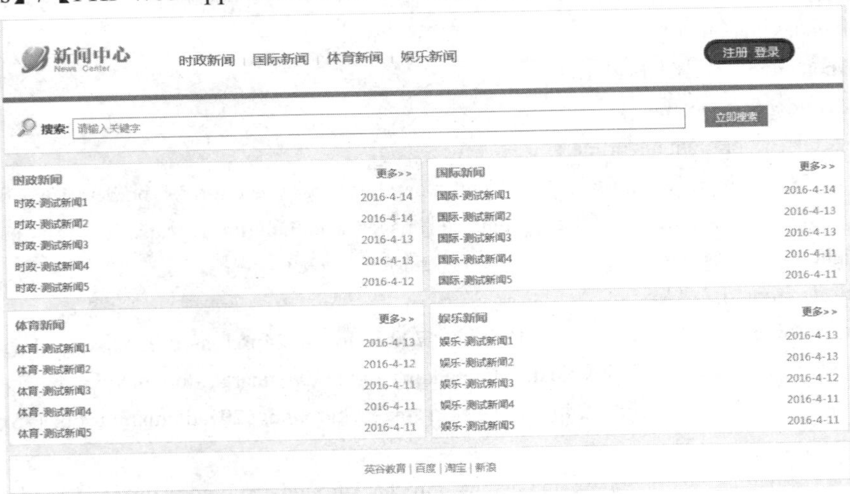

图 3-1　新闻发布系统前台首页效果图

实践 3.2 设计新闻列表页

点击新闻首页上方的分类导航栏,进入的页面即为列表页,本实践将完成对新闻列表页的页面布局及 CSS 样式的设计。

【分析】

(1) 新闻列表页的页面分为三大部分:头部、主体部分与尾部。
- 头部:包括网站 logo、分类导航栏、登录注册按钮与搜索框四部分。
- 主体部分:显示该分类下所有新闻的页面。
- 尾部:包括友情链接、版权等信息。
- 点击分类导航栏中的信息,可以跳转到新闻分类列表。
- 点击列表页显示的新闻,可以跳转到新闻内容页。

(2) 分类新闻页与新闻信息页的信息,需要提前在 PHP 程序中声明数值,展示时遍历数组,获取数组中的数据并逐条显示出来。

(3) 本实践使用的集成环境为 Appserv 2.5.10,开发工具版本为 Zend Studio 12.5。

【参考解决方案】

1. 创建 list.php 文件

在工作区中的 ph03 文件夹上单击鼠标右键,在弹出菜单中选择【New】/【PHP File】命令,在随后弹出的对话框中,将【File Name】设置为 list.php,然后单击【Finish】按钮,创建.php 文件,打开该新建文件,输入如下代码:

```
<html>
<head>
<meta http-equiv=Content-Type content="text/html; charset=utf-8">
<title>新闻网站</title>
<link href="./main.css"rel="    stylesheet" type="text/css" />
</head>
<!-- 应用数组开始 -->
<?php
  $menu=array(
array('id'=>1,'name'=>'时政新闻'),
array('id'=>2,'name'=>'国际新闻'),
array('id'=>3,'name'=>'体育新闻'),
array('id'=>4,'name'=>'娱乐新闻')
  );
  $news=array(
      array('id'=>1,'type'=>1,'title'=>'时政-测试新闻1','time'=>'2016-4-14',
            'nums'=>'5','message'=>'时政-测试新闻的新闻内容'),
      array('id'=>2,'type'=>1,'title'=>'时政-测试新闻2','time'=>'2016-4-14',
            'nums'=>'2','message'=>'时政-测试新闻的新闻内容'),
      array('id'=>3,'type'=>1,'title'=>'时政-测试新闻3','time'=>'2016-4-13',
```

```
           'nums'=>'6','message'=>'时政-测试新闻的新闻内容'),
    array('id'=>4,'type'=>1,'title'=>'时政-测试新闻4','time'=>'2016-4-13',
           'nums'=>'7','message'=>'时政-测试新闻的新闻内容'),
    array('id'=>5,'type'=>1,'title'=>'时政-测试新闻5','time'=>'2016-4-12',
           'nums'=>'1','message'=>'时政-测试新闻的新闻内容'),
    array('id'=>6,'type'=>2,'title'=>'国际-测试新闻1','time'=>'2016-4-14',
           'nums'=>'1','message'=>'国际-测试新闻的新闻内容'),
    array('id'=>7,'type'=>2,'title'=>'国际-测试新闻2','time'=>'2016-4-13',
           'nums'=>'4','message'=>'国际-测试新闻的新闻内容'),
    array('id'=>8,'type'=>2,'title'=>'国际-测试新闻3','time'=>'2016-4-13',
           'nums'=>'3','message'=>'国际-测试新闻的新闻内容'),
    array('id'=>9,'type'=>2,'title'=>'国际-测试新闻4','time'=>'2016-4-11',
           'nums'=>'2','message'=>'国际-测试新闻的新闻内容'),
    array('id'=>10,'type'=>2,'title'=>'国际-测试新闻5','time'=>'2016-4-11',
           'nums'=>'5','message'=>'国际-测试新闻的新闻内容'),
    array('id'=>11,'type'=>3,'title'=>'体育-测试新闻1','time'=>'2016-4-13',
           'nums'=>'5','message'=>'体育-测试新闻的新闻内容'),
    array('id'=>12,'type'=>3,'title'=>'体育-测试新闻2','time'=>'2016-4-12',
           'nums'=>'5','message'=>'体育-测试新闻的新闻内容'),
    array('id'=>13,'type'=>3,'title'=>'体育-测试新闻3','time'=>'2016-4-11',
           'nums'=>'5','message'=>'体育-测试新闻的新闻内容'),
    array('id'=>14,'type'=>3,'title'=>'体育-测试新闻4','time'=>'2016-4-11',
           'nums'=>'5','message'=>'体育-测试新闻的新闻内容'),
    array('id'=>15,'type'=>3,'title'=>'体育-测试新闻5','time'=>'2016-4-11',
           'nums'=>'5','message'=>'体育-测试新闻的新闻内容'),
    array('id'=>16,'type'=>4,'title'=>'娱乐-测试新闻1','time'=>'2016-4-13',
           'nums'=>'5','message'=>'娱乐-测试新闻的新闻内容'),
    array('id'=>17,'type'=>4,'title'=>'娱乐-测试新闻2','time'=>'2016-4-13',
           'nums'=>'5','message'=>'娱乐-测试新闻的新闻内容'),
    array('id'=>18,'type'=>4,'title'=>'娱乐-测试新闻3','time'=>'2016-4-12',
           'nums'=>'5','message'=>'娱乐-测试新闻的新闻内容'),
    array('id'=>19,'type'=>4,'title'=>'娱乐-测试新闻4','time'=>'2016-4-11',
           'nums'=>'5','message'=>'娱乐-测试新闻的新闻内容'),
    array('id'=>20,'type'=>4,'title'=>'娱乐-测试新闻5','time'=>'2016-4-11',
           'nums'=>'5','message'=>'娱乐-测试新闻的新闻内容')
    );
  $link=array(
array('link'=>'http://www.121ugrow.com/','name'=>'英谷教育'),
array('link'=>'http://www.baidu.com/','name'=>'百度'),
array('link'=>'http://www.taobao.com/','name'=>'淘宝'),
array('link'=>'http://www.sina.com/','name'=>'新浪')
    );
```

```php
?>
<!-- 应用数组结束 -->
<body>
<div class="contain">
<!-- header开始 -->
<div class="logo"><a href="index.php"></a></div>
<div class="menu">
<ul>
<?php
    $t_id=$_GET['id'];
    foreach($menu as $key => $list){
    if($t_id==$list['id']){
        $typename=$list['name'];
     }
        echo    "<li><span>|  <span><a href='list.php?id=".$list['id']."'>".$list['name']."</a></li>";
    }
?>
    </ul>
    <ul id="login">
    <li><a href="register.html" target="_self">注册</a></li>
    <li><a href="login.html" target="_self">登录</a></li>
    </ul>
</div>
<div class="line1"></div>
    <div class="main">
    <div class="select">
    <form action="#" method="post">
        <div class="select_left">
        <strong>搜索:</strong>
            <input name="keyword" placeholder="请输入关键字"/>
        </div>
        <div class="select_right">
            <input name="Submit" type="Submit"  value="立即搜索"  />
        </div>
        </form>
    </div>
    <div class="currect_position">
        当前位置：<a href="index.php">新闻网站</a> > 
        <?php  echo  $typename;?>
    </div>
```

```
                <div style="clear: both;"></div>
<!-- header结束 -->
<!-- 页面主要内容开始 -->
                <div class="details">
<?php
        foreach($news as $key=>$list){
        if($t_id==$list['type']){
?>
                <table>
                    <tr>
                    <td>
                    <a href='details.php?n_id=<?php echo $list['id']; ?>'>
                            <?php echo $list['title']; ?>
                        </a>
                    </td>
                </tr>
                        <tr>
                        <td>
                        <font color='#8F8C89'>
                            日期：<?php echo $list['date']; ?>
                            点击：<?php echo $list['nums']; ?>
                        </font>
                        </td>
                        </tr>
                        <tr>
                        <td><?php echo $list['message']; ?></td>
                        </tr>
                </table>
                <div class='line2'></div>
<?php
        }
    }
?>
                </div>
            </div>
<!-- 页面主要内容结束 -->
<!-- footer 开始 -->
            <div class="footer">
                <?php
                    $i = 0;
                    $num=count($link);
                    foreach($link as $key=>$list){
```

```
                    $i++;
            if($num==$i){
            echo    "<a href='". $list['link'] ."'>";
            echo    $list['name']."</a>";
            }else{
            echo    "<a href='". $list['link'] ."'>";
            echo    $list['name']."</a>";
            echo    ' | ';
                }
        }
?>
        </div>
<!-- footer 结束 -->
</div>
</body>
</html>
```

2. 修改 CSS 文件

list.php 文件编写完成后，在 ph03 文件夹下的 main.css 文件中添加如下代码：

.details {padding: 0 18px;word-break: break-all;word-wrap: break-word;border:1px solid #ddd; width: 922px; background: #fff;margin: 5px auto;}
.details p {margin: 5px 12px;}
.details table{font-size:12px;}
.details tablea:link{color:#297ad6;font-weight:bold;font-size:14px;}
.line2 {border-bottom: 1px dashed;width: 920px; border-color: #C0C0C0}

3. 测试程序运行

至此，新闻列表页设计完成。在代码编辑区空白处单击鼠标右键，在弹出菜单中选择【Run As】/【PHP Web Application】命令，预览并测试显示的页面，效果如图 3-2 所示。

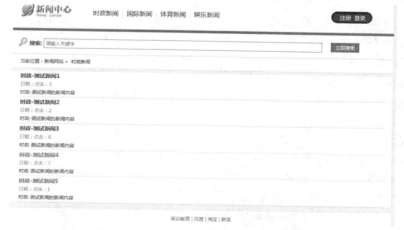

图 3-2　新闻发布系统前台列表页效果图

实践 3.3 设计新闻详情页

点击新闻标题进入的页面即为新闻详情页,本实践将完成对新闻详情页的页面布局及 CSS 样式的设计。

【分析】

(1) 新闻详情页的页面分为三大部分:头部、主体部分与尾部。
- 头部:包括网站 logo、分类导航栏与登录注册按钮三部分。
- 主体:显示该新闻详细内容的页面。
- 尾部:包括友情链接、版权等信息。
- 点击分类导航栏中的信息,可以跳转到新闻分类列表。

(2) 分类新闻页与新闻信息页的信息,需要提前在 PHP 程序中声明数值,展示时调用数组,将信息显示出来。

(3) 本程序使用的集成环境为 Appserv 2.5.10,开发工具版本为 Zend Studio 12.5。

【参考解决方案】

1. 创建 details.php 文件

在工作区中的 ph03 文件夹上单击鼠标右键,在弹出菜单中选择【New】/【PHP File】命令,在随后弹出的对话框中,将【File Name】设置为 details.php,然后单击【Finish】按钮,创建.php 文件,打开该新建文件,输入如下代码:

```
<html>
<head>
<meta http-equiv=Content-Type content="text/html; charset=utf-8">
<title>新闻网站</title>
<link href="./main.css"   rel="stylesheet" type="text/css" />
</head>
<!-- 应用数组开始 -->
<?php
  $menu=array(
array('id'=>1,'name'=>'时政新闻'),
array('id'=>2,'name'=>'国际新闻'),
array('id'=>3,'name'=>'体育新闻'),
array('id'=>4,'name'=>'娱乐新闻')
  );
  $news=array(
        array('id'=>1,'type'=>1,'author'=>'admin','nums'=>'5',
              'addtime'=>'2016-4-14','title'=>'时政-测试新闻1',
'message'=>'这是测试新闻的内容<br>这是测试新闻的内容<br>
              这是测试新闻的内容<br>这是测试新闻的内容<br>
              这是测试新闻的内容<br>这是测试新闻的内容<br>
```

```
            这是测试新闻的内容<br>这是测试新闻的内容<br>
                            这是测试新闻的内容<br>这是测试新闻的内容<br>
                            这是测试新闻的内容<br>这是测试新闻的内容<br>'
        ),
        array('id'=>2,'type'=>1,'author'=>'tom','$nums'=>'2',
                'addtime'=>'2016-4-14','title'=>'时政-测试新闻2',
'message'=>'这是测试新闻2的内容<br>这是测试新闻2的内容<br>
                            这是测试新闻2的内容<br>这是测试新闻2的内容<br>
                            这是测试新闻2的内容<br>这是测试新闻2的内容<br>
                            这是测试新闻2的内容<br>这是测试新闻2的内容<br>
                            这是测试新闻2的内容<br>这是测试新闻2的内容<br>
                            这是测试新闻2的内容<br>这是测试新闻2的内容<br>'
        )
    );
    $link=array(
array('link'=>'http://www.121ugrow.com/','name'=>'英谷教育'),
array('link'=>'http://www.baidu.com/','name'=>'百度'),
array('link'=>'http://www.taobao.com/','name'=>'淘宝'),
array('link'=>'http://www.sina.com/','name'=>'新浪')
    );
?>
<!-- 应用数组结束 -->
<body>
<div class="contain">
<!-- header开始 -->
<div class="logo"><a href="index.php"></a></div>
<div class="menu">
<ul>
<?php
    foreach($menu as $key => $list){
    echo    "<li><span>|  <span>
<a href='list.php?id=".$list['id']."'>"
.$list['name']."</a></li>";
    }
?>
    </ul>
<ul id="login">
    <li><a href="register.html" target="_self">注册</a></li>
    <li><a href="login.html" target="_self">登录</a></li>
    </ul>
```

```
        </div>
<div class="line1"></div>
<div class="main">
<div class="currect_position">
        当前位置：<a href="index.php">新闻网站</a> > 
<?php
        $id=$_GET['n_id'];
foreach($news as $key=>$value){
if($id==$value['id']){
            $type      = $value['type'];
            $author    = $value['author'];
            $nums      = $value['nums'];
            $addtime   = $value['addtime'];
            $message   = $value['message'];
foreach($menu as $k=>$list){
if($type==$list['id']){
                $type_name=$list['name'];
        }
    }
            $title=$value['title'];
    }
}
echo "<a href='list.php?id=".$type_id."'>".$type_name."</a>".
            ' > '.$title;
?>
</div>
<div style="clear: both;"></div>
<!-- header结束 -->
<!-- 页面主要内容开始 -->
<div class="details">
<div class="details_news_title">
<?php  echo  $title; ?>
</div>
<div class="details_news_author">
<span >作者：<?php  echo  $author; ?></span>
<span >点击数：<strong><?php  echo  $nums;?></strong></span>
<span >发布时间：<?php  echo  $addtime;?></span>
</div>
<div class="details_news_message">
<?php  echo  $message; ?>
```

```
</div>
</div>
</div>
<!-- 页面主要内容结束 -->
<!-- footer开始 -->
        <div class="footer">
<?php
  $i = 0;
  $num=count($link);
foreach($link as $key=>$list){
    $i++;
if($num==$i){
echo   "<a href='". $list['link'] ."'>";
        echo   $list['name']."</a>";
    }else{
    echo   "<a href='". $list['link'] ."'>";
        echo   $list['name']."</a>";
        echo   '|';
    }
  }
?>
        </div>
<!-- footer结束 -->
</div>
</body>
</html>
```

上述代码中，如何显示当前位置是一个难点。如何做到识别当前文章标题以及如何获取其所属分类是完成此功能的关键。实现步骤如下：

(1) 获取上一级页面传递来的新闻 id。
(2) 根据获取到的新闻 id，查询获取该文章包括所属文章分类 id 在内的所有信息。
(3) 通过查询到的文章分类 id，查询该分类的名称。
(4) 按照新闻分类>新闻标题的顺序，在页面中显示当前新闻所在位置。

2. 修改 CSS 文件

修改 ph03 文件夹下的 main.css 文件，在其中添加如下代码：

```
.details_news_title {margin: 10  px   0 auto;width: 100%;height: 30px;line-height: 28px;font-size: 14px;text-align: center;border: dashed 1px #E3E1E1;color:#297ad6;font-weight:bold;}
.details_news_author{margin:10   px   0;}
.details_news_authorspan{    margin: 0 10px;}
.details_news_message{margin:10px   0   10px   5px;}
```

3. 测试程序运行

至此，新闻详情页设计完成。在代码编辑区空白处单击鼠标右键，在弹出菜单中选择【Run As】/【PHP Web Application】命令，预览并测试显示的页面，效果如图 3-3 所示。

图 3-3　新闻详情页效果图

使用 for 循环遍历数组

前面的示例程序中，遍历数组使用的是 foreach 循环，下面将介绍使用 for 循环遍历数组的方法。以上文提到的友情链接为例。打开 ph03 文件夹下的 index.php 文件，重写文件尾部的友情链接。原有代码如下：

```
<div class="footer">
<a href="http://www.121ugrow.com/"  target="_blank">英谷教育</a>|
    <a href="http://www.baidu.com/"  target="_blank">百度</a>|
    <a href="http://www.taobao.com/"  target="_blank">淘宝</a>|
    <a href="http://www.sina.com/"  target="_blank">新浪</a>
</div>
```

将其重写为如下代码：

```
<div class="footer">
    <?php
    $link=array(
array('link'=>'http://www.121ugrow.com/','name'=>'英谷教育'),
array('link'=>'http://www.baidu.com/','name'=>'百度'),
array('link'=>'http://www.taobao.com/','name'=>'淘宝'),
array('link'=>'http://www.sina.com/','name'=>'新浪')
    );
```

```
            $num=count($link);
for($i=0;$i<=$num-1;$i++){
if($i<$num-1){
echo    "<a href='". $link[$i]['link'] ."'>";
echo    $link[$i]['name']."</a>";
echo    '|';
}else{
echo    "<a href='". $link[$i]['link'] ."'>";
echo    $link[$i]['name']."</a>";
        }
    }
  ?>
</div>
```

上述代码中，友情链接所在的数组中有四个元素，因此$num=4，for 循环体循环了 4 次，但由于使用 for 循环时的第一次循环记为 0，所以程序中的循环上限设定为$num-1，即为 3。而在 for 循环中使用 if 与 else 判断语句是为了判明该元素是否为数组中最后一个元素，以确定是否应在其后加入"|"分隔线。

用 for 循环替换 foreach 循环，遍历在新闻首页、列表页与详情页中出现的数组。

实践 4 PHP 与 MySQL

实践 4.1 应用 MySQL 的登录注册功能

本实践将把之前完成的程序与 MySQL 数据库连接，连接之后的程序在调用数据时，会把之前通过页面定义的虚拟数据替换为 MySQL 数据库中存放的真实数据。

首先需要修改的是注册登录功能。用户注册后，数据将存入 MySQL 数据库中的用户信息表，登录时则将用户填写的数据与信息表中的记录比对，以此来判断用户是否登录成功。

【分析】

(1) 在 MySQL 数据库中建立用户信息表，与登录注册页面相连接：

　◇ 将用户信息表命名为 db_customer，其数据字典如图 4-1 所示。

字段	类型	Null	默认	注释
c_id	int(11)	否		用户表主键
c_name	varchar(255)	是	NULL	用户名称
c_password	varchar(255)	是	NULL	用户密码
c_status	varchar(255)	是	NULL	用户状态
c_register_time	varchar(255)	是	NULL	注册时间
c_email	varchar(255)	是	NULL	用户邮箱

图 4-1 用户信息表数据字典

　◇ 注册成功后，跳转登录页面。

　◇ 登录成功后，程序将用户名与用户 id 存入 Session 对象，以备后续使用。

(2) 本程序使用的集成环境为 Appserv 2.5.10，开发工具版本为 Zend Studio 12.5。

【参考解决方案】

1. 修改注册页面

在工作区中单击鼠标右键，在弹出菜单中选择【New】/【Local PHP Projcet】命令，在随后弹出的对话框中，将【Project Name】设置为 ph04，然后单击【Finish】按钮，创建 PHP 项目 ph04。接下来，将前面已完成的 ph02 和 ph03 文件夹中的所有文件拷贝到 ph04 文件夹下，并修改复制到 ph04 文件夹中的 register.php 文件，代码如下：

```php
<?php
echo "<meta charset='UTF-8'>";
    @$connect = mysql_connect('localhost', 'root', 'root');
mysql_set_charset("utf8",$connect);
if(!$connect) {
die('数据库连接失败！' . mysql_error());
    }
    $link=mysql_select_db('think', $connect) ;
if(!$link){
die('无法连接 think 表：' . mysql_error());
    }
    $c_name=$_POST['c_name'];
    $c_password=md5($_POST['c_password']);
    $c_register_time=time();
    $c_status=1;
if(!empty($c_name)&&!empty($c_password)&&!empty($c_email)){
        $sql="select count(*) from db_customer where c_name='".$c_name."'";
        $result=mysql_query($sql);
        $count=mysql_fetch_array($result);
if($count[0]>0){
echo "<script language=javascript>alert ('此用户名已存在，请更换用户名');</script>";
echo "<script language=javascript>window.location.href='register.html'</script>";
        }
else{
        $sql="insert into db_customer (c_name,c_password,c_register_time,c_status,c_email) values('".$c_name."','".$c_password."','".$c_register_time."','".$c_status."', '".$c_email."')";
        $result=mysql_query($sql);
if($result){
echo "<script language=javascript>alert ('注册成功');</script>";
echo "<script language=javascript>window.location.href='login.html'</script>";
        }
else{
echo "<script language=javascript>alert ('系统异常，注册失败');</script>";
echo "<script language=javascript>window.location.href='register.html'</script>";
        }
    }
}else{
echo "<script language=javascript>alert ('用户名，密码，邮箱不能为空。');</script>";
echo "<script language=javascript>window.location.href='register.html'</script>";
    }
?>
```

2. 修改登录页面

修改 ph04 文件夹下的 login.php 文件，代码如下：

```php
<?php
$flag=$_GET['flag'];
if(empty($flag)){
@$connect = mysql_connect('localhost', 'root', 'root');
mysql_set_charset("utf8",$connect);
if(!$connect) {
die('数据库连接失败！ ' . mysql_error());
}
$link=mysql_select_db('think', $connect) ;
if(!$link){
die('无法连接think表 : ' . mysql_error());
}
$c_name=$_POST['c_name'];
$c_password=md5($_POST['c_password']);
if(!empty($c_name)&&!empty($c_password)){
    $sql="select count(*) from db_customer where c_name='".$c_name."'";
    $result=mysql_query($sql);
    $count=mysql_fetch_array($result);
if($count[0]<1){
echo    "<meta charset='UTF-8'>";
echo    "<script language=javascript>alert ('此用户不存在');</script>";
echo    "<script language=javascript>window.location.href='login.html'</script>";
    }
else{
        $sql="select * from db_customer where c_name='".$c_name."'";
        $result=mysql_query($sql);
        $user=mysql_fetch_array($result,MYSQL_ASSOC);
if($user['c_password']!=$c_password){
echo    "<meta charset='UTF-8'>";
echo    "<script language=javascript>alert ('密码错误');</script>";
echo    "<script language=javascript>window.location.href='login.html'</script>";
        }
else{
session_start();
            $_SESSION['c_id'] = $user['c_id'];
            $_SESSION['c_name']=$user['c_name'];
echo    "<meta charset='UTF-8'>";
echo    "<script language=javascript>alert ('登录成功');</script>";
```

```
echo    "<script language=javascript>
                    window.location.href='index.php'</script>";
        }
    }
}else{
echo    "<meta charset='UTF-8'>";
echo    "<script language=javascript>alert ('用户名,密码不能为空。');</script>";
echo    "<script language=javascript>window.location.href='login.html'</script>";
}
}
elseif($flag=='logout'){
session_start();
    session_destroy();
    echo "<meta charset='UTF-8'>";
echo    "<script language=javascript>alert ('退出成功。');</script>";
echo    "<script language=javascript>window.location.href='index.php'</script>";
}
?>
```

上述代码中,$flag=='logout'之后代码的功能是退出登录,在后续的首页、列表页与详情页中将会用到。

3. 测试程序运行

在浏览器中输入 URL 网址 http://localhost/ph04/register.html,在弹出的注册页面中,输入用户名及密码进行注册。如果注册成功,则会跳转到登录页面,然后输入刚才注册的用户名和密码进行登录。如果验证成功,则会跳转到首页(index.php),表明登录注册功能成功实现。

实践 4.2 应用 MySQL 的新闻浏览功能

本实践中,将对之前完成的新闻首页(index.php)、新闻列表页(list.php)及新闻详情页(details.php)进行修改,由通过数组存取新闻数据改为通过数据库进行存取。

【分析】

(1) 创建 MySQL 数据库,并从数据库中获取新闻浏览页面(包括新闻首页、新闻列表页与新闻详情页)的数据。

 ◆ 数据库应包括新闻类别表(db_type)与新闻内容表(db_news),表结构分别如图 4-2 与图 4-3 所示。

 ◆ 将新闻浏览页面连接数据库,获取新闻类别表与新闻内容表的数据,以此替换之前页面上的虚拟数据。

 ◆ 新闻列表页如果数据太多,则需要实现分页功能。

(2) 本实践使用的集成环境为 Appserv 2.5.10,编程工具版本为 Zend Studio 12.5。

PHP 程序设计及实践

db_type				
字段	类型	Null	默认	注释
t_id	int(11)	否		新闻分类主键
t_name	varchar(255)	是	NULL	分类名称
t_order	int(255)	是	NULL	分类排序
t_status	varchar(255)	是	NULL	分类状态 0关闭，1开启

图 4-2 新闻类别表

db_news				
字段	类型	Null	默认	注释
n_id	int(11)	否		新闻主键
n_title	varchar(255)	是	NULL	新闻标题
n_message	varchar(2000)	是	NULL	新闻内容
n_addtime	varchar(50)	是	NULL	发布时间
n_type	varchar(50)	是	NULL	新闻分类
n_status	varchar(10)	是	NULL	新闻状态 0关闭，1开启
n_author	varchar(255)	是	NULL	作者
n_nums	varchar(50)	是	0	阅读次数
n_picture	varchar(50)	是	NULL	新闻图片

图 4-3 新闻内容表

【参考解决方案】

1. 修改新闻网站首页

修改 ph04 文件夹下的 index.php 文件，代码如下：

```php
<html>
<head>
    <meta http-equiv=Content-Type content="text/html; charset=utf-8">
    <title>新闻网站</title>
    <link href="./main.css"  rel="stylesheet"  type="text/css" />
</head>
<body>
<div class="contain">
<!-- header开始 -->
<div class="logo"><a href="index.php"></a></div>
<div class="menu">
<ul>
<?php
   @$connect = mysql_connect('localhost', 'root', 'root');
mysql_set_charset("utf8",$connect);
if(!$connect) {
die('数据库连接失败！ ' . mysql_error());
   }
   $link=mysql_select_db('think', $connect) ;
if(!$link){
die('无法连接think表：' . mysql_error());
   }
   $result=mysql_query("SELECT * from db_type WHERE t_status='1' ");
while($menu=mysql_fetch_array($result,MYSQL_ASSOC)){
echo  "<li><span>|  <span>
<a href=list.php?id=".$menu['t_id'].">"
.$menu['t_name']."</a></li>";
   }
?>
```

```php
        </ul>
<?php
        @session_start();
        if(!isset($_SESSION['c_name'])){
?>
    <ul id="login">
        <li><a href="register.html" target="_self">注册</a></li>
        <li><a href="login.html" target="_self">登录</a></li>
    </ul>
<?php }else{?>
    <ul id="loged">
        <li><a href="login.php? flag=logout" target="_self">退出登录</a></li>
        <li><a>欢迎您,<?php   echo $_SESSION['c_name']; ?></a></li>
    </ul>
<?php }?>

</div>
<div class="line1"></div>
        <div class="main">
        <div class="select">
        <form action="#" method="post">
            <div class="select_left">
                <strong>搜索:</strong>
                <input name="keyword" placeholder="请输入关键字"/>
            </div>
            <div class="select_right">
                <input name="Submit" type="Submit"   value="立即搜索"  />
            </div>
            </form>
        </div>
        <div style="clear: both;"></div>
<!-- header结束 -->
<!-- 页面主要内容开始 -->
        <div class="main_list">
            <div class="main_list_left">
            <div class="main_type_title">
                    <span>时政新闻</span>
                    <em><a href="list.php?id=13">更多>></a></em>
            </div>
            <div class="main_news_title">
```

```
            <ul>
<?php
        $result=mysql_query("select * from db_news where n_type=13 limit 5");
    while($news=mysql_fetch_array($result,MYSQL_ASSOC)){
?>
            <li>
                            <a href="details.php?id=<?php   echo $news['n_id']; ?>">
                                <?php    echo $news['n_title']; ?>
                            </a>
                            <span><font color=#297ad6>
                                <?php   echo date("Y-m-d",$news['n_addtime']); ?>
                            </font></span>
            </li>
<?php } ?>
            </ul>
            </div>
        </div>
        <div class="main_list_right">
            <div class="main_type_title">
                <span style="float:left;">国际新闻</span>
                <em><a href="list.php?id=14">更多>></a></em>
            </div>
            <div class="main_news_title">
            <ul>
<?php
    $result=mysql_query("select * from db_news where n_type=14 limit 5");
    while($news=mysql_fetch_array($result,MYSQL_ASSOC)){
?>
        <li>
                            <a href="details.php?id=<?php   echo $news['n_id']; ?>">
                                <?php    echo $news['n_title']; ?>
                            </a>
                    <span><font color=#297ad6>
                                <?php   echo date("Y-m-d",$news['n_addtime']); ?>
                            </font></span>
                    </li>
<?php } ?>
</ul>
        </div>
        </div>
```

```
            </div>
            <div class="main_list">
            <div class="main_list_left">
            <div class="main_type_title">
                    <span>体育新闻</span>
                    <em><a href="list.php?id=12">更多>></a></em>
                </div>
                <div class="main_news_title">
                    <ul>
<?php
    $result=mysql_query("select * from db_news where n_type=12 limit 5");
    while($news=mysql_fetch_array($result,MYSQL_ASSOC)){
?>
        <li>
                        <a href="details.php?id=<?php  echo $news['n_id']; ?>">
                            <?php   echo $news['n_title']; ?>
                        </a>
                        <span><font color=#297ad6>
                            <?php   echo date("Y-m-d",$news['n_addtime']); ?>
                        </font></span>
                    </li>
<?php } ?>
                </ul>
            </div>
        </div>
        <div class="main_list_right">
            <div class="main_type_title">
                <span style="float:left;">娱乐新闻</span>
                    <em><a href="list.php?id=15">更多>></a></em>
            </div>
            <div class="main_news_title">
                <ul>
<?php
    $result=mysql_query("select  * from db_news where n_type=15 limit 5");
    while($news=mysql_fetch_array($result,MYSQL_ASSOC)){
?>
            <li>
                        <a href="details.php?id=<?php  echo $news['n_id']; ?>">
                            <?php   echo $news['n_title']; ?>
                        </a>
```

```php
                            <span><font color=#297ad6>
                                <?php   echo date("Y-m-d",$news['n_addtime']); ?>
                            </font></span>
                        </li>
<?php
        }
        mysql_close($connect);
?>
</ul>
            </div>
        </div>
        </div>
<!-- 页面主要内容结束 -->
<!-- footer开始 -->
            <div class="footer">
            <?php
              $link=array(
                array('link'=>'http://www.121ugrow.com/','name'=>'英谷教育'),
                array('link'=>'http://www.baidu.com/','name'=>'百度'),
                array('link'=>'http://www.taobao.com/','name'=>'淘宝'),
                array('link'=>'http://www.sina.com/','name'=>'新浪')
                );
                $num=count($link);
for($i=0;$i<=$num-1;$i++){
if($i<$num-1){
echo    "<a href='". $link[$i]['link'] ."'>";
echo    $link[$i]['name']."</a>";
echo    '|';
}else{
echo    "<a href='". $link[$i]['link'] ."'>";
echo    $link[$i]['name']."</a>";
                }
            }
                ?>
                </div>
<!-- footer结束 -->
        </div>
</div>
</body>
</html>
```

以上代码中，连接数据库的部分参数需要根据数据库的实际内容进行修改。

2. 修改列表页

修改 ph04 文件夹下的 list.php 文件，代码如下：

```php
<html>
<head>
        <meta http-equiv=Content-Type content="text/html; charset=utf-8">
        <title>新闻网站</title>
        <link href="./main.css"   rel="stylesheet" type="text/css" />
</head>
<body>
<div class="contain">
<!-- header开始 -->
<div class="logo"><a href="index.php"></a></div>
<div class="menu">
<ul>
<?php
   @$connect = mysql_connect('localhost', 'root', 'root');
mysql_set_charset("utf8",$connect);
if(!$connect) {
die('数据库连接失败！ ' . mysql_error());
    }
   $link=mysql_select_db('think', $connect) ;
if(!$link){
die('无法连接think表：' . mysql_error());
    }
   $result=mysql_query("SELECT * from db_type WHERE t_status='1' ");
while($menu=mysql_fetch_array($result,MYSQL_ASSOC)){
echo   "<li><span>|  <span>
<a href=list.php?id=".$menu['t_id'].">"
.$menu['t_name']."</a></li>";
    }
?>
        </ul>
<ul id="login">
        <li><a href="register.html" target="_self">注册</a></li>
        <li><a href="login.html" target="_self">登录</a></li>
        </ul>
</div>
<div class="line1"></div>
```

```
<div class="main">
    <div class="select">
    <form action="#" method="post">
        <div class="select_left">
            <strong>搜索:</strong>
            <input name="keyword" placeholder="请输入关键字"/>
        </div>
        <div class="select_right">
            <input name="Submit" type="Submit" value="立即搜索" />
        </div>
    </form>
    </div>
    <div class="currect_position">
        当前位置：<a href="index.php">新闻网站</a> > 
<?php
   $id=$_GET['id'];
   $sql="SELECT t_name from db_type  WHEREt_id=$id";
   $result=mysql_query($sql);
   $type=mysql_fetch_array($result,MYSQL_ASSOC);
echo  $type['t_name'];
?>:
    </div>
    <div style="clear: both;"></div>
<!-- header结束 -->
<!-- 页面主要内容开始 -->
    <div class="details">
<?php
/*分页部分php程序 开始*/
    $pagesize=6;
    $count=mysql_query("select count(*) from db_news where n_type=$id");
    $totals = mysql_fetch_array($count);
    $numrows=$totals[0];

if($numrows%$pagesize){
    $pages=intval($numrows/$pagesize)+1;
}else{
    $pages=intval($numrows/$pagesize);
    }

if(!isset($_GET['page'])||$_GET['page']>$pages){
$page=1;
```

```php
}else{
$page=intval($_GET['page']);
    }
    $start=($page-1)*$pagesize;
    $sql="select * from db_news where n_type=$id order by n_addtime  desc limit $start,$pagesize";
    $result=mysql_query($sql);
while($news=mysql_fetch_array($result,MYSQL_ASSOC)){
    /*分页部分php程序 结束*/
?>
        <table>
            <tr>
                <td>
                    <a href='details.php?id=<?php   echo $news['n_id']; ?>'>
                    <?php   echo $news['n_title']; ?>
                    </a>
                </td>
            </tr>
            <tr>
                <td>
                    <font color='#8F8C89'>
                        日期：<?php   echo date("Y-m-d",$news['n_addtime']); ?>
                        点击：<?php   echo $news['n_nums']; ?>
                    </font>
                </td>
            </tr>
            <tr>
                <td>
                    <?php   echo  mb_substr($news['n_message'], 0, 80, 'utf-8'); ?>...
                </td>
            </tr>
        </table>
        <div class='line2'></div>
<?php } ?>
<div class="page">
<?php
/*分页部分页面展示 开始*/
//当前页是最后两页
if($page!=1){
echo   "<a href='list.php?id=$id&page=1'>";
```

```php
echo "首页";
echo    "</a> ";
}
if($pages-$page<2){
    //总页数不大于三页
if($pages<=3){
for($i=1;$i<=$pages;$i++){
if($page!=$i){
echo    "<a href='list.php?id=$id&page=$i'>";
echo    $i;
echo    "</a> ";
}else{
echo $i."  ";
        }
    }
}
    //总页数大于三页
else{
for($i=$page-2;$i<=$pages;$i++){
if($page!=$i){
echo    "<a href='list.php?id=$id&page=$i'>";
echo    $i;
echo    "</a> ";
}else{
echo $i."  ";
        }
    }
}
}
//当前页不是最后两页
else{
    //当前页不是最前两页
if($page>2){
for($i=$page-2;$i<=$page+2;$i++){
if($page!=$i){
echo    "<a href='list.php?id=$id&page=$i'>";
echo    $i;
echo    "</a> ";
}else{
echo $i."  ";
```

```php
            }
        }
    }
    //当前页是最前两页
else{
for($i=1;$i<=$page+2;$i++){
if($page!=$i){
echo   "<a href='list.php?id=$id&page=$i'>";
echo   $i;
echo   "</a> ";
}else{
echo $i."  ";
        }
    }
  }
}
if($page!=$pages&&$pages!=0){
echo   "<a href='list.php?id=$id&page=$pages'>";
echo   "尾页";
echo   "</a> ";
}
if($pages!=0){
echo "   $page/$pages 页       共 $numrows 条新闻";
}
else{
echo "暂无相关信息";
}
     /*分页部分页面展示 结束*/
?>
</div>
        </div>
</div>
<!-- 页面主要内容结束 -->
<!-- footer开始 -->
<div class="footer">
            <?php
              $link=array(
            array('link'=>'http://www.121ugrow.com/','name'=>'英谷教育'),
            array('link'=>'http://www.baidu.com/','name'=>'百度'),
            array('link'=>'http://www.taobao.com/','name'=>'淘宝'),
```

```
                array('link'=>'http://www.sina.com/','name'=>'新浪')
                );
                $num=count($link);
for($i=0;$i<=$num-1;$i++){
if($i<$num-1){
echo    "<a href='". $link[$i]['link'] ."'>";
echo    $link[$i]['name']."</a>";
echo    '|';
}else{
echo    "<a href='". $link[$i]['link'] ."'>";
echo    $link[$i]['name']."</a>";
                }
            }
                ?>
        </div>
<!-- footer结束 -->
</div>
</body>
</html>
```

3. 修改详情页

修改 ph04 文件夹下的 details.php 文件，代码如下：

```
<html>
<head>
        <meta http-equiv=Content-Type content="text/html; charset=utf-8" >
        <title>新闻网站</title>
        <link href="./main.css" rel="stylesheet" type="text/css" />
</head>
<body>
<div class="contain">
<!-- header开始 -->
<div class="logo"><a href="index.php"></a></div>
<div class="menu">
<ul>
<?php
    @$connect = mysql_connect('localhost', 'root', 'root');
mysql_set_charset("utf8",$connect);
if(!$connect) {
die('数据库连接失败！'. mysql_error());
    }
    $link=mysql_select_db('think', $connect) ;
```

```php
if(!$link){
die('无法连接think表 : ' . mysql_error());
    }
    $result=mysql_query("SELECT * from db_type WHERE t_status='1' ");
while($menu=mysql_fetch_array($result,MYSQL_ASSOC)){
echo    "<li><span>|  <span>
<a href=list.php?id=".$menu['t_id'].">"
.$menu['t_name']."</a></li>";
    }
?>
        </ul>
        <ul id="login">
        <li><a href="register.html" target="_self">注册</a></li>
        <li><a href="login.html" target="_self">登录</a></li>
        </ul>
</div>
<div class="line1"></div>
<div class="main">
        <div class="select">
        <form action="#" method="post">
            <div class="select_left">
                <strong>搜索:</strong>
                <input name="keyword"  placeholder="请输入关键字"/>
            </div>
            <div class="select_right">
                <input name="Submit" type="Submit"  value="立即搜索" />
            </div>
            </form>
        </div>
        <div class="currect_position">
            当前位置: <a href="index.php">新闻网站</a> > 
<?php
        $id=$_GET['id'];
        $sql="SELECT N.*,T.t_name from db_news as N LEFT JOIN db_type AS T ON (N.n_type=T.t_id) WHERE N.n_id='". $id ."'";
        $result=mysql_query($sql);
        $news=mysql_fetch_array($result,MYSQL_ASSOC);
echo    $news['t_name'].' > '.$news['n_title'];
?>
        </div>
```

```
            <div style="clear: both;"></div>
<!-- header结束 -->
<!-- 页面主要内容开始 -->
<div class="details">
<div class="details_news_title">
<?php   echo $news['n_title']; ?>
</div>
<div class="details_news_author">
<span>作者：<?php   echo $news['n_author']; ?></span>
<span>点击数：
<strong><?php   echo $news['n_nums'];?></strong>
</span>
<span>发布时间：<?php   echo $news['n_addtime'];?></span>
</div>
<div class="details_news_message">
<?php
echo  $news['n_message'];
mysql_close($connect);
?>
</div>
</div>
</div>
<div class="footer">
<a href="http://www.121ugrow.com/"   target="_blank">英谷教育</a>|
                <a href="http://www.baidu.com/"   target="_blank">百度</a>|
                <a href="http://www.taobao.com/"   target="_blank">淘宝</a>|
                <a href="http://www.sina.com/"   target="_blank">新浪</a>
</div>
</div>
<div style="display:none;"></div>
</body>
</html>
```

4. 修改 CSS 样式文件

完成对新闻首页、新闻列表页、新闻详情页 HTML 页面的调整之后，修改 ph04 文件夹下的 main.css 样式文件，在其中添加登录成功样式和分页样式，代码如下：

```
//登录成功样式
#loged {float: left;width: 220px;margin-left: 0;height: 32px;padding: 0 15px;}
#loged    li {float: right;margin-right: 0;margin-left: 8px;      margin-top: 1px;list-style-type: none;}
#loged    li   a {color: #000000;font-size: 14px;}
//分页样式
```

```
.page {border-top: 1px solid transparent !important; border-top: 0;clear: both; text-align: center;font-size: 14px;margin: 5px 0;}
.page a:visited, .page a:visited, .page a:hover
{color: #297ad6;text-decoration: none;}
```

5. 测试程序运行

在浏览器中输入 URL 网址 http://localhost/ph04/index.php，测试程序，如果各个页面之间都可进行跳转并可以进行登录及退出登录操作，则表明运行成功。登录成功后的页面如图 4-4 所示。

图 4-4 用户登录成功状态

实践 4.3 设计搜索功能

之前设计页面时已经预留了搜索栏，下面将逐步讲解如何实现搜索功能并在搜索列表页中分页显示结果。

【分析】

(1) 用户在搜索栏中输入关键字，即可搜索到所有标题或内容中包含该关键字的新闻，并将搜索结果以列表形式展示出来。

(2) 关键字搜索的本质是使用 MySQL 数据库进行模糊查询，因此需要将关键字传入后台，然后应用 "%关键字%" 的规则进行处理，生成完整的 SQL 查询语句。

(3) 本程序使用的集成环境为 Appserv 2.5.10，开发工具版本为 Zend Studio 12.5。

【参考解决方案】

1. 创建搜索(search.php)页面

在工作区中的 ph03 文件夹上单击鼠标右键，在弹出菜单中选择【New】/【PHP File】命令，在随后弹出的对话框中，将【File Name】设置为 search.php，然后单击【Finish】按钮，创建 .php 文件，打开该新建文件，输入如下代码：

```
<html>
<head>
    <meta http-equiv=Content-Type content="text/html; charset=utf-8">
    <title>新闻网站</title>
    <link href="./main.css"   rel="stylesheet" type="text/css" />
</head>
<body>
<div class="contain">
<!-- header 开始 -->
<div class="logo"><a href="index.php"></a></div>
<div class="menu">
```

```php
<ul>
<?php
   @$connect = mysql_connect('localhost', 'root', 'root');
mysql_set_charset("utf8",$connect);
if(!$connect) {
die('数据库连接失败！ ' . mysql_error());
  }
  $link=mysql_select_db('think', $connect) ;
if(!$link){
die('无法连接 think 表：' . mysql_error());
  }
  $result=mysql_query("SELECT * from db_type WHERE t_status='1' ");
while($menu=mysql_fetch_array($result,MYSQL_ASSOC)){
echo   "<li><span>|  <span>
<a href=list.php?id=".$menu['t_id'].">"
.$menu['t_name']."</a></li>";
  }
?>
      </ul>
<ul id="login">
        <li><a href="register.html" target="_self">注册</a></li>
        <li><a href="login.html" target="_self">登录</a></li>
        </ul>
</div>
<div class="line1"></div>
<div class="main">
       <div class="select">
       <form action="search.php" method="post">
            <div class="select_left">
                <strong>搜索:</strong>
                <input name="keyword"  placeholder="请输入关键字"/>
            </div>
            <div class="select_right">
                <input name="Submit" type="Submit"  value="立即搜索"  />
            </div>
            </form>
       </div>
       <div class="currect_position">
<?php

   $key=(isset($_POST['keyword']))?$_POST['keyword']:$_GET['key'];
```

```php
        $sql="select count(*) from db_news where n_title like   '%$key%' or n_message like '%$key%' or n_author like   '%$key%'";
        $count=mysql_query($sql);
        $totals = mysql_fetch_array($count);
        $numrows=$totals[0];
    if(empty($key)){
    echo "搜索到所有新闻共<font color='red'>$numrows</font>篇>";
        }
    else{
    echo "搜索到与<font color='red'>$key</font>有关的新闻共<font color='red'>$numrows</font>篇>";
        }
    ?>:
            </div>
            <div style="clear: both;"></div>
    <!-- header 结束 -->
    <!--页面主要内容开始-->
            <div class="details">
    <?php
    /*分页部分 php 程序开始*/
        $pagesize=6;
    if($numrows%$pagesize){
            $pages=intval($numrows/$pagesize)+1;
    }else{
            $pages=intval($numrows/$pagesize);
        }
    if(!isset($_GET['page'])||$_GET['page']>$pages){
            $page=1;
    }else{
            $page=intval($_GET['page']);
        }
        $start=($page-1)*$pagesize;
        $sql="select * from db_news where n_titlelike   '%$key%' or n_message like '%$key%' or n_author like '%$key%' order by n_addtimedesc limit $start,$pagesize";
        $result=mysql_query($sql);
    while($news=mysql_fetch_array($result,MYSQL_ASSOC)){
        /*分页部分 php 程序结束*/
    ?>
            <table>
                <tr>
                    <td>
```

```
                        <a href='details.php?id=<?php   echo $news['n_id']; ?>'>
                            <?php   echo $news['n_title']; ?>
                        </a>
                    </td>
                </tr>
                <tr>
                    <td>
                        <font color='#8F8C89'>
                        日期：<?php   echo $news['n_addtime']; ?>
                        点击：<?php   echo $news['n_nums']; ?>
                        </font>
                    </td>
                </tr>
                <tr>
                    <td>
                        <?php   echo   mb_substr($news['n_message'], 0, 80, 'utf-8'); ?>...
                    </td>
                </tr>
            </table>
            <div class='line2'></div>
<?php } ?>
<div class="page">
<?php
/*分页部分页面展示开始*/
//当前页是最后两页
if($page!=1){
echo    "<a href='search.php?key=$key&page=1'>";
echo    "首页";
echo    "</a> ";
}
if($pages-$page<2){
    //总页数不大于三页
if($pages<=3){
for($i=1;$i<=$pages;$i++){
if($page!=$i){
echo    "<a href='search.php?key=$key&page=$i'>";
echo    $i;
echo    "</a> ";
}else{
echo $i."  ";
        }
```

```
            }
          }
       //总页数大于三页
       else{
    for($i=$page-2;$i<=$pages;$i++){
    if($page!=$i){
    echo   "<a href='search.php?key=$key&page=$i'>";
    echo   $i;
    echo   "</a> ";
    }else{
    echo   $i."  ";
             }
           }
        }
    }
    //当前页不是最后两页
    else{
       //当前页不是最前两页
    if($page>2){
    for($i=$page-2;$i<=$page+2;$i++){
    if($page!=$i){
    echo   "<a href='search.php?key=$key&page=$i'>";
    echo   $i;
    echo   "</a> ";
    }else{
    echo $i."  ";
             }
           }
        }
       //当前页是最前两页
    else{
    for($i=1;$i<=$page+2;$i++){
    if($page!=$i){
    echo   "<a href='search.php?key=$key&page=$i'>";
    echo   $i;
    echo   "</a> ";
    }else{
    echo $i."  ";
            }
          }
       }
```

```php
}
if($page!=$pages&&$pages!=0){
echo    "<a href='search.php?key=$key&page=$pages'>";
echo    "尾页";
echo    "</a> ";
}
if($pages!=0){
echo "   $page/$pages 页       共 $numrows 条新闻";
}
else{
echo "暂无相关信息";
}
/*分页部分页面展示结束*/
?>
</div>
        </div>
</div>
<!--页面主要内容结束 -->
<!-- footer 开始 -->
<div class="footer">
<?php
        $link=array(
                array('link'=>'http://www.121ugrow.com/','name'=>'英谷教育'),
                array('link'=>'http://www.baidu.com/','name'=>'百度'),
                array('link'=>'http://www.taobao.com/','name'=>'淘宝'),
                array('link'=>'http://www.sina.com/','name'=>'新浪')
        );
        $num=count($link);
for($i=0;$i<=$num-1;$i++){
if($i<$num-1){
echo    "<a href='". $link[$i]['link'] ."'>";
echo    $link[$i]['name']."</a>";
echo    '|';
}else{
echo    "<a href='". $link[$i]['link'] ."'>";
echo    $link[$i]['name']."</a>";
        }
    }
?>
        </div>
<!-- footer 结束 -->
```

```
        </div>
    </body>
</html>
```

2. 修改首页、列表页与详情页

完成搜索页面设计之后，还需对之前的新闻首页(index.php)、新闻列表页(list.php)与新闻详情页(details.php)进行修改，将 form 表单中的 action 指向搜索页面，代码修改如下：

```
<form action="search.php" method="post">
    <div class="select_left">
        <strong>搜索:</strong>
        <input name="keyword"  placeholder="请输入关键字"/>
    </div>
    <div class="select_right">
        <input name="Submit" type="Submit"  value="立即搜索"  />
    </div>
</form>
```

至此，搜索功能就完成了。

3. 测试程序运行

在浏览器中输入 URL 网址 http://localhost/ph04/index.php，进入新闻发布系统首页，在上方搜索栏中输入关键字，点击【立即搜索】按钮进行搜索，如果跳转至 search.php 页面，表明搜索功能成功实现，如图 4-5 所示。

图 4-5　新闻发布系统首页

MySQL 的语句执行顺序

在 PHP 程序开发中，经常会用到 MySQL 的查询语句，其复杂程度各不相同。一条完整的 MySQL 语句共分为 11 步，如图 4-6 所示。

MySQL 语句中，最先执行的总是 FROM 操作，最后执行的则是 LIMIT 操作。每个操作都会产生一张虚拟的表，这些虚拟表对用户来说是不可见的，只有最后一张虚拟表会被作为结果返回。如果 SQL 语句中缺少某些步骤，但不会产生语法错误，那么则会跳过这些步骤。

```
(8) SELECT (9) DISTINCT<select_list>
(1) FROM <left_table>
(3) <join_type>JOIN<right_table>
(2)         ON<join_condition>
(4) WHERE<where_condition>
(5) GROUP BY<group_by_list>
(6) WITH {CUBE|ROLLUP}
(7) HAVING<having_condition>
(10) ORDER BY<order_by_list>
(11) LIMIT <limit_number>
```

图 4-6　MySQL 语句执行顺序

下面具体分析 MySQL 查询语句的各个处理阶段：

(1) FORM：计算 FROM 左边和右边的表的笛卡尔积，产生虚拟表 VT1。

(2) ON：对虚拟表 VT1 进行 ON 筛选，只有符合条件的行才会被记录在虚拟表 VT2 中。

(3) JOIN：如果指定了 OUTER JOIN(如 left join 或 right join)，则保留表中未匹配的行就会作为外部行添加到虚拟表 VT2 中，产生虚拟表 VT3；如果 SQL 语句中包含两个以上的表(使用 join 链接表超过两张)，则会对上一个 join 连接产生的结果 VT3 和下一个表重复执行图 4-6 中的步骤(1)～(3)，一直到处理完所有的表为止。

(4) WHERE：对虚拟表 VT3 进行 WHERE 条件过滤。只有符合条件的记录才会被插入到虚拟表 VT4 中。

(5) GROUP BY：根据 group by 子句中的列，对虚拟表 VT4 中的记录执行分组操作，产生虚拟表 VT5。

(6) CUBE | ROLLUP：对虚拟表 VT5 执行 cube 或 rollup 操作，产生虚拟表 VT6。

(7) HAVING：对虚拟表 VT6 进行 having 过滤，只有符合条件的记录才会被插入到虚拟表 VT7 中。

(8) SELECT：执行 select 操作，选择指定的列，插入到虚拟表 VT8 中。

(9) DISTINCT：对虚拟表 VT8 中的记录进行去重操作，产生虚拟表 VT9。

(10) ORDER BY：对虚拟表 VT9 中的记录进行排序操作，产生虚拟表 VT10。

(11) LIMIT：取出指定行的记录，产生虚拟表 VT11，并将该表作为结果返回。

拓展练习

实现对新闻浏览次数的统计，具体要求如下：

(1) 启用数据库 db_news 表中的 n_nums 字段存放浏览次数。

(2) 每次进入新闻详情页时，该条新闻的浏览次数加 1。

(3) 在新闻详情页中调用浏览次数并在页面中显示，格式为“浏览次数：XX”。

实践 5　表单验证与文件处理

实践 5.1　实现注册页校验功能

本实践将对前面完成的新闻注册页 register.html 进行修改，为其添加校验功能。
【分析】
(1) 使用 jQuery 校验，在页面上显示提示信息，并添加日志功能。
◆ 校验需要使用 jQuery，因此需要添加 jquery.js 文件支持。
◆ 注册页面中，要在文本框后方加入红色"*"以标识是否必填，如果未填写或是填写内容不符合要求，则在文本框后方显示红色错误提示。
◆ 所填写的信息不符合程序设定要求时，提交表单时弹窗提示错误，停留在当前页，无法提交表单。
◆ 使用 file_put_contents 方法，实现记录日志功能。
(2) 本实践使用的集成环境为 Appserv 2.5.10，开发工具版本为 Zend Studio 12.5，需要 jquery.js 文件支持。
【参考解决方案】
1．添加 jQuery.js

jQuery 是继 prototype 之后又一个优秀的 Javascript 框架，是轻量级的 js 库，可以使用它在 HTML 页面中实现很多效果。要使用 jQuery，首先需要在 Web 程序中添加对 jQuery.js 文件的支持。jQuery.js 文件可在其官方网站 http://jquery.com/download/中获取。

jQuery.js 文件下载完成后，启动 Zend Studio 主程序，在工作区中单击鼠标右键，在弹出菜单中选择【New】/【Local PHP Projcet】命令，在随后弹出的对话框中，将【Project Name】设置为 ph05，然后单击【Finish】按钮，创建 PHP 项目 ph05。将 jQuery.js 文件复制到 ph05 文件夹下，即可在页面中调用。

2．修改注册页面(register.html)

将 ph04 项目文件夹中的所有文件复制到 ph05 文件夹下，并修改复制到 ph05 文件夹中的 register.html 文件，代码如下：

```
<html>
<head>
<meta charset="UTF-8">
```

```
<title>登录</title>
<link href="./login.css" rel="stylesheet" type="text/css" />
<script src=".js/jquery.js" type="text/javascript"></script>
<script type="text/javascript">
    $(function(){
        //验证姓名不为空且不重复
        $('#c_name').blur(function(){
            var name=$(this).val();
            if ( name.length==0) {
                $('#nameMessage').html('用户名不能为空');
            }else{
                $.ajax( {
                    url:'register.php',
                    data:{
                        'c_name':name,
                        'flag':'checkName'
                    },
                    type:'post',
                    cache:false,
                    dataType:'json',
                    success:function(data) {
                        if(data.result==1){
                            $('#nameMessage').html("恭喜您，用户名可用");
                            $('#submit')[0].disabled="";
                        }else{
                            $('#nameMessage').html("用户名已存在");
                        }
                    },
                    error : function() {
                        alert("系统异常");
                    }
                });
            }
        });
        //验证密码不能为空
        $('#c_password').blur(function(){
            var pass=$(this).val();
            if ( pass.length==0) {
                $('#passMessage').html('密码不能为空');
            }else{
```

```
                    $('#passMessage').html('密码可用！');
                }
            });
            //验证邮箱
                $('#c_email').blur(function(){
var email=$(this).val();
if (!/([\w\.\_]{2,10})@(\w{1,}).([a-z]{2,4})/.test(email)) {
$("#emailMessage").html('邮箱格式不正确');
}else {
$("#emailMessage").html('邮箱可用');
}
            });
        });
function check(){
        var msg='';
        if ($("#c_name").val().length==0){msg+="用户名不能为空!\r\n"};
        if ($("#c_password").val().length==0){msg+="密码不能为空\r\n"};
        if ($("#c_email").val().search(/([\w\.\_]{2,10})@(\w{1,}).([a-z]{2,4})/)== -1) {msg+="邮箱格式不正确!\r\n"};
        if(msg!='') {
            alert(msg);
            return false;
        }
    }
</script>
</head>
<body>
<div class="view-container  ">
<div id="account_register_phone" class="account-box-wrapper">
<div class="account-box">
<div class="">
<div class="account-form-title">
<label>账号注册</label>
</div>
<form   method="post" action="register.php">
<div class="account-input-area">
<input id="c_name" name="c_name" type="text" placeholder="用户名">
<span id="nameMessage" ></span>
</div>
<div class="account-input-area">
```

```html
<input id="c_password" name="c_password" type="password" placeholder="密码">
<span id="passMessage" ></span>
</div>
<div class="account-input-area">
<input id="c_email" name="c_email" type="text" placeholder="邮箱">
<span id="emailMessage" ></span>
</div>
<input type="submit" class="account-button" onsubmit="check()" value="注册" id="submit" >
</form>
<div class="account-bottom-tip top-tip">
<label></label>
</div>
<div class="account-bottom-tip ">
<label>已注册过账号？<a href="login.html">点击登录！</a></label>
</div>
</div>
</div>
</div>
</div>
</body>
</html>
```

上述代码引入了 jQuery 框架，实现了对输入信息的校验功能：当点击文本框时，会根据所点击的文本框 id 触发对应事件，即在该文本框下方显示相应的文字提示；当提交表单时，单击提交按钮会触发 onsubmit 事件，即调用 check()方法检验表单数据是否合法，如果有数据不合法，则会终止表单提交进程。

页面中的注册表单提交按钮(submit)的 disabled 属性值默认为 disabled，这使该按钮为不可点击状态，当用户名通过重复校验之后，需使用以下代码改变该按钮的属性：

```
$('#submit')[0].disabled="
```

需要注意 jQuery 无法直接控制文本框的属性，因此上述代码效果等同于下列代码：

```
document.getElementById.disabled="
```

3. 修改 register.php 文件

修改 ph05 文件夹下的 register.php 文件，代码如下：

```php
<?php
    @$connect = mysql_connect('localhost', 'root', 'root');
    mysql_set_charset("utf8",$connect);
if (!$connect) {
die('数据库连接失败！ ' . mysql_error());
    }
    $link=mysql_select_db('think', $connect) ;
```

```php
if (!$link){
die('无法连接think表 : ' . mysql_error());
    }
    $flag=$_POST['flag'];

if($flag=='checkName'){
        $c_name=$_POST['c_name'];
        $sql="select count(*) from db_customer where c_name='".$c_name."'";
        $result=mysql_query($sql);
        $num=mysql_fetch_array($result);
if($num[0]>0){
            $data['result']=0;
echo json_encode($data);exit;
        }else{
            $data['result']=1;
echo json_encode($data);exit;
        }
    }
else{
echo "<meta charset='UTF-8'>";
        $c_name=$_POST['c_name'];
        $c_password=md5($_POST['c_password']);
        $c_email=$_POST['c_email'];
        $c_register_time=time();
        $c_status=1;
if(!empty($c_name)&&!empty($c_password)&&!empty($c_email)){
        $sql="select count(*) from db_customer where c_name='".$c_name."'";
$result=mysql_query($sql);
 $count=mysql_fetch_array($result);
if($count[0]>0){
echo "<script language=javascript>
                    alert ('此用户名已存在，请更换用户名');</script>";
echo "<script language=javascript>
                    window.location.href='register.html'</script>";
}else{
$sql="insert into db_customer
(c_name,c_password,c_register_time,c_status,c_email)
                    values('".$c_name."','".$c_password."','".$c_register_time."',
                '".$c_status."','".$c_email."')";
        $result=mysql_query($sql);
```

```
            $ID=mysql_insert_id();
if($result){
message="\r\n"."ID:".$ID."|name:".$c_name."|email:".$c_email. "|time:".date("Y-m-d H:i:s",$c_register_time);
file_put_contents('log.txt', $message,FILE_APPEND);
echo "<script language=javascript>alert ('注册成功');</script>";
echo "<script language=javascript>window.location.href='login.html'</script>";
}else{
echo "<script language=javascript>alert ('系统异常，注册失败');</script>";
echo "<script language=javascript>window.location.href='register.html'</script>";
}
  }
}else{
echo "<script language=javascript>
              alert ('用户名，密码，邮箱不能为空。');</script>";
echo "<script language=javascript>
              window.location.href='register.html'</script>";
}
}
?>
```

上述代码使用 file_put_contents 方法将注册成功的用户信息写入 log.txt 文件中，但由于之前 ph05 项目中并没有这个文件，因此系统会先在 register.php 的同级目录下创建 log.txt 文件，然后在其中写入信息。而如果需要获取最新记录的 id，则既可以使用 mysql_insert_id()方法，也可用获取数据库表最大 id 等方法。

至此，对注册页面的修改工作全部完成，修改后的注册页面效果如图 5-1 所示。

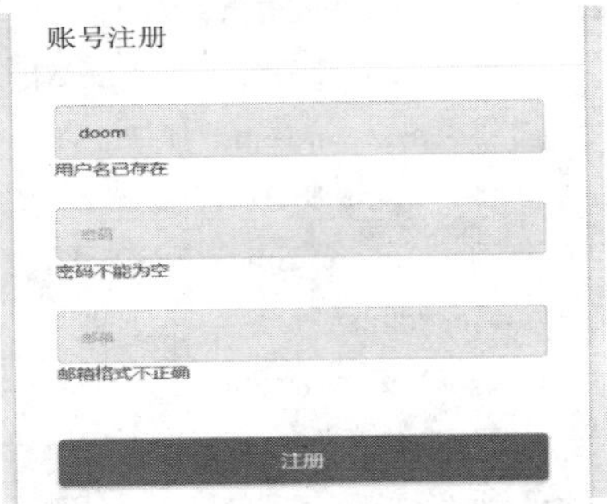

图 5-1　注册页面效果图

实践 5.2　实现评论功能

在新闻网站中，常能见到用户对新闻的评论。通常来说，当用户是游客状态时，只能查看评论，但无法回复。当用户登录后，便可对新闻进行评论。下面将讲解如何实现这一功能。

【分析】

(1) 评论功能需要校验用户角色，游客状态的用户无法进行评论。
   ◇ 在数据库中建立评论表(db_comment)，数据字典如图 5-2 所示。
   ◇ 通过 Session 对象记录用户登录状态，以此判断用户是否具有评论权限。
(2) 本实践使用的集成环境为 Appserv 2.5.10，开发工具版本为 Zend Studio 12.5。

实践 5 表单验证与文件处理

db_comment				
字段	类型	Null	默认	注释
co_id	int(11)	否		评论表主键
co_news_id	varchar(255)	是	NULL	被评论新闻id
co_customer_id	varchar(255)	是	NULL	评论用户id
co_message	mediumtext	是	NULL	评论内容
co_status	varchar(255)	是	NULL	评论状态 0为关闭，1为开启
co_addtime	varchar(255)	是	NULL	评论发表时间

图 5-2　评论表数据字典

【参考解决方案】

1．修改新闻详情页面

修改 ph05 文件夹下的 details.php 文件，代码如下：

```
<html>
<head>
    <meta http-equiv=Content-Type  content="text/html; charset=utf-8">
    <title>新闻网站</title>
    <link href="./main.css"  rel="stylesheet"  type="text/css"/>
    <script src="./jquery.js"  type="text/javascript"></script>
<script type="text/javascript">
    function publish(){
var n_id=document.getElementById("n_id").value;
var co_message=document.getElementById("co_message").value;
    $.ajax( {
        url:'comment.php',
        data:{
        'n_id':n_id,
        'co_message':co_message
        },
        type:'post',
        cache:false,
        dataType:'json',
        success:function(data) {
            alert("发布成功");
            location.reload();
        },
        error : function() {
            alert("发布失败");
        }
    });
    }
</script>
```

```php
</head>
<body>
<div class="contain">
<!-- header开始 -->
<div class="logo"><a href="index.php"></a></div>
<div class="menu">
<ul>
<?php
   @$connect = mysql_connect('localhost', 'root', 'root');
   mysql_set_charset("utf8",$connect);
if (!$connect) {
die('数据库连接失败！ ' . mysql_error());
   }
   $link=mysql_select_db('think', $connect) ;
if (!$link){
die('无法连接think表：' . mysql_error());
   }
   $result=mysql_query("SELECT * from db_type WHERE t_status='1' ");
while($menu=mysql_fetch_array($result,MYSQL_ASSOC)){
echo "<li><span>|  <span>
<a href=list.php?id=".$menu['t_id'].">"
.$menu['t_name']."</a></li>";
   }
?>
        </ul>
<ul id="login">
        <li><a href="register.html"   target="_self">注册</a></li>
        <li><a href="login.html"   target="_self">登录</a></li>
        </ul>
</div>
<div class="line1"></div>
<div class="main">
        <div class="select">
        <form action="#"   method="post">
            <div class="select_left">
                <strong>搜索:</strong>
                <input name="keyword"   placeholder="请输入关键字"/>
            </div>
            <div class="select_right">
                <input name="Submit"   type="Submit"   value="立即搜索"/>
```

```
                </div>
            </form>
        </div>
        <div class="currect_position">
            当前位置：<a href="index.php">新闻网站</a> > 
<?php
            $id=$_GET['id'];
            $sql="SELECT N.*,T.t_name from db_news as N
                LEFT JOIN db_type AS T ON (N.n_type=T.t_id)
                WHERE N.n_id=$id";
            $result=mysql_query($sql);
            $news=mysql_fetch_array($result,MYSQL_ASSOC);
echo $news['t_name'].' > '.$news['n_title'];
?>
        </div>
        <div style="clear: both;"></div>
<!-- header结束 -->
<!-- 页面主要内容开始 -->
<div class="details">
<div class="details_news_title">
<?php   echo $news['n_title']; ?>
</div>
<div class="details_news_author">
<span>作者：<?php   echo $news['n_author']; ?></span>
<span>点击数：<strong><?php   echo $news['n_nums'];?></strong></span>
<span>发布时间：<?php   echo $news['n_addtime'];?></span>
</div>
<div class="details_news_message">
<?php   echo $news['n_message']; ?>
</div>
</div>
<div class="answer">
<div class="details_news_title">评论</div>
<div class="answer_cont">
<?php
 $pagesize=6;
 $sql="select count(*) from db_comment where co_news_id=$id";

 $count=mysql_query($sql);
 $totals = mysql_fetch_array($count);
 $numrows=$totals[0];
```

```php
if($numrows%$pagesize){
    $pages=intval($numrows/$pagesize)+1;
}else{
    $pages=intval($numrows/$pagesize);
}
if(!isset($_GET['page'])||$_GET['page']>$pages){
    $page=1;
}else{
    $page=intval($_GET['page']);
}
$start=($page-1)*$pagesize;
$sql="SELECT c.*,a.c_name FROM db_comment c LEFT JOIN db_customer a ON c.co_customer_id=a.c_id WHERE c.co_news_id=$id ORDER BY c.co_addtime DESC LIMIT $start,$pagesize";

$result=mysql_query($sql);
while($comments=mysql_fetch_array($result,MYSQL_ASSOC)){
?>
<div class="answer_list"><span><?php  echo $comments['c_name'];?>:</span><?php  echo $comments['co_message'];?>
<p><?php  echo date("Y-m-d",$comments['co_addtime']); ?></p>
</div>
<?php } ?>

</div>
<div class="details_news_bottom">
<?php
/*分页部分页面展示 开始*/
//当前页是最后两页
if($page!=1){
echo "<a href='list.php?id=$id&page=1'>";
echo "首页";
echo "</a> ";
}
if($pages-$page<2){
//总页数不大于三页
if($pages<=3){
for($i=1;$i<=$pages;$i++){
if($page!=$i){
echo "<a href='details?id=$id&page=$i'>";
echo $i;
```

```
echo "</a> ";
            }else{
echo $i."  ";
                }
            }
        }
//总页数大于三页
else{
for($i=$page-2;$i<=$pages;$i++){
if($page!=$i){
echo "<a href='details?id=$id&page=$i'>";
echo $i;
echo "</a> ";
            }else{
echo $i."  ";
                }
            }
        }
    }
//当前页不是最后两页
else{
//当前页不是最前两页
if($page>2){
for($i=$page-2;$i<=$page+2;$i++){
if($page!=$i){
echo "<a href='details?id=$id&page=$i'>";
echo $i;
echo "</a> ";
            }else{
echo $i."  ";
                }
            }
        }
//当前页是最前两页
else{
for($i=1;$i<=$page+2;$i++){
if($page!=$i){
echo "<a href='details?id=$id&page=$i'>";
echo $i;
echo "</a> ";
```

```
            }else{
echo $i."  ";
            }
        }
    }
}
if($page!=$pages&&$pages!=0){
echo "<a href='list.php?id=$id&page=$pages'>";
echo "尾页";
echo "</a> ";
}
if($pages!=0){
echo "   $page/$pages 页      共 $numrows 条评论";
}
else{
echo "暂无相关信息";
}
/*分页部分页面展示 结束*/
?>
</div>
<div class="answer_cont_bottom">
<?php   if(!isset($_SESSION['c_name'])){   ?>
                        你尚未登录，请登录后再进行评论。
<p>
<a href="register.html"target="_self">注册</a>
        <a href="login.html"target="_self">登录</a>
</p>
<?php }else{ ?>
<table>
<input  type="hidden"  name="n_id"  id="n_id"  value="<?php  echo $news['n_id']?>">
<tr>
<td > 我的评论：</td>
<td>
<textarea name="co_message"  id="co_message"  rows="2"  cols="90"></textarea>
</td>
</tr>
<tr>
<td colspan=2   align=center>
<input type="button"   onclick="publish()"   value="发布">
</td>
```

```
</tr>
</table>
<?php } ?>
</div>
</div>
</div>
<div class="footer">
<a href="http://www.121ugrow.com/"target="_blank">英谷教育</a>|
              <a href="http://www.baidu.com/"target="_blank">百度</a>|
              <a href="http://www.taobao.com/"target="_blank">淘宝</a>|
              <a href="http://www.sina.com/"target="_blank">新浪</a>
</div>
</div>
<div style="display:none;"></div>
</body>
</html>
```

2. 创建 comment.php 文件

上述 HTML 代码中使用了 AJAX 异步传输技术，以将评论的信息传入 comment.php 文件中，下面讲解如何创建该文件。

在工作区中的 ph05 文件夹上单击鼠标右键，在弹出菜单中选择【New】/【PHP File】命令，在随后弹出的对话框中，将【File Name】设置为 comment.php，然后单击【Finish】按钮，创建.php 文件，打开该新建文件，输入如下代码：

```
<?php
@$connect = mysql_connect('localhost', 'root', 'root');
mysql_set_charset("utf8",$connect);
if (!$connect) {
    die('数据库连接失败！' . mysql_error());
}
$link=mysql_select_db('think', $connect) ;
if (!$link){
    die('无法连接think表：' . mysql_error());
}
session_start();
$time=time();

$sql="INSERT INTO
    db_comment      (co_news_id, co_message, co_customer_id,co_status,co_addtime)
        VALUES ('".$_POST['n_id']."','". $_POST['co_message']."','". $_SESSION['c_id']."','1',$time)";
$result=mysql_query($sql);
if($result){
```

```
$message['flag']=1;
echo json_encode($message);
}
?>
```

3. 修改 CSS 样式文件

由于已经修改了 ph05 文件夹下的 details.html 文件，因此对应的样式文件也需要改动。双击打开 ph05 文件夹下的 main.css 文件，添加如下代码：

```
.answer{
    border:1px solid #ddd;width:922px; background:#fff;margin:5px auto;padding:10px 18px;}
.answer_cont{margin:10px 0 auto;font-size:14px;text-align:center;border:1px solid #f0f1f2;background-color:#f7f8fa; padding:10px14px; text-align:left;color:#666;}
.answer_cont span{color:#297ad6;}
.answer_cont p{text-align:right;line-height:26px;font-size:12px;color:#297ad6;}
.answer_list {border-bottom:1px dotted #ddd; padding:10px 0;}
.details_news_bottom{color:#999;text-align:center;padding:10px;}
.answer_cont_bottom{margin:10px 0 auto;font-size:14px; text-align:center;border:1px solid #f0f1f2; background-color:#f7f8fa; padding:10px14px; text-align:center;color:#666;}
.answer_cont_bottom p{margin-top:5px;font-size:14px; color:#297ad6;}
```

至此，评论功能的编写工作就完成了。用户未登录时，效果如图 5-3 所示。

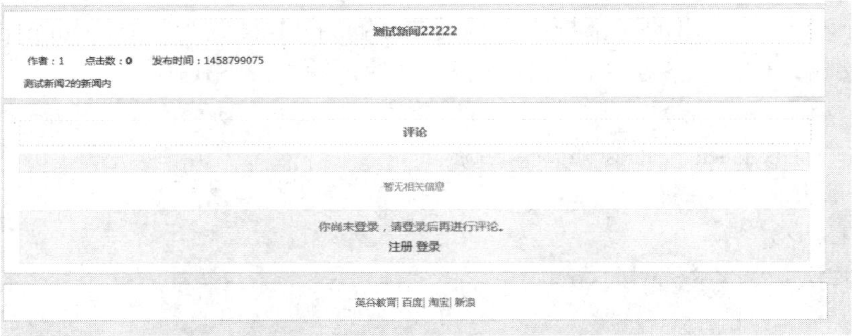

图 5-3 未登录效果图

用户登录时，效果如图 5-4 所示。

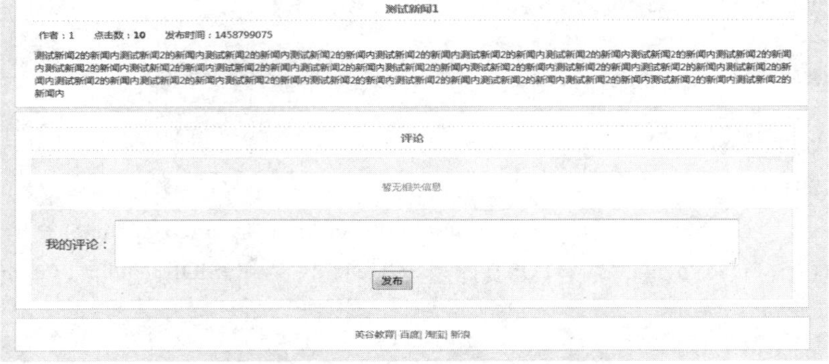

图 5-4 登录效果图

用户评论之后,效果如图 5-5 所示。

图 5-5 评论效果图

实现图片上传功能

在网站开发中,经常遇到需要上传图片的情况,比如上传头像、上传身份证等。图片上传是网站一个很重要的功能,其设计步骤分为以下五步:
(1) 将图片文件上传至临时文件夹。
(2) 检验图片文件是否符合要求(如格式、尺寸等)。
(3) 对临时图片进行处理(如重命名、添加水印等)。
(4) 将处理完毕的图片转移到指定目录。
(5) 成功上传后,返回提示信息(如图片预览、上传成功消息等)。
下面将对上述操作的各个步骤进行详细讲解。
启动 Zend Studio 主程序,在工作区中的 ph05 文件夹上单击鼠标右键,在弹出菜单中选择【New】/【PHP File】命令,在随后弹出的对话框中,将【File Name】设置为 upload.php,然后单击【Finish】按钮,创建.php 文件,打开该新建文件,输入如下代码:

```php
<?php
$uptypes=array('image/jpg',              //上传文件类型列表
'image/jpeg',
'image/png',
'image/pjpeg',
'image/gif',
'image/bmp',
'application/x-shockwave-flash',
'image/x-png');
$max_file_size=5000000;                  //上传文件大小限制,单位BYTE
$destination_folder="upload/";           //上传文件路径
```

```php
$watermark=0;                    //是否附加水印(1为加水印,其他为不加水印);
$watertype=1;                    //水印类型(1为文字,2为图片)
$waterposition=1;                //水印位置(1为左下角,2为右下角,3为左上角,4为右上角,5为居中);
$waterstring="ugroup";           //水印字符串
$waterimg="ugroup.png";          //水印图片
$imgpreview=1;                   //是否生成预览图(1为生成,其他为不生成);
$imgpreviewsize=1/2;             //缩略图比例
?>
```

```html
<html>
<head>
<title>upload picture</title>
<meta http-equiv="Content-Type" content="text/html; charset=ust-8">
<style type="text/css">body,td{font-family:tahoma,verdana,arial;font-size:11px;line-height:15px;background-color:white;color:#666666;margin-left:20px;}
strong{font-size:12px;}
a:link{color:#0066CC;}
a:hover{color:#FF6600;}
a:visited{color:#003366;}
a:active{color:#9DCC00;}
table.itable{}
td.irows{height:20px;background:url("index.php?i=dots") repeat-x bottom;}</style>
</head>
<body>
<center><form enctype="multipart/form-data" method="post" name="upform">
上传文件: <br><br><br>
<input name="upfile" type="file"    style="width:200;border:1 solid #9a9999; font-size:9pt; background-color:#ffffff" size="17">
<input type="submit" value="上传" style="width:30;border:1 solid #9a9999; font-size:9pt; background-color:#ffffff" size="17"><br><br><br>
允许上传的文件类型为:jpg|jpeg|png|pjpeg|gif|bmp|x-png|swf <br><br>
<a href="index.php">返回</a>
</form>
```

```php
<?php
if ($_SERVER['REQUEST_METHOD'] == 'POST')
{
if (!is_uploaded_file($_FILES["upfile"][tmp_name]))
//是否存在文件
{
echo "<font color='red'>文件不存在! </font>";
```

```php
    exit;
}

$file = $_FILES["upfile"];
if($max_file_size < $file["size"])
//检查文件大小
{
echo "<font color='red'>文件太大！</font>";
exit;
}

if(!in_array($file["type"], $uptypes))
//检查文件类型
{
echo "<font color='red'>只能上传图像文件或Flash！</font>";
exit;
}
if(!file_exists($destination_folder))
mkdir($destination_folder);
$filename=$file["tmp_name"];
$image_size = getimagesize($filename);
$pinfo=pathinfo($file["name"]);
$ftype=$pinfo[extension];
$destination = $destination_folder.time().".".$ftype;
if (file_exists($destination) && $overwrite != true)
{
    echo "<font color='red'>同名文件已经存在了！</a>";
    exit;
}
if(!move_uploaded_file ($filename, $destination))
{
   echo "<font color='red'>移动文件出错！</a>";
    exit;
}
$pinfo=pathinfo($destination);
$fname=$pinfo[basename];
echo " <font color=red>已经成功上传</font><br>文件名: <font color=blue>".$destination_folder.$fname."</font><br>";
echo " 宽度:".$image_size[0];
echo " 长度:".$image_size[1];
```

```php
if($watermark==1)
{
$iinfo=getimagesize($destination,$iinfo);
$nimage=imagecreatetruecolor($image_size[0],$image_size[1]);
$white=imagecolorallocate($nimage,255,255,255);
$black=imagecolorallocate($nimage,0,0,0);
$red=imagecolorallocate($nimage,255,0,0);
imagefill($nimage,0,0,$white);
switch ($iinfo[2])
{
case 1:
$simage =imagecreatefromgif($destination);
break;
case 2:
$simage =imagecreatefromjpeg($destination);
break;
case 3:
$simage =imagecreatefrompng($destination);
break;
case 6:
$simage =imagecreatefromwbmp($destination);
break;
default:
die("<font color='red'>不能上传此类型文件！</a>");
exit;
}
imagecopy($nimage,$simage,0,0,0,0,$image_size[0],$image_size[1]);
imagefilledrectangle($nimage,1,$image_size[1]-15,80,$image_size[1],$white);
switch($watertype)
{
case 1:   //加水印字符串
imagestring($nimage,2,3,$image_size[1]-15,$waterstring,$black);
break;
case 2:   //加水印图片
$simage1 =imagecreatefrompng("ugroup.png");
imagecopy($nimage,$simage1,0,0,0,0,85,15);
imagedestroy($simage1);
break;
}
```

```
switch ($iinfo[2])
{
case 1:
//imagegif($nimage, $destination);
imagejpeg($nimage, $destination);
break;
case 2:
imagejpeg($nimage, $destination);
break;
case 3:
imagepng($nimage, $destination);
break;
case 6:
imagewbmp($nimage, $destination);
//imagejpeg($nimage, $destination);
break;
}
//覆盖原上传文件
imagedestroy($nimage);
imagedestroy($simage);
}
if($imgpreview==1)
{
echo "<br>图片预览:<br>";
echo "<a href=\"".$destination."\" target='_blank'><img src=\"".$destination."\"
width=".($image_size[0]*$imgpreviewsize)." height=".($image_size[1]*$imgpreviewsize);
echo " alt=\"图片预览:\r文件名:".$destination."\r上传时间:\" border='0'></a>";
}
}
?>
</center>
</body>
```

拓展练习

仿照注册页面的示例，为 ph05 项目中的登录页面添加校验功能，具体要求如下：

(1) 在 login.html 中，添加非空校验功能，即当用户名或密码为空时，在文本框后方显示红色提示文字。

(2) 若用户名或密码的填写不符合要求，提交表单时显示出错信息并返回上一级。

实践 6 应用 ThinkPHP 框架开发新闻发布系统——后台设计

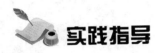

实践 6.1 搭建 ThinkPHP 框架

使用 ThinkPHP 开发程序，首先需要安装 ThinkPHP 框架并完成相关文件配置。

【分析】

(1) 完成前台与后台程序的入口文件以及程序配置文件的编写。

(2) 后台用于管理发布新闻，只有管理员使用；前台用于展示后台发布的新闻，所有人都可使用。入口文件是程序的入口，用于生成部分文件结构；配置文件用于声明、设置系统的部分权限及操作方式。

(3) 本实践开发环境为 Windows 操作系统下运行的 Apache 服务器与 MySQL 数据库，使用 PHP 5 及以上版本和 ThinkPHP 3.1 及以上完整版版本，开发工具为 Zend Studio 12.5。

【参考解决方案】

1. 安装 ThinkPHP 框架

启动 Zend Studio 主程序，在左侧工作区中单击鼠标右键，在弹出菜单中选择【New】/【Project】/【Local PHP Project】命令，在随后弹出的对话框中，将【Project Name】设置为 ph06，然后单击【Finish】按钮，创建 PHP 项目 ph06，并将之前下载的 ThinkPHP 3.1.3 完整版解压到 ph06 文件夹下。

2. 编写入口文件

在工作区中的 ph06 文件夹上单击鼠标右键，在弹出菜单中选择【New】/【PHP File】命令，在随后弹出的对话框中，将【File Name】设置为 admin.php，然后单击【Finish】按钮，创建.php 文件，将该文件作为后台入口文件，输入如下代码：

```
<?php
define('APP_NAME','Admin');
define('APP_PATH','./Admin/');
define('APP_DEBUG',TRUE);
```

```
include './ThinkPHP/ThinkPHP.php';
?>
```

在工作区中的 ph06 文件夹上单击鼠标右键,在弹出菜单中选择【New】/【PHP File】命令,在随后弹出的对话框中,将【File Name】设置为 index.php,然后单击【Finish】按钮,创建.php 文件,将该文件作为后台入口文件,输入如下代码:

```
<?php
define('APP_NAME','Index');
define('APP_PATH','./Index/');
define('APP_DEBUG',TRUE);
include './ThinkPHP/ThinkPHP.php';
?>
```

在浏览器地址栏中分别输入 URL 地址 http://localhost/ph06/admin.php 和 http://localhost/ph06/index.php 并运行,生成前台及后台文件夹,文件结构如图 6-1 所示。

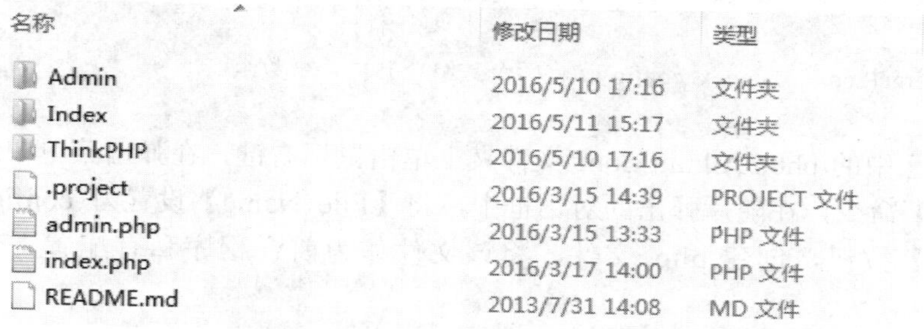

图 6-1 目录结构

3. 编写配置文件

在工作区中的 ph06 文件夹上单击鼠标右键,在弹出菜单中选择【New】/【PHP File】命令,在随后弹出的对话框中,将【File Name】设置为 config.php,单击【Finish】按钮,创建.php 文件,将该文件作为公共配置文件,输入如下代码:

```php
<?php
return array(
    //'配置项'=>'配置值'
    'DB_TYPE' => 'mysql',
    'DB_HOST' => 'localhost',
    'DB_NAME' => 'think',
    'DB_PWD' => 'root',
    'DB_USER' => 'root',
    'DB_PORT' => '3306',
    'DB_PREFIX' => 'db_',
    'URL_CASE_INSENSITIVE' =>true, //URL 不区分大小写
    'URL_HTML_SUFFIX' => '', //设置伪静态后缀名
);
?>
```

上述代码的作用是对数据库等信息进行声明，需根据实际情况添加、删除或修改配置项。

在左侧工作区中的 ph06/Admin/Conf 文件夹上单击鼠标右键，在弹出菜单中选择【New】/【PHP File】命令，在随后弹出的对话框中，将【File Name】设置为 config.php，然后单击【Finish】按钮，创建.php 文件，将该文件作为后台程序私有配置文件，输入如下代码：

```php
<?php
$config = require './config.php'; //加载公共配置文件
$index_config = array(
    'DEFAULT_THEME' => 'default', //默认模板主题名称
    'TMPL_PARSE_STRING'=>array(
    '__PUBLIC__' => __ROOT__.'/'.APP_NAME.'/Tpl/default/Public' ,
    ),
);
return array_merge($config,$index_config); //将两个数组合并成一个数组
?>
```

在工作区中的 ph06/Admin/Conf 文件夹上单击鼠标右键，在弹出菜单中选择【New】/【PHP File】命令，在随后弹出的对话框中，将【File Name】设置为 config.php，然后单击【Finish】按钮，创建.php 文件，将该文件作为前台程序私有配置文件，输入如下代码：

```php
<?php
$config = require './config.php'; //加载公共配置文件
$index_config = array(
    'DEFAULT_THEME' => 'default', //默认模板主题名称
    'TMPL_PARSE_STRING'=>array(
    '__PUBLIC__' => __ROOT__.'/'.APP_NAME.'/Tpl/default/Public' ,
    ),
);
return array_merge($config,$index_config); //将两个数组合并成一个数组
?>
```

实践 6.2　设计登录功能

本节起，将逐步实现新闻发布系统后台的功能，此登录功能为后台管理员登录而设计，除填写用户名、密码外，还需填写校验码，以防止黑客暴力破解，确保使用安全。新闻发布系统功能模块如图 6-2 所示。

【分析】

(1) 使用 MySQL 数据库，创建管理员表并记录管理员信息，在用户登录时用来对比校验用户所输入的信息，实现登录功能。管理员表结构如图 6-3 所示。

图 6-2　新闻发布系统功能模块图

db_user

字段	类型	Null	默认	注释
u_id	int(11)	否		管理员表主键
u_name	varchar(50)	是	*NULL*	管理员名称
u_password	varchar(50)	是	*NULL*	管理员密码
u_retime	varchar(255)	是	*NULL*	管理员账户创建时间

图 6-3　管理员表结构

(2) 本实践开发环境为在 Windows 操作系统上运行的 Apache 服务器与 MySQL 数据库，使用 PHP 5 及以上版本与 ThinkPHP 3.1.3 完整版版本，开发工具版本为 Zend Studio 12.5。

【参考解决方案】

1．创建控制器文件

在工作区中的 ph06/Admin/Lib/Action 文件夹上单击鼠标右键，在弹出菜单中选择【New】/【PHP File】命令，在随后弹出的对话框中，将【File Name】设置为 LoginAction.class.php，然后单击【Finish】按钮，创建.php 文件，打开该新建文件，输入如下代码：

```
<?php
//Login 登录模块
class LoginAction extends Action {
//登录页面
public function login(){
            $this->display();
    }
//登录过程
public function doLogin(){
```

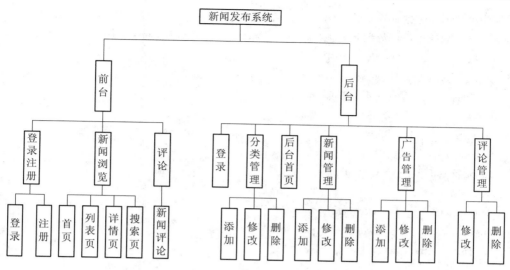

```php
if(!$this->isPost()) halt('页面不正确');
/*验证码判断，thinkphp自带验证码功能会将验证码md5加密,存入session，判断前需要处理验证码*/
    $validate=md5($_POST['validate']);
if($_SESSION['verify']!=$validate){
    $this->error('验证码不正确');
    }
    $u_name=$_POST['u_name'];
    $where['u_name']=$_POST['u_name'];
    $u_password=md5($_POST['u_password']);
    $user=M('user');
    $message=$user->where($where)->find();
if(!$u_name || $message['u_password']!=$u_password){
    $this->error('用户名或者账号不正确');
    }
else{
    $_SESSION['u_name']=$message['u_name'];
    $_SESSION['u_id']=$message['u_id'];
    redirect(__APP__);
    }
}
//调用验证码
Public function verify(){
    import('ORG.Util.Image');
    Image::buildImageVerify();
}
//退出登录
Public function loginOut(){
    $_SESSION = array(); //清除 SESSION 值.
if(isset($_COOKIE[session_name()])){  //判断客户端的cookie文件是否存在,存在的话将其设置为过期.
    setcookie(session_name(),'',time()-1,'/');
    }
    session_destroy();  //清除服务器的 session 文件
    $this->redirect('Login/login');
    }
}
```

上述代码中，包含了登录页面显示、登录过程处理、调用验证码、退出登录等方法。其中，验证码功能 ThinkPHP 已经封装，如果使用的是 ThinkPHP 3.1.3 完整版的程序，可使用上述代码直接调用这一方法，但如果使用的是 ThinkPHP3.1.3 核心包的程序，将无法直接使用此方法。

2. 设计 HTML 页面

在工作区中的 ph06/Admin/Tpl/default 文件夹上单击鼠标右键，在弹出菜单中选择【New】/【Folder】命令，在随后弹出的对话框中，将【Folder Name】设置为 Login，然后单击【Finish】按钮，创建 Login 文件夹，在该文件夹上单击鼠标右键，在弹出菜单中选择【New】/【HTML File】命令，在随后弹出的对话框中，将【File Name】设置为 login.html，然后单击【Finish】按钮，创建.html 文件，打开该新建文件，输入如下代码：

```html
<!DOCTYPE html>
<meta http-equiv="Content-Type" content="text/html; charset=utf-8"/>
<title>新闻发布系统</title>
<link href="__PUBLIC__/Style/login.css" rel="stylesheet" type="text/css">
<script  src="__PUBLIC__/Js/jquery.js" language="javascript" type="text/javascript"></script>
<script type="text/javascript">
</script>
<body>
<!--登录框-->
<div class="view-container ">
<div id="account_login" class="account-box-wrapper">
<div class="account-box">
<form name="form1" method="post" action="{:U('Login/dologin')}">
<div class="account-form-title">
<div class="logo"><img src="__PUBLIC__/images/yglogo.png" width="100"></div>
<label>管理登录</label>
</div>
<div class="account-input-area">
<input name="u_name" type="text" placeholder="用户名">
</div>
<div class="account-input-area">
<input type="password" name="u_password" placeholder="密码">
</div>
<div class="account-input-area">
<input id="vdcode" type="text" name="validate"   style="text-transform:uppercase; width:238px; "/> <img id="vdimgck"  align="absmiddle"  onClick="this.src=this.src+'?'" style="cursor: pointer; width:100px; height:44px;margin-left:30px;" alt="看不清？点击更换" src="{:U('verify')}" />
</div>
<button class="account-button login-btn" type="submit" name=" sm1"   onclick="this.form.submit();"><span>登录</span></button>
</form>
</div>
</div>
```

```
</div>
</body>
</html>
```

在上述代码中，我们引入了 2 个文件：一个 css 样式文件与一个 js 文件。这些文件存放在公共文件夹 Public 中，下面我们将创建公共文件夹并引入这些文件。

3. 建立公共文件夹

在工作区中的 ph06/Admin/Tpl/default 文件夹上单击鼠标右键，在弹出菜单中选择【New】/【Folder】命令，在随后弹出的对话框中，将【Folder Name】设置为 Public，然后单击【Finish】按钮，创建 Public 文件夹，在该文件夹上单击鼠标右键，在弹出菜单中选择【New】/【Folder】命令，在随后弹出的对话框中，将【Folder Name】设置为 Js，然后单击【Finish】按钮，创建 Js 文件夹，用于存放系统中的 Js 文件。重复上述步骤，在 Public 文件夹下再创建两个文件夹 Images 与 Style，分别用于存放系统中用到的图片文件与 css 样式文件。在新建的 Style 文件夹上单击鼠标右键，在弹出菜单中选择【New】/【css File】命令，在随后弹出的对话框中，将【File Name】设置为 login.css，然后单击【Finish】按钮，创建.css 文件，打开该新建文件，输入如下代码：

```css
*{font-family:"微软雅黑";}
body{ background:#f3f3f3;}
.view-container{padding-top:64px;min-height:600px;padding-bottom:5rem;}
.account-box-wrapper{margin-top:98px;margin-bottom:98px}
.account-box{position:relative;left:50%;background:#FFF;box-shadow:0 2px 5px 0 rgba(0,0,0,.2);border-radius:7px;padding-bottom:30px;width:480px;margin-left:-241px}
.account-form-title{padding:20px 35px;border-bottom:solid 1px rgba(151,159,168,.2); margin-bottom:35px;text-align:center;}
.account-form-title label{font-size:21px;color:#414952}
.account-input-area{margin:0 35px 30px;}
.account-input-area input{width:372px;height:56px;background:#edf1f5;border:1px solid #cad3de; border-radius:5px;padding:0 20px;font-size:14px;color:#2D3238}
.account-input-area input.short{width:260px;float:left}
.account-input-area::-webkit-input-placeholder{color:#8796a8}
.account-input-area:-moz-placeholder{color:#8796a8}
.account-input-area::-moz-placeholder{color:#8796a8}
.account-input-area:-ms-input-placeholder{color:#8796a8}
.account-button,.account-input-area.account-send-code
{box-shadow:0 2px 2px 0 rgba(45,51,56,.2);color:#FFF;cursor:pointer}
.account-input-area input[type=number]::-webkit-inner-spin-button,.account-input-area input[type=number]::-webkit-outer-spin-button{-webkit-appearance:none;margin:0}
.account-input-area input[type=number] {-moz-appearance:textfield}
.account-input-area.account-send-code{width:98px; height:56px;border:none; border-radius:5px;background:#414952;font-size:14px;margin-left:8px}
```

```
.account-input-area.captcha{width:98px;margin-left:8px;position:relative;top:14px;cursor:pointer}
.account-button{margin:28px    35px;background:#4289db;border-radius:5px;width:412px;height:49px;font-size:18px;border:none;}
.account-button span{font-size:18px;}
#account_login.reset-password,.account-bottom-tip.top-tip
{margin-bottom:7px}
.account-bottom-tip{text-align:center;font-size:14px;color:#8796a8;line-height:20px}
.account-bottom-tip a{color:#4289db;text-decoration:none;}
#account_login.check-box{margin-top:30px;margin-left:35px;position:relative}
.account-input-area span{height:20px;width:400px;position:absolute;margin-top:5px;font-size:12px;color:red;padding-left:5px;}
.logo{width:100px;height:45px;position:absolute;left:20px;}
```

4．测试程序运行

在浏览器地址栏中输入 http://localhost/ph06/admin.php?admin.php/login/login 并运行，结果如图 6-4 所示。

图 6-4　后台登录页面图

实践 6.3　设计后台页面布局

管理员登录之后，将会进入网站的后台操作界面。下面设计后台的页面布局。
【分析】
（1）所有的后台页面都需要包括统一头部信息、左侧导航列表、右侧详细页面三大组成部分，创建完成的后台界面效果如图 6-5 所示。

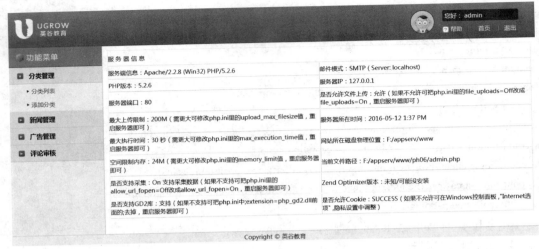

图 6-5 后台界面效果图

(2) 要实现效果图中的布局，需要借助 jquery.SuperSlide.js 这个 juqery 文件，该文件需要提前下载准备并存放在公共文件夹中的 Js 文件夹下。

【参考解决方案】

1. 创建控制器文件

在工作区中的 ph06/Admin/Lib/Action 文件夹上单击鼠标右键，在弹出菜单中选择【New】/【PHP File】命令，在随后弹出的对话框中，将【File Name】设置为 IndexAction.class.php，然后单击【Finish】按钮，创建 .php 文件，打开该新建文件，输入如下代码：

```php
<?php
class IndexAction extends CommonAction {
Public function index(){
if(!isset($_SESSION['u_id'])){
        $this->redirect('Login/login');
    }
    $this->assign('u_name',$_SESSION['u_name']);
    $this->display();
}
//系统首页服务器配置信息
Public function sysMessage(){
if(!isset($_SESSION['u_id'])){
        $this->redirect('Login/login');
    }
    $this->systemMsg=systemMsg();
    $this->display();
}
}
```

上述代码调用了存放在公共文件中的 systemMsg 方法，该方法的作用是获取服务器的相关信息并将其输出到 systemMsg.html 页面中。下文将会详细讲解该公共文件的编写方法以及 systemMsg.html 页面的设计过程。

本示例使用了 systemMsg.html 作为首页默认展示页，如果想更改默认页的内容，也可创建其他方法，然后渲染到模板上，供首页调用即可。

2．创建公共文件

在工作区中的 ph06/Admin/Common 文件夹上单击鼠标右键，在弹出菜单中选择【New】/【PHP File】命令，在随后弹出的对话框中，将【File Name】设置为 common.php，然后单击【Finish】按钮，创建 .php 文件，打开该新建文件，输入如下代码：

```php
<?php
/**
*服务器信息
*/
function systemMsg(){
    isset($_COOKIE) ? $rs['ifcookie']="SUCCESS" : $rs['ifcookie']="FAIL";
    $rs['sysversion']=PHP_VERSION;      //PHP 版本
    $rs['max_upload']= ini_get('upload_max_filesize') ? ini_get('upload_max_filesize') : 'Disabled';   //最大上传限制
    $rs['max_ex_time']=ini_get('max_execution_time')."秒";      //最大执行时间
    $rs['sys_mail']= ini_get('sendmail_path') ? 'Unix Sendmail ( Path: '.ini_get('sendmail_path').')' :( ini_get('SMTP') ? 'SMTP ( Server: '.ini_get('SMTP').')': 'Disabled' );   //邮件支持模式
    $rs['systemtime']=date("Y-m-j g:i A"); //服务器所在时间
    if( function_exists("imagealphablending") && function_exists("imagecreatefromjpeg") && function_exists("ImageJpeg") ){
        $rs['gdpic']="支持";
    }else{
        $rs['gdpic']="不支持";
    }
    $rs['allow_url_fopen']=ini_get('allow_url_fopen')?"On 支持采集数据":"OFF 不支持采集数据";
    $rs['safe_mode']=ini_get('safe_mode')?"打开":"关闭";
    $rs['DOCUMENT_ROOT']=$_SERVER["DOCUMENT_ROOT"];     //程序所在磁盘物理位置
    $rs['SERVER_ADDR']=$_SERVER["SERVER_ADDR"]?$_SERVER["SERVER_ADDR"]:$_SERVER["LOCAL_ADDR"];          //服务器 IP
    $rs['SERVER_PORT']=$_SERVER["SERVER_PORT"];              //服务器端口
    $rs['SERVER_SOFTWARE']=$_SERVER["SERVER_SOFTWARE"];         //服务器软件
    $rs['SCRIPT_FILENAME']=$_SERVER["SCRIPT_FILENAME"]?$_SERVER["SCRIPT_FILENAME"]:$_SERVER["PATH_TRANSLATED"];//当前文件路径
    //获取 ZEND 的版本
```

PHP 程序设计及实践

```
        ob_end_clean();
        ob_start();
        phpinfo();
        $phpinfo=ob_get_contents();
        ob_end_clean();
        ob_start();
        preg_match("/with( | )Zend( | )Optimizer( | )([^,]+),/is",$phpinfo,$zenddb);
        $rs['zendVersion']=$zenddb[4]?$zenddb[4]:"未知/可能没安装";
        $rs['memory_user_limit']=ini_get('memory_limit');    //最大执行时间/空间限制内存
        $rs['file_uploads']=ini_get('file_uploads')?"允许":"不允许"; //是否允许上传文件
        return $rs;
    }
?>
```

上述代码是公共代码，实际开发时，其他的公共代码也可以放入该文件里。

3．编写模板文件

控制器中的方法编写完成后，在工作区中的 ph06/Adim/Tpl/default 文件夹上单击鼠标右键，在弹出菜单中选择【New】/【Folder】命令，在随后弹出的对话框中，将【Folder Name】设置为 Index，然后单击【Finish】按钮，创建 Index 文件夹，在新建的 ph06/Admin/Tpl/default/Index 文件夹上单击鼠标右键，在弹出菜单中选择【New】/【HTML File】命令，在随后弹出的对话框中，将【File Name】设置为 index.html，然后单击【Finish】按钮，创建.html 文件，打开该新建文件，输入如下代码：

```
<!doctype html>
<html lang="zh-CN">
<head>
<meta charset="UTF-8">
<link rel="stylesheet" href="__PUBLIC__/style/common.css">
<link rel="stylesheet" href="__PUBLIC__/style/style.css">
<script type="text/javascript "src="__PUBLIC__/js/jquery.min.js"></script>
<script type="text/javascript" src="__PUBLIC__/js/jquery.SuperSlide.js"></script>
<script type="text/javascript">
    $(function(){
        $(".sideMenu").slide({
            titCell:"h3",
            targetCell:"ul",
            defaultIndex:0,
            effect:'slideDown',
            delayTime:'500',
            trigger:'click',
            triggerTime:'150',
```

```
                defaultPlay:true,
                returnDefault:false,
                easing:'easeInQuint',
                endFun:function(){
                    scrollWW();
                }
            });
        $(window).resize(function() {
            scrollWW();
        });
    });
function scrollWW(){
if($(".side").height()<$(".sideMenu").height()){
        $(".scroll").show();
var pos = $(".sideMenu ul:visible").position().top-38;
        $('.sideMenu').animate({top:-pos});
    }else{
        $(".scroll").hide();
        $('.sideMenu').animate({top:0});
        n=1;
    }
  }
var n=1;
function menuScroll(num){
var Scroll = $('.sideMenu');
var ScrollP = $('.sideMenu').position();
/*alert(n);
  alert(ScrollP.top);*/
  if(num==1){
    Scroll.animate({top:ScrollP.top-38});
     n = n+1;
   }else{
if (ScrollP.top > -38 && ScrollP.top != 0) { ScrollP.top = -38; }
if (ScrollP.top<0) {
     Scroll.animate({top:38+ScrollP.top});
    }else{
       n=1;
    }
if(n>1){
    n = n-1;
```

```
    }
  }
}
</script>
<title>新闻发布平台</title>
</head>
<body>
<div class="top">
<div id="top_t">
<div id="logo" class="fl"><img src="__PUBLIC__/images/yglogo_f.png" width="120"></div>
<div id="photo_info" class="fr">
<div id="photo" class="fl">
<a href="#"><img src="__PUBLIC__/images/a.png" alt=" "width="60" height="60"></a>
</div>
<div id="base_info" class="fr">
<div class="info_center">您好：
              {$u_name}
</div>
<div class="help_info">
<a href="1" id="hp"><img src="__PUBLIC__/images/user_info_03.jpg"> 帮助</a>
<a href="__ROOT__/index.php?Index/index" id="gy" target="blank"> 首页</a>
<a href="{:U('Login/loginout')}" id="out"> 退出</a>
</div>
</div>
</div>
</div>
</div>
<div style="clear: both;"></div>
<div id="side_here_l" class="fl"></div>
<div class="side">
<divclass="sideMenu" style="margin:0 auto">
              <h3>分类管理</h3>
<ul>
<a href="{:U('Type/typeList')}" target="right"><li>分类列表</li></a>
<a href="{:U('Type/addType')}" target="right"><li>添加分类</li></a>
</ul>
<h3>新闻管理</h3>
<ul>
<a href="{:U('News/newsList')}" target="right"><li>新闻列表</li></a>
<a href="{:U('News/publishNews')}" target="right"><li>发布新闻</li></a>
```

```html
</ul>
            <h3>广告管理</h3>
<ul>
<a href="{:U('Ad/adList')}" target="right"><li>广告列表</li></a>
<a href="{:U('Ad/addAd')}" target="right"><li>添加广告</li></a>
</ul>
<h3>评论审核</h3>
<ul>
<a href="{:U('Comment/commentList')}" target="right"><li>评论列表</li></a>
</ul>
</div>
</div>
<div class="main">
<iframe name="right" id="rightMain" src="{:U('Index/sysMessage')}" frameborder="no" scrolling="auto" width="100%" height="auto" allowtransparency="true"></iframe>
</div>
<div class="bottom">
<div id="bottom_bg">Copyright © 英谷教育</div>
</div>
</body>
</html>
```

在工作区中的 ph06/Adim/Common/Index 文件夹上单击鼠标右键，在弹出菜单中选择【New】/【HTML File】命令，在随后弹出的对话框中，将【File Name】设置为 sysMessage.html，然后单击【Finish】按钮，创建.html 文件，打开该新建文件，输入如下代码：

```html
<!doctype html>
<html lang="zh-CN">
<head>
<meta charset="UTF-8">
<link rel="stylesheet" href="__PUBLIC__/style/common.css">
<link rel="stylesheet" href="__PUBLIC__/style/main.css">
<script type="text/javascript" src="__PUBLIC__/js/jquery.min.js"></script>
<script type="text/javascript" src="__PUBLIC__/js/colResizable-1.3.min.js"></script>
<script type="text/javascript" src="__PUBLIC__/js/common.js"></script>
<script type="text/javascript">
    $(function(){
      $(".list_table").colResizable({
        liveDrag:true,
        gripInnerHtml:"<div class='grip'></div>",
        draggingClass:"dragging",
```

```
            minWidth:30
        });
    });
</script>
<title></title>
</head>
<body>
<div class="container">
<table width="100%" border="0" cellspacing="1" cellpadding="3" class="list_table">
<tr class="head">
<td height="23" colspan="2">服 务 器 信 息</td>
</tr>
<tr bgcolor="#FFFFFF">
<td width="50%">服务端信息：{$systemMsg[SERVER_SOFTWARE]}</td>
<td width="50%">邮件模式：{$systemMsg[sys_mail]}</td>
</tr>
<tr bgcolor="#FFFFFF">
<td width="50%">PHP版本：{$systemMsg[sysversion]}</td>
<td width="50%">服务器IP：{$systemMsg[SERVER_ADDR]}</td>
</tr>
<tr bgcolor="#FFFFFF">
<td width="50%">服务器端口：{$systemMsg[SERVER_PORT]}</td>
<td width="50%">是否允许文件上传：{$systemMsg[file_uploads]}<span help="1">(如果不允许可把php.ini里的file_uploads=Off改成file_uploads=On，重启服务器即可)</span></td>
</tr>

<tr bgcolor="#FFFFFF">
<td width="50%">最大上传限制：{$systemMsg[max_upload]}<span help="1">(需更大可修改php.ini里的upload_max_filesize值，重启服务器即可)</span></td>
<td width="50%">服务器所在时间：{$systemMsg[systemtime]}</td>
</tr>
<tr bgcolor="#FFFFFF">
<td width="50%">最大执行时间：{$systemMsg[max_ex_time]}<span help="1">(需更大可修改php.ini里的max_execution_time值，重启服务器即可)</span></td>
<td width="50%">网站所在磁盘物理位置：{$systemMsg[DOCUMENT_ROOT]}</td>
</tr>
<tr bgcolor="#FFFFFF">
<td width="50%">空间限制内存：{$systemMsg[memory_user_limit]}<span help="1">(需更大可修改php.ini里的memory_limit值，重启服务器即可)</span></td>
<td width="50%">当前文件路径：{$systemMsg[SCRIPT_FILENAME]}</td>
```

```
</tr>
<tr bgcolor="#FFFFFF">
<td   width="50%">是否支持采集：{$systemMsg[allow_url_fopen]}<span help="1">(如果不支持可把
php.ini 里的 allow_url_fopen=Off 改成 allow_url_fopen=On，重启服务器即可)</span></td>
<td   width="50%">Zend Optimizer版本：{$systemMsg[zendVersion]}</td>
</tr>
<tr bgcolor="#FFFFFF">
<td width="50%">是否支持 GD2 库：{$systemMsg[gdpic]}<span help="1">(如果不支持可把 php.ini 中;
extension=php_gd2.dll 前面的;去掉，重启服务器即可)</span></td>
<td width="50%">是否允许 Cookie：{$systemMsg[ifcookie]}<span help="1">(如果不允许可在 Windows 控
制面板 ,"Internet 选项",隐私设置中调整)</span></td>
</tr>
</table>
</div>
</body>
</html>
```

4．编写 CSS 文件

上述程序中引用了 common.css、main.css 和 style.css 这三个样式文件，因此要在公共文件夹下的 Sytle 文件夹中新建这三个文件。在工作区中的 ph06/Adim/Tpl/default/Style 文件夹上单击鼠标右键，在弹出菜单中选择【New】/【CSSFile】命令，在随后弹出的对话框中，将【File Name】设置为 common.css，然后单击【Finish】按钮，创建.css 文件，打开该新建文件，输入如下代码：

```css
*{
    font-family:"微软雅黑";
}
body{
    background:#f3f3f3;
}
.view-container{
    padding-top:64px;
    min-height:600px;
    padding-bottom:5rem;
}
.account-box-wrapper{
    margin-top:98px;
    margin-bottom:98px
}
.account-box{
    position:relative;
    left:50%;
```

```css
    background:#FFF;
    box-shadow:0 2px 5px 0 rgba(0,0,0,.2);
    border-radius:7px;
    padding-bottom:30px;
    width:480px;
    margin-left:-241px
}
.account-form-title{
    padding:20px 35px;
    border-bottom:solid 1px rgba(151,159,168,.2);
    margin-bottom:35px;
    text-align:center;
}
.account-form-title label{
    font-size:21px;
    color:#414952
}
.account-input-area{
    margin:0 35px 30px;
}
.account-input-area input{
    width:372px;
    height:56px;
    background:#edf1f5;
    border:1px solid #cad3de;
    border-radius:5px;
    padding:0 20px;
    font-size:14px;
    color:#2D3238
}
.account-input-area input.short{
    width:260px;
    float:left
}
.account-input-area::-webkit-input-placeholder{
color:#8796a8
}
.account-input-area:-moz-placeholder{
color:#8796a8
}
```

```css
.account-input-area::-moz-placeholder{
color:#8796a8
}
.account-input-area:-ms-input-placeholder{
color:#8796a8
}
.account-button,.account-input-area.account-send-code{
    box-shadow:0  2px  2px  0  rgba(45,51,56,.2);
    color:#FFF;
    cursor:pointer
}
.account-input-area input[type=number]::-webkit-inner-spin-button,.account-input-area input[type=number]::-webkit-outer-spin-button{
-webkit-appearance:none;
margin:0
}
.account-input-area input[type=number] {
    -moz-appearance:textfield
}
.account-input-area.account-send-code{
    width:98px;
    height:56px;
    border:none;
    border-radius:5px;
    background:#414952;
    font-size:14px;
    margin-left:8px
}
.account-input-area.captcha{
    width:98px;
    margin-left:8px;
    position:relative;
    top:14px;
    cursor:pointer
}
.account-button{
    margin:28px  35px;
    background:#4289db;
    border-radius:5px;
    width:412px;
```

```css
        height:49px;
        font-size:18px;
        border:none
}
.account-button span{
        font-size:18px;
}
#account_login.reset-password,.account-bottom-tip.top-tip{
        margin-bottom:7px
}
.account-bottom-tip{
        text-align:center;
        font-size:14px;
        color:#8796a8;
        line-height:20px
}
.account-bottom-tip a{
        color:#4289db;
        text-decoration:none;
}
#account_login.check-box{
        margin-top:30px;
        margin-left:35px;
        position:relative
}
.account-input-area span{
        height:20px;
        width:400px;
        position:absolute;
        margin-top:5px;
        font-size:12px;
        color:red;
        padding-left:5px;
}
.logo{
        width:100px;
        height:45px;
        position:absolute;
        left:20px;
}
```

在工作区中的 ph06/Adim/Tpl/default/Style 文件夹上单击鼠标右键，在弹出菜单中选择【New】/【CSSFile】命令，在随后弹出的对话框中，将【File Name】设置为 main.css，然后单击【Finish】按钮，创建.css 文件，打开该新建文件，输入如下代码：

```css
@CHARSET "UTF-8";
.container{
        padding:10px;
}
/*iframe*/
/*box*/
.box{}
.box_border{border:1px solid #d3dbde;}
.box_top{height:37px; line-height:37px; background:url('../images/box_top.png') 0px 0px repeat-x;}
.box_top_l,.box_top_r{height:37px;line-height:37px;}
/*button*/
.btn{
        height:35px;
        line-height:35px;
        border-style:none;
        cursor:pointer;
        font-size:14px/35px;
        font-family:"Microsoft YaHei","微软雅黑","sans-serif";
}
.btn82{
        width:82px;
        text-align:left;
        padding-left:35px;
}
.btn_add{
        background:url('../images/btn_add.gif') 0px -1px no-repeat;
}
.btn_add:hover{
        background:url('../images/btn_add_hover.gif') 0px 0px no-repeat;
        color:#fff;
}
.btn_del{
        background:url('../images/btn_del.gif') 0px -1px no-repeat;
}
.btn_del:hover{
        background:url('../images/btn_del_hover.gif') 0px 0 px no-repeat;
        color:#fff;
```

```css
}
.btn_config{
        background:url('../images/btn_config.gif')  0px  -1px  no-repeat;
}
.btn_config:hover{
        background:url('../images/btn_config_hover.gif')  0px  0px  no-repeat;
        color:#fff;
}
.btn_checked{
        background:url('../images/btn_checked.gif')  0px  -1px  no-repeat;
}
.btn_checked:hover{
        background:url('../images/btn_checked_hover.gif')  0px  0px  no-repeat;
        color:#fff;
}
.btn_nochecked{
        background:url('../images/btn_nochecked.gif')  0px  -1px  no-repeat;
}
.btn_nochecked:hover{
        background:url('../images/btn_nochecked_hover.gif')  0px  0px  no-repeat;
        color:#fff;
}
.btn_count{
        background:url('../images/btn_count.gif')  0px  -1px  no-repeat;
}
.btn_count:hover{
        background:url('../images/btn_count_hover.gif')  0px  0px  no-repeat;
        color:#fff;
}
.btn_export{
        background:url('../images/btn_export.gif')  0px  -1px  no-repeat;
}
.btn_export:hover{
        background:url('../images/btn_export_hover.gif')  0px  0px  no-repeat;
        color:#fff;
}
.btn_recycle{
        background:url('../images/btn_recycle.gif')  0px  -1px  no-repeat;
}
.btn_recycle:hover{
```

```css
        background:url('../images/btn_recycle_hover.gif') 0px 0px no-repeat;
        color:#fff;
}
.btn_search{
        background:url('../images/btn_search.gif') 0px -1px no-repeat;
}
.btn_search:hover{
        background:url('../images/btn_search_hover.gif') 0px 0px no-repeat;
        color:#fff;
}
.btn_save2{
        background:url('../images/btn_save2.gif') 0px -1px no-repeat;
}
.btn_save2:hover{
        background:url('../images/btn_save2_hover.gif') 0px 0px no-repeat;
        color:#fff;
}
.btn_res{
        background:url('../images/btn_res.png') 0px -1px no-repeat;
}
.btn_res:hover{
        background:url('../images/btn_res_hover.png') 0px 0px no-repeat;
        color:#fff;
}
/*table*/
.list_table{
        width:100%;
        border-top:1px solid #d3dbde;
        border-right:1px solid #d3dbde;
}
.list_table th{
height:37px;
background:url('../images/box_top.png')0px 0px repeat-x;
line-height:37px;
border-left:1px solid #d3dbde;
}
.list_table td{
        border-bottom:1px solid #d3dbde;
border-left:1px solid #d3dbde;
padding:5px;
```

```css
}
.form_table td{
    padding:5px 5px;
}
.td_center{text-align:center;}
.td_left{text-align:left;}
.td_right{text-align:right;}
.td_right,.td_center,.td_left{
    width:120px;
line-height:21px;
}
/*for IE7,8表格拖动失效*/
.grip{
    width:20px;
    height:30px;
    margin-top:-3px;
    margin-left:-5px;
    position:relative;
    z-index:88;
    cursor:e-resize;
}
.pagination ul{
    display:inline-block;
    margin-bottom:0;
    margin-left:0;
    -webkit-border-radius:3px;
    -moz-border-radius:3px;
    border-radius:3px;
    -webkit-box-shadow:0 1px 2px rgba(0,0,0,0.05);
    -moz-box-shadow:0 1px 2px rgba(0,0,0,0.05);
    box-shadow:0 1px 2px rgba(0,0,0,0.05);
}
.pagination ul li{
display:inline;
}
.pagination ul li a,.paginationullispan{
    float:left;
    padding:4px 12px;
    line-height:20px;
    text-decoration:none;
```

```css
        background-color:#fff;
        background:url('../images/bottom_bg.png') 0px 0px;
        border:1px solid #d3dbde;
        border-left-width:0;
        color:#08c;
}
.pagination ul li a:hover{
        color:red;
}
.pagination ul li.first-child a,.pagination ul li.first-child span{
        border-left-width:1px;
        -webkit-border-bottom-left-radius:3px;
        border-bottom-left-radius:3px;
        -webkit-border-top-left-radius:3px;
        border-top-left-radius:3px;
        -moz-border-radius-bottomleft:3px;
        -moz-border-radius-topleft:3px;
}
.pagination ul.disabled span,.pagination ul.disabled a,.pagination ul.disabled a:hover{
color:#999;
cursor:default;
background-color:transparent;
}
.pagination ul.active a,.pagination ul.active span{
color:#999;
cursor:default;
}
.pagination ul li a:hover,.pagination ul.active a,.pagination ul.active span{
background-color:#f5f5f5;
}
.pagination ul li.last-child a,.pagination ul li.last-child span{
        -webkit-border-top-right-radius:3px;
        border-top-right-radius:3px;
        -webkit-border-bottom-right-radius:3px;
        border-bottom-right-radius:3px;
        -moz-border-radius-topright:3px;
        -moz-border-radius-bottomright:3px;
}
/*form*/
.textarea,.input-text{
```

```css
        border:1px solid #bac7d2;
        background:#f7fcfe;/* #f7fcfe #f3fafd*/
        border-radius:2px;
        box-shadow:2px 2px 2px #e7f1f7 inset;
}
.input-text{height:28px;}
.textarea{width:380px;height:90px;}
/*下拉框美化*/
.select{
border:1px solid #bac7d2;
padding:4px 3px;
font-size:12px;
height:30px;
*margin:-1px;
border-radius:2px;
box-shadow:2px 2px 2px #e7f1f7 inset;
}
.select_border{
height:29px;
*background:#fff;
background:#fff;
*border:1px solid #bac7d2;
*padding:4px;
*height:20px;
}
.select_containers{
*border:0;
*position:relative;
*height:18px;
*overflow:hidden;
}
.select_border,.select_containers{
        display:inline-block;
}
.ext_btn{
        color:#333;
        background:#e6e6e6 url(../images/ext_btn.png);
        border:1px solid #c4c4c4;
        border-radius:2px;
        text-shadow:0 1px 1px rgba(255,255,255,.75);
```

```css
        padding:4px 10px;
        display:inline-block;
        cursor:pointer;
        font-size:12px;
        line-height:normal;
        text-decoration:none;
        overflow:visible;
        vertical-align:middle;
        text-align:center;
        zoom:1;
        white-space:nowrap;
        _position:relative;margin:0
}
a.ext_btn{*padding:4px 10px 2px !important}
input.ext_btn,button.ext_btn{
        *padding:5px 10px 2px !important
}
.ext_btnem{
        font-size:10px;
        font-style:normal;
        padding-left:2px;
        font-family:Arial;
        vertical-align:1px
}
.ext_btn.add{
        width:9px;
        height:9px;
        background:url(../images/ext_btn_add.png)centercenterno-repeat;
        display:inline-block;
        vertical-align:middle;
        margin:-3px 5px 0 -3px;
        *margin:-1px 5px 0 -3px;
        line-height:9px
}
.ext_btn:hover{
        background-position:0 -40px;
        color:#333;
        text-decoration:none
}
.ext_btn:active{
```

```css
    background-position:0 -81px
}
.ext_btn_big{
    font-size:1.2em;
    line-height:normal;
    padding:7px 18px;
    border-radius:2px
}
input.ext_btn_big,button.ext_btn_big{
    *padding:6px 18px 3px !important
}
.ext_btn_error,.ext_btn_error:hover,.ext_btn_success,.ext_btn_success:hover,
.ext_btn_submit,.ext_btn_submit:hover{
    color:#fff!important
}
.ext_btn_submit{
    background-position:0 -120px;
    background-color:#1b75b6;
    text-shadow:0 -1px 0r gba(0,0,0,.25);
    border-color:#106bab #106bab #0d68a9
}
.ext_btn_submit:hover{
    background-position:0 -160px
}
.ext_btn_submit:active{
    background-position:0 -201px
}
.ext_btn_success{
    background-color:#89bf00;
    background-position:0 -240px;
    text-shadow:0 -1px 0 rgba(0,0,0,.25);
    border-color:#6bad01 #6bad01 #63a100
}
.ext_btn_success:hover{
    background-position:0 -280px
}
.ext_btn_success:active{
    background-position:0 -321px
}
.ext_btn_error{
```

```css
    background-color:#f29307;
    background-position:0 -360px;
    text-shadow:0 -1px 0 rgba(0,0,0,.25);
    border-color:#e77c0e #e77c0e #dd7204
}
.ext_btn_error:hover{
    background-position:0 -400px
}
.ext_btn_error:active{
    background-position:0 -441px
}
```

在工作区中的 ph06/Adim/Tpl/default/Style 文件夹上单击鼠标右键,在弹出菜单中选择【New】/【CSS File】命令,在随后弹出的对话框中,将【File Name】设置为 style.css,然后单击【Finish】按钮,创建.css 文件,打开该新建文件,输入如下代码:

```css
@CHARSET "UTF-8";
html,body{
    height:100%; overflow:hidden;
}
.top{
position:absolute; left:0; top:0; right:0;
/* height:125px;
*/
height:81px;
background:#07 curl('../images/top.gif') 0px 0px repeat-x;
}
.side{
position:absolute; left:0; top:125px; bottom:25px;
width:206px;
overflow:hidden;
/* overflow: auto; */
background:#e1e2e3 url('../images/side_bg.gif') 0px 0px repeat-y;
}
.main{
position:absolute; left:206px; top:81px; bottom:25px; right:0px;
width:auto;
background-color:#fff;
z-index:2;
overflow:hidden;
}
.bottom{
```

```css
position:absolute; left:0; bottom:0; right:0;
height:25px;
background-color:#456;
}
.main iframe{width:100%; height:100%;}
/*------ for ie6 ------*/
html{*padding:125px 025px 0;}
.top{*height:125px; *margin-top:-125px;}
.side{*height:100%; *float:left; *margin-right:-206px;}
.main{*height:100%; *margin-left:206px;}
.bottom{*height:25px;}
.top,.side,.main,.bottom{*position:relative; *top:0; *right:0; *bottom:0; *left:0;}
#top_t{
        height:81px;
}
#logo{
        width:352px;
        height:81px;
        padding:15px;
}
#top_t #photo_info{
        width:270px;
        height:81px;
}
#photo_info #photo{
        padding-top:15px;
}
#photo_info #photo img{
        width:50px;
        height:50px;
        border:2px solid #0c4169;
    -webkit-border-radius:50%;
        -moz-border-radius:50%;
        -ms-border-radius:50%;
        -o-border-radius:50%;
        border-radius:50%;
    opacity:0.9;
        filter:alpha(opacity=90);
}
#photo_info #base_info{
```

```css
    width:200px;
    height:81px;
    /*background: url('../images/user_info.png') 0px 0px no-repeat;*/
}
#base_info  .help_info{
    height:22px;
    margin-top:8px;
}
#base_info  .help_info  a{
    display:inline-block;
    width:46px;
    height:19px;
}
#base_info  .help_info  #gy{
    margin-left:5px;
}
#base_info  .help_info  #out{
}
.help_info  #gy{background:url('../images/user_info_05.png')lefttopno-repeat ; padding-left:15px;}
.help_info  #out{background:url('../images/user_info_05.png')lefttopno-repeat ; padding-left:10px;}
#base_info  .help_info  a{color:#fff;}
#base_info  .info_center{
    width:160px;
    height:25px;
    margin-top:16px;
    padding-left:5px;
    color:#fff;
background:#0c4169;
border-radius:3px;
    line-height:25px;
}
#base_info. info_center #nt{
    padding-left:30px;
    font-size:12px;
}
#base_info  .info_center  #notice{
    background:red;
    display:inline-block;
    width:20px;
    height:20px;
```

```css
            line-height:20px;
            text-align:center;
            margin-left:4px;
            opacity:0.8;
            filter:alpha(opacity=80);
            border-radius:3px;
            -webkit-border-radius:3px;
-moz-border-radius:3px;
color:#fff;
}
#side_here{
            height:44px;
            background:#fffurl('../images/here.gif')  0px  0px  repeat-x;
}
#side_here_1{
            width:206px;
            height:44px;
            background:url('../images/side_top.gif')  0px  0px  no-repeat;
            position:absolute;
            top:81px;
}
#here_area{
            width:100%;
            height:44px;
            line-height:44px;
            padding-left:20px;
            background:#fffurl('../images/here.gif')  0px  0px  repeat-x;
}
.bottom#bottom_bg{
            border-top:1px  solid  #c9c9c9;/*#e8f2f6*/
            height:24px;
            line-height:24px;
            background:url('../images/bottom_bg.png')  0px  0px;
            text-align:center;
}
/*左侧菜单*/
.sideMenu{
position:absolute;
left:0px;
top:0px;
```

```css
    width:100%;
}
.sideMenu h3{
        height:38px; line-height:38px; cursor:pointer;
        font:normal14px/38px"Microsoft YaHei";
        font-weight:bold;
        background:url('../images/side_h3.gif')  0px  0px  no-repeat;
        padding-left:45px;
}
.sideMenu h3 em{float:right; display:block; width:40px; height:32px;
background:url(../images/icoAdd.png)16px  12px  no-repeat; cursor:pointer; }
.sideMenu h3.on{background:url('../images/side_h3_on.gif')  0px  0px  no-repeat; }
.sideMenu ul{display:none; /* 默认都隐藏 */ }
.sideMenu ul li{
        height:31px;
        line-height:31px;
        font:normal  13px/31px  "Microsoft YaHei";
        padding-left:50px;
        background:url('../images/side_li.gif')  40px  13px  no-repeat;
}
.sideMenu ul li.on{
        background:url('../images/side_li_on.png')  0px  0px  no-repeat;
        color:#fff;
}
.scroll{position:absolute; left:2px; bottom:25px; width:60px; height:42px;height:42px;overflow:hidden;
display:none;z-index:3;}
.scrol la{display:inline-block;zoom:1;}
.scrol la{background:url(../images/scroll_bg.png)no-repeatlefttop; width:48px; height:17px;margin:0px5px;}
.scrol la:hover{background-position:leftbottom;}
.scrol la.next{background-position:righttop;}
.scrol la.next:hover{background-position:rightbottom;}
```

实践 6.4　设计新闻分类管理功能

用户查看新闻网站时，通常会根据自己的喜好选择浏览某一特定类型的新闻，比如体育新闻、时事政治、娱乐动态等。本实践将实现对新闻分类的管理功能。

【分析】

（1）新闻分类管理功能由查看分类信息列表、查看分类信息详情、发布分类信息、修改分类信息、删除分类信息等功能模块组成，需分步设计制作。

(2) 分类信息列表页效果如图 6-6 所示。

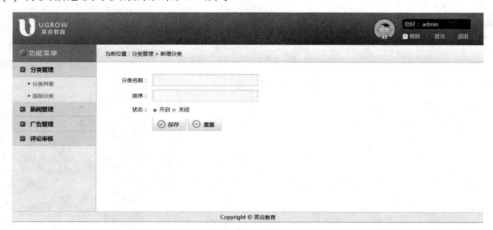

图 6-6　分类信息列表页效果图

(3) 分类信息发布页效果如图 6-7 所示。

图 6-7　分类信息发布页效果图

【参考解决方案】

1．创建控制器文件

在工作区中的 ph06/Admin/Lib/Action 文件夹上单击鼠标右键，在弹出菜单中选择【New】/【PHP File】命令，在随后弹出的对话框中，将【File Name】设置为 TypeAction.class.php，然后单击【Finish】按钮，创建.php 文件，打开该新建文件，输入如下代码：

```
<?php
//Type 新闻分类管理模块
class TypeAction extends Action {
//新闻分类列表页面
Public function typeList(){
if(!isset($_SESSION['u_id'])){
        $this->redirect('Login/login');
    }
```

```php
        $type=M('type');
        $count=$type->count('t_id');
        import('ORG.Util.Page');//导入分页类
        $page=new page($count,7);
        $limit=$page->firstRow.','.$page->listRows;
        $list=$type->order('t_order ASC')->limit($limit)->select();
        $this->page=$page->show();
        $this->assign('list',$list);
        $this->display();
    }
//添加分类页面
Public function addType(){
if(!isset($_SESSION['u_id'])){
        $this->redirect('Login/login');
    }
        $this->display();
    }
//添加过程
Public function add(){

if(!isset($_POST['t_name'])){
        $this->error('非法操作');
    }
if(empty($_POST['t_name'])){
        $this->error('分类名称不能为空');
    }
    $type=M('type');
    $type->create();
if($type->add()){
        $this->success('添加成功', U('typeList'));
    }
else{
        $this->error('添加失败');
    }
    }
//修改分类页面
Public function updateType(){
if(!isset($_SESSION['u_id'])){
        $this->redirect('Login/login');
    }
```

```php
if(!isset($_GET['t_id'])){
        $this->error('非法操作');
    }
    $type=M('type');
    $where['t_id']=$_GET['t_id'];
    $list=$type->where($where)->find();
    $this->assign('list',$list);
    $this->display();
  }
//修改过程
Public function update(){
if(!isset($_POST['t_id'])){
        $this->error('非法操作');
    }
if(empty($_POST['t_name'])){
        $this->error('分类名称不能为空');
    }
    $type=M('type');
    $type->create();
    $where['t_id']=$_POST['t_id'];
if($type->where($where)->save()){
        $this->success('修改成功', U('typeList'));
    }
else{
        $this->error('修改失败');
    }
  }

//删除过程
Public function delete(){
if(!isset($_SESSION['u_id'])){
        $this->redirect('Login/login');
    }
if(!isset($_GET['t_id'])){
        $this->error('非法操作');
    }
    $type=M('type');
    $where['t_id']=$_GET['t_id'];
if($type->where($where)->delete()){
        $this->success('删除成功', U('typeList'));
```

```
        }
    else{
            $this->error('删除失败');
        }
    }
}
```

2. HTML 页面设计

新闻分类管理由三个页面构成，分别是分类信息列表页、分类信息发布页和分类信息修改页。

首先，创建分类信息列表页。在工作区中的 ph06/Admin/Tpl/default 文件夹上单击鼠标右键，在弹出菜单中选择【New】/【Folder】命令，在随后弹出的对话框中，将【Folder Name】设置为 Type，然后单击【Finish】按钮，创建 Type 文件夹，在该文件夹上单击鼠标右键，在弹出菜单中选择【New】/【HTML File】命令，在随后弹出的对话框中，将【File Name】设置为 typeList.html，然后单击【Finish】按钮，创建.html 文件，打开该新建文件，输入如下代码：

```
<!DOCTYPE html PUBLIC"-//W3C//DTD XHTML 1.0 Transitional//EN"
"http://www.w3.org/td/xhtml1/DTD/xhtml1-transitional.dtd">
<html xmlns=http://www.w3.org/1999/xhtml xml:lang="en">
<head>
<meta http-equiv="Content-Type"content=" text/html;charset=UTF-8">
<title></title>
<link rel="stylesheet" href="__PUBLIC__/Style/common.css">
<link rel="stylesheet" href="__PUBLIC__/Style/main.css">
<script type="text/javascript" src="__PUBLIC__/Js/jquery.min.js"></script>
<script type="text/javascript" src="__PUBLIC__/Js/common.js"></script>
</head>
<body>
<div style="width:100%;height:44px;line-height: 44px;padding-left: 20px; background:#fff
url('__PUBLIC__/Images/here.gif') 0px 0px repeat-x; position:fixed; top: 0px; font-size: 13px; font-family: '微软雅黑';">
        当前位置：分类管理 > 管理列表
</div>
<div style="width:100%;height:44px;"></div>
<div style="clear: both;"></div>
<div>
<div>
<table width="100%" border="0" cellpadding="0" cellspacing="0" class="list_table">
<tr>
<th>分类名称</th>
```

```
                    <th>状态</th>
                    <th>排序</th>
<th>操作</th>
</tr>
<volist name='list' id='vo'>
<tr align="center">
                <td>{$vo.t_name}</td>
                <if condition="$vo.t_status eq 1">
                <td><font color="green">开启</font></td>
                <else/>
                    <td><font color="red">关闭<font/></td>
                </if>
                <td>{$vo.t_order}</td>
<td>
            <a href="{:U('Type/updateType',array('t_id'=>$vo['t_id']))}">修改</a>
            <a href="{:U('Type/delete',array('t_id'=>$vo['t_id']))}"  onclick="return del()">删除</a>
            </td>
</tr>
                </volist>
<tr align="center">
<td colspan="11">{$page}</td>
</tr>
</table>
</div>
</div>
</body>
<script type="text/javascript">
function del(){
if (confirm("确定要删除该分类么？")){return true;  }
else   {return false; }
}
</script>
</html>
```

然后，创建分类信息发布页。在工作区中的 ph06/Admin/Tpl/default/Type 文件夹上单击鼠标右键，在弹出菜单中选择【New】/【HTML File】命令，在随后弹出的对话框中，将【File Name】设置为 addType.html，然后单击【Finish】按钮，创建.html 文件，打开该新建文件，输入如下代码：

```
<!DOCTYPE html PUBLIC"-//W3C//DTD XHTML 1.0 Transitional//EN"
"http://www.w3.org/td/xhtml1/DTD/xhtml1-transitional.dtd">
<html xmlns=http://www.w3.org/1999/xhtml xml:lang="en">
```

```
<head>
        <meta http-equiv="Content-Type" content="text/html;charset=UTF-8">
        <title></title>
<link rel="stylesheet" href="__PUBLIC__/Style/common.css">
<link rel="stylesheet" href="__PUBLIC__/Style/main.css">
<script type="text/javascript" src="__PUBLIC__/Js/jquery.min.js"></script>
<script type="text/javascript" src="__PUBLIC__/Js/colResizable-1.3.min.js"></script>
<script type="text/javascript" src="__PUBLIC__/Js/common.js"></script></head>
<body>
<div style="width:100%;height:44px;line-height: 44px;padding-left: 20px; background:#fff url('__PUBLIC__/images/here.gif') 0px 0px repeat-x; position:fixed; top: 0px;">
    当前位置：分类管理 > 新增分类
</div>
<div style="width:100%;height:44px;"></div>
<div style="clear: both;"></div>
<di vid="forms" class="mt10">
<div class="box">
<form action="{:U('Type/add')}" class="jqtransform" method="post">

<table class="form_table pt15 pb15" width="100%" border="0" cellpadding="0" cellspacing="0">
<tr>
<td class="td_right">分类名称：</td>
<td class="">
<input type="text" name="t_name" class="input-text lh30" size="40">
</td>
</tr>
<tr>
<td class="td_right">排序：</td>
<td class="">
<input type="text" name="t_order" class="input-text lh30" size="40">
</td>
</tr>
<tr>
<td class="td_right">状态：</td>
<td class="">
<input type="radio" name="t_status" value="1" checked="checked"> 开启    </input>
<input type="radio" name="t_status" value="0"> 关闭</input>
</td>
</tr>
```

PHP 程序设计及实践

```
<tr>
<td class="td_right"> </td>
<td class="">
<input type="submit" name="button" class="btn btn82 btn_save2" value="保存">
<input type="reset" name="button" class="btn btn82 btn_res" value="重置">
</td>
</tr>
</table>
</form>
</div>
</div>
</body>
</html>
```

最后，创建分类信息修改页。在工作区中的 ph06/Admin/Tpl/default/Type 文件夹上单击鼠标右键，在弹出菜单中选择【New】/【HTML File】命令，在随后弹出的对话框中，将【File Name】设置为 updateType.html，然后单击【Finish】按钮，创建.html 文件，打开该新建文件，输入如下代码：

```
<!DOCTYPE html PUBLIC"-//W3C//DTD XHTML 1.0 Transitional//EN"
"http://www.w3.org/td/xhtml1/DTD/xhtml1-transitional.dtd">
<html xmlns=http://www.w3.org/1999/xhtml xml:lang="en">
<head>
        <meta http-equiv="Content-Type" content="text/html;charset=UTF-8">
        <title></title>
<link rel="stylesheet" href="__PUBLIC__/Style/common.css">
<link rel="stylesheet" href="__PUBLIC__/Style/main.css">
<script type="text/javascript"src="__PUBLIC__/Js/jquery.min.js"></script>
<script type="text/javascript"src="__PUBLIC__/Js/colResizable-1.3.min.js"></script>
<script type="text/javascript"src="__PUBLIC__/Js/common.js"></script></head>
<body>
<div style="width:100%;height:44px;line-height: 44px;padding-left: 20px; background:#fff url('__PUBLIC__/images/here.gif') 0px 0px repeat-x; position:fixed; top: 0px;">
    当前位置：分类管理 > 修改分类
</div>
<div style="width:100%;height:44px;"></div>
<div style="clear: both;"></div>
<div id="forms"class="mt10">
<div class="box">
<form action="{:U('Type/update')}" class="jqtransform" method="post">
        <input type='hidden' name='t_id' value="{$list.t_id}">
<table class="form_table pt15 pb15" width="100%" border="0" cellpadding="0" cellspacing="0">
```

```html
<tr>
<td class="td_right">分类名称：</td>
<td class="">
<input type="text" name="t_name" value="{$list.t_name}" class="input-text lh30" size="40">
</td>
</tr>
<tr>
<td class="td_right">排序：</td>
<td class="">
<input type="text" name="t_order" value="{$list.t_order}" class=" input-text lh30" size="40">
</td>
</tr>
<tr>
<td class="td_right">状态：</td>
<td class="">
<if condition="$list.t_status eq 1">
<input type="radio" name="t_status" value="1"checked="checked"> 开启</input>
<input type="radio" name="t_status" value="0"> 关闭</input>
<else/>
    <input type="radio" name="t_status" value="1"> 开启</input>
<input    type="radio" name="t_status" value="0" checked="checked"> 关闭</input>
</if>
</td>
</tr>

<tr>
<td class="td_right"> </td>
<td class="">
<input type="submit" name="button" class="btn btn82 btn_save2" value="保存">
<input type="reset" name="button" class="btn btn82 btn_res" value="重置">
</td>
</tr>
</table>
</form>
</div>
</div>
</body>
</html>
```

实践 6.5　设计新闻发布管理功能

实践 6.4 实现了对新闻分类管理的功能，接下来，将设计新闻发布管理功能。

【分析】

(1) 新闻发布管理功能由查看新闻列表、查看新闻详情、发布新闻、修改新闻、删除新闻等功能模块组成，需分步实现。

(2) 新闻列表页效果图如图 6-8 所示。

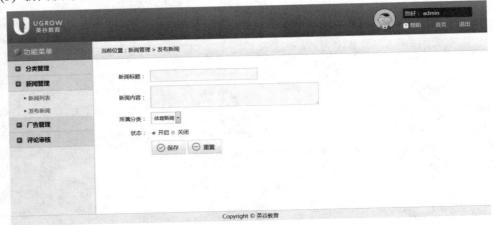

图 6-8　新闻列表页效果图

(3) 新闻发布页效果图如图 6-9 所示。

图 6-9　新闻发布页效果图

【参考解决方案】

1. 创建控制器文件

在工作区中的 ph06/Admin/Lib/Action 文件夹上单击鼠标右键，在弹出菜单中选择【New】/【PHP File】命令，在弹出的对话框中，将【File Name】设置为 NewsAction.class.php，然后单击【Finish】按钮，创建.php 文件，打开该新建文件，输入如下代码：

```php
<?php
//News新闻管理模块
class NewsAction extends CommonAction {
//新闻列表页面
Public function newsList(){
if(!isset($_SESSION['u_id'])){
        $this->redirect('Login/login');
    }
    $news=D('NewsView');
    $count=$news->count('n_id');
    import('ORG.Util.Page');//导入分页类
    $page=new page($count,17);
    $limit=$page->firstRow.','.$page->listRows;
    $this->list=$news->order('n_addtime DESC')->limit($limit)->select();
    $this->page=$page->show();
        $this->display();
    }
//新闻发布页面
Public function publishNews(){
if(!isset($_SESSION['u_id'])){
        $this->redirect('Login/login');
    }
    $type=M('type');
    $this->list=$type->where('t_status=1')->select();
// var_dump( $this->list);
// die;
        $this->display();
    }
//新闻发布过程
Public function publish(){
if(!isset($_POST['n_title'])){
        $this->error('非法操作');
    }
if(empty($_POST['n_title'])){
        $this->error('新闻名称不能为空');
    }
    $news=M('news');
    $data['n_title']   =  $_POST['n_title'];
    $data['n_message'] =  $_POST['n_message'];
```

```php
        $data['n_type']     =   $_POST['n_type'];
        $data['n_status']   =   $_POST['n_status'];
        $data['n_author']   =   $_SESSION['u_id'];
        $data['n_addtime']  =   time();
    if($news->data($data)->add()){
            $this->success('发布成功',U('newsList'));
        }
    else{
            $this->error('发布失败');
        }
    }
//新闻修改页面
Public function updateNews(){
    if(!isset($_SESSION['u_id'])){
            $this->redirect('Login/login');
        }
    if(!isset($_GET['n_id'])){
            $this->error('非法操作');
        }
        $news=M('news');
        $type=M('type');
        $where['n_id']=$_GET['n_id'];
        $this->list=$news->where($where)->find();
        $this->t_list=$type->select();
        $this->display();
    }
//新闻修改过程
Public function update(){
    if(!isset($_POST['n_id'])){
            $this->error('非法操作');
        }
        $news=M('news');
        $news->create();
        $where['n_id']=$_POST['n_id'];
    if($news->where($where)->save()){
            $this->success('修改成功', U('newsList'));
        }
    else{
            $this->error('修改失败');
        }
```

```
        }
//删除过程
Public function delete(){
if(!isset($_SESSION['u_id'])){
            $this->redirect('Login/login');
        }
if(!isset($_GET['n_id'])){
            $this->error('非法操作');
        }
        $news=M('news');
        $where['n_id']=$_GET['n_id'];
if($news->where($where) ->delete()){
            $this->success('删除成功', U('newsList'));
        }
else{
            $this->error('删除失败');
        }
    }
}
```

上述代码中，实例化时使用的是 D 方法，而不是 M 方法。所以，要在集成环境的路径 appserv/www/ph06/Admin/Lib/Model 中创建相关文件。

2. 创建 NewsViewModel.class.php 文件

在工作区中的 ph06/Admin/Lib/Model 文件夹图标上单击鼠标右键，在弹出菜单中选择【New】/【PHP File】命令，在随后弹出的对话框中，将【File Name】设置为 NewsViewModel.class.php，然后单击【Finish】按钮，创建.php 文件，打开该新建文件，输入如下代码：

```
<?php
/**
* 新闻相关信息
*/
class NewsViewModel extends ViewModel{
        protected $viewFields =array(
                'news' =>array(   'n_id','n_title','n_addtime','n_nums','n_message','n_status',
                '_type' =>'LEFT'
                ),
                'type' =>array(
                't_name'=>'n_type',
                '_on' =>'news.n_type=type.t_id'
                ),
                'user' =>array(
```

```
                        'u_name'=>'n_author',
                        '_on' =>'news.n_author=user.u_id'
                    ),
                );
        }
?>
```

3. HTML 页面设计

新闻管理由 3 个页面组成，分别是新闻列表页、新闻发布页和新闻修改页。

首先，创建新闻列表页。在工作区中的 ph06/Admin/Tpl/default 文件夹上单击鼠标右键，在弹出菜单中选择【New】/【Folder】命令，在随后弹出的对话框中，设置【Folder Name】为 News，然后单击【Finish】按钮，完成 News 文件夹的创建。

在新建的 News 文件夹上单击鼠标右键，在弹出菜单中选择【New】/【HTML File】命令，在随后弹出的对话框中，将【File Name】设置为 newsList.html，然后单击【Finish】按钮，创建.html 文件，打开该新建文件，输入如下代码：

```html
<!DOCTYPE html PUBLIC"-//W3C//DTD XHTML 1.0 Transitional//EN"
"http://www.w3.org/td/xhtml1/DTD/xhtml1-transitional.dtd">
<html xmlns=http://www.w3.org/1999/xhtml xml:lang="en">
<head>
<meta http-equiv="Content-Type" content="text/html;charset=UTF-8">
<title></title>
<link rel="stylesheet" href="__PUBLIC__/Style/common.css">
<link rel="stylesheet" href="__PUBLIC__/Style/main.css">
<script type="text/javascript" src="__PUBLIC__/Js/jquery.min.js"></script>
<script type="text/javascript" src="__PUBLIC__/Js/common.js"></script>
</head>
<body>
<div style="width:100%;height:44px;line-height: 44px;padding-left: 20px; background:#fff url('__PUBLIC__/images/here.gif') 0px 0px repeat-x; position:fixed; top: 0px; font-size: 13px; font-family: '微软雅黑';">
    当前位置：新闻管理 > 新闻列表
</div>

<div style="width:100%;height:44px;"></div>
<div style="clear: both;"></div>
<div>
<div>
<table width="100%" border="0" cellpadding="0" cellspacing="0" class="list_table">
<tr>
<th>标题</th>
```

```
            <th>作者</th>
            <th>所属分类</th>
            <th>点击量</th>
            <th>发布时间</th>
            <th>状态</th>
            <th>操作</th>
        </tr>
        <volist name='list' id='vo'>
        <tr align="center">
        <td>{$vo.n_title}</td>
        <td>{$vo.n_author}</td>
        <td>{$vo.n_type}</td>
        <td>{$vo.n_nums}</td>
        <td>{$vo.n_addtime|date="Y-m-d",###}</td>
        <if condition="$vo.n_status eq 1">
        <td><font color="green">开启</font></td>
        <else/>
        <td><font color="red">关闭<font/></td>
        </if>
        <td>
            <a href="{:U('updateNews',array('n_id'=>$vo['n_id']))}">修改</a>
            <a href="{:U('delete',array('n_id'=>$vo['n_id']))}"   onclick="return del()">删除</a>
                    </td>
        </tr>
        </volist>

        <tr align="center">
        <td colspan="11">{$page}</td>
        </tr>
        </table>
        </div>
        </div>
        </body>

        <script type="text/javascript">
        function del(){
        if (confirm("确定要删除该新闻么？")){
        return true;
            }
        else
```

```
{
return false;
    }
  }

</script>
</html>
```

然后，创建新闻发布页。在工作区中的 ph06/Admin/Tpl/default/News 文件夹上单击鼠标右键，在弹出菜单中选择【New】/【HTML File】命令，在随后弹出的对话框中，将【File Name】设置为 publishNews.html，然后单击【Finish】按钮，创建.html 文件，打开该新建文件，输入如下代码：

```
<!DOCTYPE html PUBLIC"-//W3C//DTD XHTML 1.0 Transitional//EN"
"http://www.w3.org/td/xhtml1/DTD/xhtml1-transitional.dtd">
<html xmlns=http://www.w3.org/1999/xhtml xml:lang="en">
<head>
        <meta http-equiv="Content-Type" content="text/html;charset=UTF-8">
        <title></title>
<link rel="stylesheet" href="__PUBLIC__/style/common.css">
<link rel="stylesheet" href="__PUBLIC__/style/main.css">
<script type="text/javascript" src="__PUBLIC__/js/jquery.min.js"></script>
<script type="text/javascript" src="__PUBLIC__/js/colResizable-1.3.min.js"></script>
<script type="text/javascript" src="__PUBLIC__/js/common.js"></script></head>
<body>
<div style="width:100%;height:44px;line-height: 44px;padding-left: 20px; background:#fff url('__PUBLIC__/images/here.gif') 0px 0px repeat-x; position:fixed; top: 0px;">
  当前位置：新闻管理 > 发布新闻
</div>
<div style="width:100%;height:44px;"></div>
<div style="clear: both;"></div>
<div id="forms" class="mt10">
<div class="box">
<form action="{:U('News/publish')}" class="jqtransform" method="post">

<table class="form_table pt15 pb15" width="100%" border="0" cellpadding="0" cellspacing="0">
<tr>
<td class="td_right">新闻标题：</td>
<td class="">
<input type="text" name="n_title" class="input-text lh30" size="40">
</td>
</tr>
```

```html
<tr>
<td class="td_right">新闻内容：</td>
<td class="">
<textarea name="n_message"></textarea>
</td>
</tr>

<tr>
<td class="td_right">所属分类：</td>
<td class="">
<select name="n_type"   class="select">
        <volist name='list'   id="vo">
        <option value="{$vo.t_id}">{$vo.t_name}</option>
</volist>
</select>
</td>
</tr>
<tr>
<td class="td_right">状态：</td>
<td class="">
<input type="radio" name="n_status" value="1" checked="checked"> 开启</input>
<input type="radio" name="n_status" value="0"> 关闭</input>
</td>
</tr>
<tr>
<td class="td_right"> </td>
<td class="">
<input type="submit" name="button" class="btn btn82 btn_save2" value="保存">
<input type="reset" name="button" class="btn btn82 btn_res" value="重置">
</td>
</tr>
</table>
</form>
</div>
</div>
</body>
</html>
```

最后，创建新闻修改页。在工作区中的 ph06/Admin/Tpl/default/News 文件夹上单击鼠标右键，在弹出菜单中选择【New】/【HTML File】命令，在随后弹出的对话框中，将【File Name】设置为 updateNews.html，然后单击【Finish】按钮，创建.html 文件，打开该新建文件，输入如下代码：

```
<!DOCTYPE html PUBLIC"-//W3C//DTD XHTML 1.0 Transitional//EN"
"http://www.w3.org/td/xhtml1/DTD/xhtml1-transitional.dtd">
<html   xmlns=http://www.w3.org/1999/xhtml xml:lang="en">
<head>
        <meta http-equiv="Content-Type" content="text/html;charset=UTF-8">
        <title></title>
<link rel="stylesheet" href="__PUBLIC__/style/common.css">
<link rel="stylesheet" href="__PUBLIC__/style/main.css">
<script type="text/javascript" src="__PUBLIC__/js/jquery.min.js"></script>
<script type="text/javascript" src="__PUBLIC__/js/colResizable-1.3.min.js"></script>
<script type="text/javascript" src="__PUBLIC__/js/common.js"></script></head>
<body>
<div style="width:100%;height:44px;line-height: 44px;padding-left: 20px; background:#fff
url('__PUBLIC__/images/here.gif') 0px 0px repeat-x; position:fixed; top: 0px;">
  当前位置：新闻管理 > 修改新闻
</div>
<div style="width:100%;height:44px;"></div>
<div style="clear: both;"></div>
<div id="forms"    class="mt10">
<div class="box">
<form action="{:U('update')}" class="jqtransform" method="post">
        <inputtype="hidden" name="n_id" value="{$list.n_id}">
<table   class="form_table pt15 pb15" width="100%" border="0" cellpadding="0" cellspacing="0">
<tr>
<td class="td_right">新闻标题：</td>
<td class="">
<input type="text" name="n_title" value="{$list.n_title}" class="input-text lh30" size="40">
</td>
</tr>
<tr>
<td class="td_right">新闻内容：</td>
<td class="">
<textarea name="n_message">{$list.n_message}</textarea>
</td>
</tr>
<tr>
<td class="td_right">存放位置：</td>
<td class="">
<select name="n_position"class="select">
```

```
<if condition="$list.n_position eq 1">
<option value="1" selected="selected">首页轮播图</option>
<option value="2">普通分类</option>
<else/>
<option   value="1">首页轮播图</option>
<option   value="2" selected="selected">普通分类</option>
</if>
</select>
</td>
</tr>
<tr>
<td class="td_right">所属分类：</td>
<td class="">
<select name="n_type" class="select">
      <volist name='t_list'id="vo">
<if condition="$vo[t_id] eq $list[n_type]">
      <option value="{$vo.t_id}" selected="selected">{$vo.t_name}</option>
<else/>
<option value="{$vo.t_id}">{$vo.t_name}</option>
</if>
</volist>
</select>
</td>
</tr>
<tr>
<td class="td_right">状态：</td>
<td class="">
<if condition="$list.n_status eq 1">
<input type="radio" name="n_status" value="1" checked="checked">开启</input>
<input type="radio" name="n_status" value="0"> 关闭</input>
<else/>
<input type="radio" name="n_status" value="1">开启</input>
<input type="radio" name="n_status" value="0" checked="checked">关闭</input>
</if>
</select>

</td>
</tr>
    <tr>
<td class="td_right"> </td>
```

```html
<td class="">
<input type="submit" name="button" class="btn btn82 btn_save2" value="保存">
<input type="reset" name="button" class="btn btn82 btn_res" value="重置">
</td>
</tr>
</table>
</form>
</div>
</div>
</body>
</html>
```

实践 6.6 设计评论管理功能

用户浏览新闻网站时会对新闻进行评论，对某些不当的评论则需要删除。本实践针对这一需求，设计并实现评论管理功能。

【分析】

(1) 新闻评论管理功能由查看评论信息列表、修改评论信息状态、删除评论信息等功能模块组成，需分步实现。

(2) 评论信息列表页效果如图 6-10 所示。

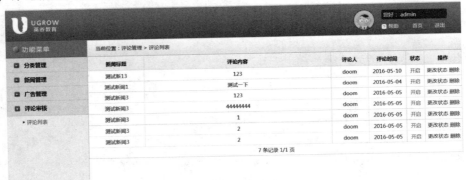

图 6-10 评论信息列表页效果图

【参考解决方案】

1．创建控制器文件

创建评论管理控制器，在工作区中的 ph06/Admin/Lib/Action 文件夹上单击鼠标右键，在弹出菜单中选择【New】/【PHP File】命令，在随后弹出的对话框中，将【File Name】设置为 CommentAction.class.php，然后单击【Finish】按钮，创建 .php 文件，打开该新建文件，输入如下代码：

```php
<?php
//评论管理模块
```

```php
class CommentAction extends Action {
//评论列表页面
Public function commentList(){
if(!isset($_SESSION['u_id'])){
        $this->redirect('Login/login');
    }
    $comments=D('CommentView');
    $count=$comments->count('co_id');
    import('ORG.Util.Page');//导入分页类
    $page=new page($count,10);
    $limit=$page->firstRow.','.$page->listRows;
    $list=$comments->order('co_status DESC co_addtime DESC')->limit($limit)->select();
    $this->page=$page->show();
    $this->assign('list',$list);
    $this->display();
}

Public function update(){
if(!isset($_SESSION['u_id'])){
        $this->redirect('Login/login');
    }
if(!isset($_GET['co_id'])||!isset($_GET['co_status'])){
        $this->error('非法操作');
    }
    $comment=M('comment');
    $where['co_id']=$_GET['co_id'];
if($_GET['co_status']==1){
        $data['co_status']=0;
    }else{
        $data['co_status']=1;
    }
if($comment->data($data)->where($where)->save()){
        $this->success('更改成功', U('commentList'));
    }
else{
        $this->error('更改失败');
    }

}
```

```php
Public function delete(){
if(!isset($_SESSION['u_id'])){
        $this->redirect('Login/login');
    }
if(!isset($_GET['co_id'])){
        $this->error('非法操作');
    }
    $comment=M('comment');
    $where['co_id']=$_GET['co_id'];
if($comment->where($where)->delete()){
        $this->success('删除成功', U('commentList'));
    }
else{
        $this->error('删除失败');
    }

}
```

上述代码中，实例化模型时使用了 D 方法，因此要在集成环境 appserv/www/ph06/Adim/Lib/Model 中创建相关文件。

2. 创建 CommentViewModel.class.php 文件

创建评论信息查询模块，在工作区中的 ph06/Admin/Lib/Model 文件夹上单击鼠标右键，在弹出菜单中选择【New】/【PHP File】命令，在随后弹出的对话框中，将【File Name】设置为 CommentViewModel.class.php，然后单击【Finish】按钮，创建 .php 文件，打开该新建文件，输入如下代码：

```php
<?php
/**
 * 评论相关信息
 */
class CommentViewModel extends ViewModel{
        protected $viewFields =array(
                'comment' =>array(
                'co_id','co_message','co_status','co_addtime',
                '_type' =>'LEFT'
                ),
                'news' =>array(
                'n_title'=>'n_title',
                '_on' =>'news.n_id=comment.co_news_id'
                ),
                'customer' =>array(
```

```
                'c_name'=>'c_name',
                '_on' =>'comment.co_customer_id=customer.c_id'
            ),
        );
    }
?>
```

3. HTML 页面设计

创建评论信息列表页。在工作区中的 ph06/Admin/Tpl/default 文件夹上单击鼠标右键，在弹出菜单中选择【New】/【Folder】命令，在随后弹出的对话框中，将【Folder Name】设置为 Comment，然后单击【Finish】按钮，完成 Comment 文件夹的创建。

在新建的 Comment 文件夹上单击鼠标右键，在弹出菜单中选择【New】/【HTML File】命令，在随后弹出的对话框中，将【File Name】设置为 commentList.html，然后单击【Finish】按钮，创建.html 文件，打开该新建文件，输入如下代码：

```html
<!DOCTYPE html PUBLIC"-//W3C//DTD XHTML 1.0 Transitional//EN"
"http://www.w3.org/td/xhtml1/DTD/xhtml1-transitional.dtd">
<html xmlns=http://www.w3.org/1999/xhtml xml:lang="en">
<head>
<meta http-equiv="Content-Type" content="text/html;charset=UTF-8">
<title></title>
<link rel="stylesheet" href="__PUBLIC__/Style/common.css">
<link rel="stylesheet" href="__PUBLIC__/Style/main.css">
<script type="text/javascript" src="__PUBLIC__/Js/jquery.min.js"></script>
<script type="text/javascript" src="__PUBLIC__/Js/common.js"></script>
</head>
<body>
<div style="width:100%;height:44px;line-height: 44px;padding-left: 20px; background:#fff url('__PUBLIC__/images/here.gif') 0px 0px repeat-x; position:fixed; top: 0px; font-size: 13px; font-family: '微软雅黑';">
  当前位置：评论管理 > 评论列表
</div>
<div style="width:100%;height:44px;"></div>
<div style="clear: both;"></div>
<div>
<div>
<table width="100%" border="0" cellpadding="0" cellspacing="0" class="list_table">
<tr>
<th width="15%">新闻标题</th>
<th width="50%">评论内容</th>
<th width="10%">评论人</th>
<th width="10%">评论时间</th>
```

```
<th width="5%">状态</th>
<th width="10%">操作</th>
</tr>
<volist name='list'id='vo'>
<tr align="center">
<td>{$vo.n_title}</td>
<td>{$vo.co_message}</td>
<td>{$vo.c_name}</td>
<td>{$vo.co_addtime|date="Y-m-d",###}</td>

<if condition="$vo.co_status eq 1">
<td><font color="green">开启</font></td>
<else/>
<td><font color="red">关闭<font/></td>
</if>
<td>
        <a href="{:U('update',array('co_id'=>$vo['co_id'],'co_status'=>$vo['co_status']))}">更改状态</a>
        <a href="{:U('delete',array('co_id'=>$vo['co_id']))}" onclick="return del()">删除</a>
                </td>
</tr>
</volist>
<tr align="center">
<td colspan="11">{$page}</td>
</tr>
</table>
</div>
</div>
</body>
<script type="text/javascript">
function del(){
if (confirm("确定要删除该评论么？")){
return true;
    }
else
{
return false;
    }
}
</script>
</html>
```

实践 6.7 设计广告管理功能

广告推广是网站的重要营利手段之一,用户经常能看到新闻网页在页面两侧出现悬浮广告,推荐各类产品。本实践将完成广告管理功能的设计与实现工作。

【分析】

(1) 广告管理功能由查看广告信息列表、查看广告信息详情、发布广告、修改广告信息、删除广告等功能模块组成,需分步实现。

(2) 广告需要上传图片,本实践使用 ajaxfileupload.js 实现此功能。

【参考解决方案】

1. 创建控制器文件

创建广告管理控制器,在工作区中的 ph06/Admin/Lib/Action 文件夹上单击鼠标右键,在弹出菜单中选择【New】/【PHP File】命令,在随后弹出的对话框中,将【File Name】设置为 AdAction.class.php,然后单击【Finish】按钮,创建.php 文件,打开该新建文件,输入如下代码:

```php
<?php
//Ad广告管理模块
class AdAction extends CommonAction {
//广告列表页面
Public function adList(){
if(!isset($_SESSION['u_id'])){
        $this->redirect('Login/login');
    }
    $ad=M('ad');
    $count=$ad->count('a_id');
    import('ORG.Util.Page');//导入分页类
    $page=new page($count,7);
    $limit=$page->firstRow.','.$page->listRows;
    $this->assign('position',$this->position);
    $this->list=$ad->order('a_position ASC,a_order ASC')->limit($limit)->select();
    $this->page=$page->show();
        $this->display();
    }
//广告发布页面
Public function addAd(){
if(!isset($_SESSION['u_id'])){
        $this->redirect('Login/login');
    }
```

```php
            $this->assign('position',$this->position);
            $this->display();
    }
//广告发布过程
Public function add(){
    if(!isset($_POST['a_name'])){
            $this->error('非法操作');
        }
        $ad=M('ad');
        $ad->create();
    if($ad->add()){
            $this->success('添加成功',U('adList'));
        }
    else{
            $this->error('添加失败');
        }
    }
//广告修改页面
Public function updateAd(){
    if(!isset($_SESSION['u_id'])){
            $this->redirect('Login/login');
        }
    if(!isset($_GET['a_id'])){
            $this->error('非法操作');
        }
        $ad=M('ad');
        $where['a_id']=$_GET['a_id'];
        $this->list=$ad->where($where)->find();
        $this->assign('position',$this->position);
        $this->display();
    }
//广告修改过程
Public function update(){
    if(!isset($_POST['a_id'])){
            $this->error('非法操作');
        }
        $ad=M('ad');
        $ad->create();
        $where['a_id']=$_POST['a_id'];
    if($ad->where($where)->save()){
```

```php
                $this->success('修改成功', U('adList'));
        }
    else{
                $this->error('修改失败');
        }
    }
//删除过程
Public function delete(){
if(!isset($_SESSION['u_id'])){
            $this->redirect('Login/login');
        }
if(!isset($_GET['a_id'])){
            $this->error('非法操作');
        }
        $ad=M('ad');
        $where['a_id']=$_GET['a_id'];
if($ad->where($where)->delete()){
            $this->success('删除成功', U('adList'));
        }
else{
            $this->error('删除失败');
        }
    }
//异步上传广告图片
Public function add_picture() {
        $size = 500000000;
        $ext = array('jpg', 'bmp', 'png', 'jpeg');
        $path = './Upload/c_picture/';
        $name = 'ad_';
        $maxwidth = 1000;
        $maxheight = 1000;
        $info = $this->upload($size, $ext, $path, $name, $maxwidth, $maxheight ,$rule = true);

if ($info[0] == 0) {
return   $this->ajaxReturn('', $info[1], 0);
        } else {
return   $this->ajaxReturn('', $name . $info[0]['savename'], 1);
        }
    }
var $position=array(
```

```
array('value'=>'1','position'=>'左侧'),
array('value'=>'2','position'=>'右侧'),
array('value'=>'3','position'=>'下方'),
array('value'=>'4','position'=>'友情链接')

        );
}
```

上述代码中，第一行声明了本类继承自 Common 类，并在之后的上传图片方法 add_picture()中，直接使用$this->upload 方法调用图片上传功能，这是由于 upload 方法在 Common 类中已经定义，因此可以直接使用。下面将编写 CommonAction.class.php 文件。

创建新闻内容修改页。在工作区中的 ph06/Admin/Lib/Action 文件夹上单击鼠标右键，在弹出菜单中选择【New】/【PHP File】命令，在随后弹出的对话框中，将【File Name】设置为 CommonAction.class.php，然后单击【Finish】按钮，创建.php 文件，打开该新建文件，输入如下代码：

```
<?php
// Common (公共控制器)
class CommonAction extends Action{
    /**
     *
     * 文件上传类
     * @param int        最大文件大小 单位Byte
     * @param array      允许的文件后缀，数组表示
     * @param url        存储路径
     * @param varchar    图片文件压缩后图片名前缀
     * @param int        图片最大宽度
     * @param int        图片最大高度
     */
public function upload($size, $ext, $path, $name, $maxwidth, $maxheight, $rule = true) {
//导入上传类
        import("ORG.Net.UploadFile");
//实例化上传类
        $upload = new UploadFile();
        $upload->maxSize = $size; // 设置附件上传大小
        $upload->allowExts = $ext; // 设置附件上传类型
        $upload->savePath = $path; // 设置附件上传目录
if ($rule) { //文件保存规则
            $upload->saveRule = 'time';
        }
        $upload->uploadReplace = false; //存在同名文件是否覆盖
        $upload->thumb = true;      //是否进行缩略图处理
```

```
            $upload->thumbPrefix = $name; //保存时文件名前缀
            $upload->thumbMaxWidth = $maxwidth; //最大宽度
            $upload->thumbMaxHeight = $maxheight; //最大高度
            $upload->thumbRemoveOrigin = true; //是否删除原图
  if (!$upload->upload()) {
            $info[0] = 0;
            $info[1] = $upload->getErrorMsg();
return $info; //上传失败时返回错误信息
        } else {
            $info = $upload->getUploadFileInfo();
return $info; //上传成功时返回文件信息
        }
    }
}
?>
```

上述代码中，上传图片的存放位置使用变量$path 存放。在 AdAction.class.php 文件中，使用如下代码声明了图片存放位置：

```
$path = './Upload/c_picture/';
```

根据该位置，创建存放图片的文件夹。在 appserv/www/ph06 文件夹下创建 Upload 文件夹，然后在 Upload 文件夹下创建 c_picture 文件夹。这样，通过程序上传的图片就会存放在集成环境中的 appserv/www/ph06/Upload/c_picture 文件夹中。

2. HTML 页面设计

广告管理由三个页面组成，分别是广告列表页、广告发布页和广告修改页。

创建广告列表页的过程如下：

创建广告列表页，在工作区中的 ph06/Admin/Tpl/default 文件夹上单击鼠标右键，在弹出菜单中选择【New】/【Folder】命令，在随后弹出的对话框中，将【Folder Name】设置为 Ad，然后单击【Finish】按钮，完成 Ad 文件夹的创建。

在新建的 Ad 文件夹上单击鼠标右键，在弹出菜单中选择【New】/【HTML File】命令，在随后弹出的对话框中，将【File Name】设置为 adList.html，然后单击【Finish】按钮，创建.html 文件，打开该新建文件，输入如下代码：

```
<!DOCTYPE html PUBLIC"-//W3C//DTD XHTML 1.0 Transitional//EN"
"http://www.w3.org/td/xhtml1/DTD/xhtml1-transitional.dtd">
<html xmlns=http://www.w3.org/1999/xhtml xml:lang="en">
<head>
<meta http-equiv="Content-Type" content="text/html;charset=UTF-8">
<title></title>
<link rel="stylesheet" href="__PUBLIC__/Style/common.css">
<link rel="stylesheet" href="__PUBLIC__/Style/main.css">
<script type="text/javascript" src="__PUBLIC__/Js/jquery.min.js"></script>
```

```
<script type="text/javascript" src="__PUBLIC__/Js/common.js"></script>
</head>
<body>
<div style="width:100%;height:44px;line-height: 44px;padding-left: 20px; background:#fff
url('__PUBLIC__/images/here.gif') 0px 0px repeat-x; position:fixed; top: 0px; font-size: 13px; font-family: '微软
雅黑';">
    当前位置：广告管理 > 广告列表
</div>
<div style="width:100%;height:44px;"></div>
<div style="clear: both;"></div>
<div>
<div>
<table width="100%" border="0" cellpadding="0" cellspacing="0" class="list_table">
<tr>
<th>广告名称</th>
<th>内容</th>
<th>链接地址</th>
<th>所在位置</th>
<th>状态</th>
<th>排序</th>
<th>操作</th>
</tr>
<volist name='list' id='vo'>
<tr align="center">
<td>{$vo.a_name}</td>
<td>{$vo.a_describe}</td>
<td>{$vo.a_link}</td>
<td>
<volist name='position' id='v'>
<if condition="$vo[a_position] eq $v[value]">
            {$v.position}
</if>
</volist>
</td>
<if condition="$vo.a_status eq 1">
<td><font color="green">开启</font></td>
<else/>
<td><font color="red">关闭<font/></td>
</if>
<td>{$vo.a_order}</td>
```

```
<td>
    <ahref="{:U('updateAd',array('a_id'=>$vo['a_id']))}">修改</a>
    <ahref="{:U('delete',array('a_id'=>$vo['a_id']))}"   onclick="return del()">删除</a>
        </td>
</tr>
</volist>
<tr align="center">
<td colspan="11">{$page}</td>
</tr>
</table>
</div>
</div>
</body>
<script type="text/javascript">
function del(){
if (confirm("确定要删除该广告么？")){
return true;
    }
else
{
return false;
    }
}
</script>
</html>
```

创建广告发布页。在工作区中的 ph06/Admin/Tpl/default/Comment 文件夹上单击鼠标右键，在弹出菜单中选择【New】/【HTML File】命令，在随后弹出的对话框中，将【File Name】设置为 addAd.html，然后单击【Finish】按钮，创建.html 文件，打开该新建文件，输入如下代码：

```
<!DOCTYPE html PUBLIC"-//W3C//DTD XHTML 1.0 Transitional//EN"
"http://www.w3.org/td/xhtml1/DTD/xhtml1-transitional.dtd">
<html xmlns="http://www.w3.org/1999/xhtml"xml:lang="en">
<head>
        <meta http-equiv="Content-Type" content="text/html;charset=UTF-8">
        <title></title>
<link rel="stylesheet" href="__PUBLIC__/Style/common.css">
<link rel="stylesheet" href="__PUBLIC__/Style/main.css">
<link rel="stylesheet" href="__PUBLIC__/Upload/ajaxfileupload.css">
<script type="text/javascript" src="__PUBLIC__/Js/jquery.min.js"></script>
<script type="text/javascript" src="__PUBLIC__/Upload/ajaxfileupload.js"></script>
```

```
<script type="text/javascript">
  $(function(){
//上传图片
  $('#upload_button').click(function (){
if($('#file').val() != ''){
            $('#file').nextAll('span').html('<img src="__ROOT__/Public/Images/loading.gif" />');

            $.ajaxFileUpload({
                url          : '__URL__/add_picture',
                secureuri    : false,
                fileElementId : 'file',
                dataType     : 'json',
                success      : function (json){
if(json.status == 1){
                    $('#file').nextAll('span').html('广告图片上传成功！');
                    $('#roll_img').attr('src', '__ROOT__/Upload/c_picture/'+json.info).css({display: 'block'});
                    $('#img_src').val(json.info);
                    $('#tp').val(json.info);
                } else {
                    $('#file').nextAll('span').html('上传失败');
                    alert(json.info);
                }
              }
            })
        } else {
            alert('错误，未选择上传图片');
        }
    })
  })
</script>
</head>
<body>
<div style="width:100%;height:44px;line-height: 44px;padding-left: 20px; background:#fff url('__PUBLIC__/images/here.gif') 0px 0px repeat-x; position:fixed; top: 0px;">
    当前位置：广告管理 > 发布广告
</div>
<div style="width:100%;height:44px;"></div>
<div style="clear: both;"></div>
<div id="forms" class="mt10">
<div class="box">
```

```
<form action="{:U('Ad/add')}" class="jqtransform" method="post">
<input type="hidden" name="a_pic" id="tp"value="{$vo.fileurl}">
<table class="form_table pt15 pb15" width="100%" border="0" cellpadding="0" cellspacing="0">
<tr>
<td class="td_right">广告标题：</td>
<td class="">
<input type="text" name="a_name" class="input-text lh30" size="40">
</td>
</tr>
<tr>
<td class="td_right">广告内容：</td>
<td class="">
<input type="text" name="a_describe" class="input-text lh30" size="40">
</td>
</tr>
<tr>
<td class="td_right">链接地址：</td>
<td class="">
<input type="text" name="a_link" class="input-text lh30" size="40">
</td>
</tr>
<tr>
<td class="td_right">排序：</td>
<td class="">
<input type="text" name="a_order" class="input-text lh30" size="40">
</td>
</tr>
<tr>
<td class="td_right">所在位置：</td>
<td class="">
<select name="a_position" class="select">
<volist name='position' id='vo'>
<option value="{$vo.value}">{$vo.position}</option>
</volist>
</select>
</td>
</tr>
<tr>
<td class="td_right">状态：</td>
<td class="">
```

```html
<input type="radio" name="a_status" value="1" checked="checked"> 开启</input>
<input type="radio" name="a_status" value="0"> 关闭</input>
</td>
</tr>

<tr>
<td width="200" valign="middle" align="right" width="500">
<b class="must"></b>
                    上传广告图片：
</td>
<td valign="middle" colspan="2">
<input id="file" type="file" onblur="tip();" onfocus="" value=""    name="file">
<input type="button" name="upload_button" id="upload_button" class="input-text lh30" value="上传">
<img src="__ROOT__/Upload/c_picture/{$vo.fileurl}" id="roll_img" style="display: none; width:50px; height:50px; ">
<span id="fileTiShi" style="color:red; margin:0 0 0 10px;">*图片大小不能超过5M，格式为jpg, png, bmp
</span>
</td>
</tr>
<tr>
<td class="td_right"> </td>
<td class="">
<input type="submit" name="button" class="btn btn82 btn_save2" value="保存">
<input type="reset" name="button" class="btn btn82 btn_res" value="重置">
</td>
</tr>
</table>
</form>
</div>
</div>
</body>
</html>
```

创建广告修改页。在工作区中的 ph06/Admin/Tpl/default/Comment 文件夹上单击鼠标右键，在弹出菜单中选择【New】/【HTML File】命令，在随后弹出的对话框中，将【File Name】设置为 updateAd.html，然后单击【Finish】按钮，创建.html 文件，打开该新建文件，输入如下代码：

```html
<!DOCTYPE html PUBLIC "-//W3C//DTD XHTML 1.0 Transitional//EN"
"http://www.w3.org/td/xhtml1/DTD/xhtml1-transitional.dtd">
<html xmlns=http://www.w3.org/1999/xhtml xml:lang="en">
<head>
```

```html
        <meta http-equiv="Content-Type" content="text/html;charset=UTF-8">
        <title></title>
<link rel="stylesheet" href="__PUBLIC__/style/common.css">
<link rel="stylesheet" href="__PUBLIC__/style/main.css">
<link rel="stylesheet" href="__PUBLIC__/Upload/ajaxfileupload.css">
<script type="text/javascript" src="__PUBLIC__/js/jquery.min.js"></script>
<script type="text/javascript" src="__PUBLIC__/js/colResizable-1.3.min.js"></script>
<script type="text/javascript" src="__PUBLIC__/js/common.js"></script>
<script type="text/javascript" src="__PUBLIC__/Upload/ajaxfileupload.js"></script>
<script type="text/javascript">
  $(function(){
//上传图片
  $('#upload_button').click(function (){
if($('#file').val() != ''){
        $('#file').nextAll('span').html('<img src="__ROOT__/Public/Images/loading.gif" />');

        $.ajaxFileUpload({
            url             : '__URL__/add_picture',
            secureuri       : false,
            fileElementId   : 'file',
            dataType        : 'json',
            success         : function (json){
if(json.status == 1){
                $('#file').nextAll('span').html('广告图片上传成功！');
                $('#roll_img').attr('src', '__ROOT__/Upload/c_picture/'+json.info).css({display: 'block'});
                $('#img_src').val(json.info);
                $('#tp').val(json.info);

            } else {
                $('#file').nextAll('span').html('上传失败');
                alert(json.info);
            }
          }
        })

    } else {
        alert('错误，未选择上传图片');
    }
})
})
```

```
</script>

</head>
<body>
<divs tyle="width:100%;height:44px;line-height: 44px;padding-left: 20px; background:#fff
url('__PUBLIC__/images/here.gif') 0px 0px repeat-x; position:fixed; top: 0px;">
    当前位置：广告管理 > 修改广告
</div>
<div style="width:100%;height:44px;"></div>
<div style="clear: both;"></div>
<div id="forms"class="mt10">
<div class="box">
<form action="{:U('update')}" class="jqtransform" method="post" enctype="multipart/form-data">
        <input type="hidden" name="a_id" value="{$list.a_id}">
<input type='hidden' id='img_src' name="a_pic" value="{$vo.fileurl}"/>
<table class="form_table pt15 pb15" width="100%" border="0" cellpadding="0" cellspacing="0">
<tr>
<td class="td_right">广告标题：</td>
<td class="">
<input type="text" name="a_name" value="{$list.a_name}" class="input-text lh30" size="40">
</td>
</tr>

<tr>
<td class="td_right">广告内容：</td>
<td class="">
<input type="text" name="a_describe" value="{$list.a_describe}" class="input-text lh30" size="40">
</td>
</tr>


<tr>
<td class="td_right">链接地址：</td>
<td class="">
<input type="text" name="a_link" value="{$list.a_link}" class="input-text lh30" size="40">
</td>
</tr>


<tr>
<td class="td_right">排序：</td>
<td class="">
```

```
<input type="text" name="a_order" value="{$list.a_order}" class="input-text lh30 "size="40">
</td>
</tr>

<tr>
<td class="td_right">所在位置：</td>
<td class="">
<select name="a_position" class="select">
<volist name='position' id='vo'>
<if condition="$list[a_position] eq $vo[value]">
<option value="{$vo.value}" selected="selected">{$vo.position}</option>
<else/>
<option value="{$vo.value}">{$vo.position}</option>
</if>
</volist>
</select>
</td>
</tr>

<tr>
<td class="td_right">状态：</td>
<td class="">
<if condition="$list.a_status eq 1">
<input type="radio" name="a_status" value="1" checked="checked"> 开启</input>
<input type="radio" name="a_status" value="0"> 关闭</input>
<else/>
<input type="radio"name="a_status" value="1"> 开启</input>
<input type="radio"name="a_status" value="0" checked="checked"> 关闭</input>
</if>
</select>
</td>
</tr>

<tr>
<td class="td_right">证件正面地址:</td>
<td class="">
<input id="file" type="file" onblur="tip();" onfocus="" value=""name="file">
<input type="button" name="upload_button" id="upload_button" class="input-text lh30" value="上传">
```

```
<a href="__ROOT__/Upload/c_picture/{$list.a_pic}" target="_blank"><imgsrc="__ROOT__/Upload/c_picture/{$list.a_pic}" id="roll_img" style="width:50px; height:50px; "></a>
<span  style="color:red">*图片大小不能超过3M,格式为jpg, png, bmp</span>
</td>
</tr>


<tr>
<td class="td_right"> </td>
<td class="">
<input type="submit" name="button" class="btn btn82 btn_save2" value="保存">
<input type="reset" name="button" class="btn btn82 btn_res" value="重置">
</td>
</tr>
</table>
</form>
</div>
</div>


</body>
</html>
```

上面两段代码使用 ajaxfileupload.js 实现图片上传,因而需要在公共文件夹 appserv/www/ph06/Admin/Tpl/default 中新建文件夹 Upload,将相关的 js 文件和 css 文件提前下载并存放到其中。

3. 创建 css 文件

创建新闻内容修改页。在工作区中的 ph06/Admin/Tpl/default 文件夹上单击鼠标右键,在弹出菜单中选择【New】/【Folder】命令,在随后弹出的对话框中,将【Folder Name】设置为 Upload,单击【Finish】按钮,完成 Upload 文件夹的创建。

在新建的 Upload 文件夹上单击鼠标右键,在弹出菜单中选择【New】/【CSS File】命令,在随后弹出的对话框中,将【File Name】设置为 ajaxfileupload.css,然后单击【Finish】按钮,创建.css 文件,打开该新建文件,输入如下代码:

```
html, body
{
margin:0;
padding:0;
}
body
{
font:12px/1.3emArial,Helvetica,sans-serif;
color:#000;
```

```css
background-color:#fff;
}
h1, h2, h3, h4, h5
{
margin:0 0 1em;
color:#F2683E;
}
h1
{
font-size:18px;
font-weight:normal;
}
p{margin:0 0 1em;}
a,
a:link,
a:visited{color:#F2683E;}
a:hover,
a:active{}
a img{border:none;}
form{margin:0;}
fieldset{padding:0;}
hr
{
height:1px;
border:none;
color:#999;
background-color:#999;
}
#wrapper
{
position:relative;
width:773px;
height:474px;
}
#content
{
float:left;
display:inline;
width:541px;
height:341px;
```

```
margin:30px  0  0  8px;
padding:22px;
}
```

使用 D 方法自动验证表单

在前面的实践中，经常遇到提交表单的操作，而为了保证数据的有效性及准确性，就需要加入对表单数据的校验判断。一般使用 js 进行页面校验，使用 PHP 程序进行逻辑校验，但 ThinkPHP 提供了一种 D 方法，可以实现自动校验的功能。使用 D 方法，用户只需要将 Model 类配置好，然后通过实例化即可实现表单基本信息的自动校验。下面通过实例来了解一下这种方法。

1. 编写 index.html 页面

编写 index.html 页面，代码如下：

```html
<!DOCTYPE>
<HTML>
<head>
<meta http-equiv="Content-Type" content="text/html; charset=utf-8">
<title>表单提交、自动验证和自动填充</title>
</head>
<body>
<div class="main">
<form  method=post  action="__URL__/insert">
<table cellpadding=2 cellspacing=2>
<tr>
 <td width="12%">标题：</td>
 <td><input TYPE="text" NAME="title" style="height:23px" class="large bLeft"></td>
</td>
<td>
 <td>邮箱：</td>
 <td><input TYPE="text" NAME="email" style="height:23px" class="large bLeft"></td>
</td>
<td>
 <td>内容：</td>
 <td><TEXTAREA NAME="content" ROWS="8" COLS="25"></TEXTAREA></td>
</td>
<td>
```

```
<td>验证码：</td>
<td><input TYPE="text" NAME="verify" style="height:23px" class="small" ><img src="__URL__/verify" align="absmiddle" /> 输入对应的数字</td>
</td>
<td>
 <td></td>
 <td><input TYPE="submit" class="button" value="提 交"><input TYPE="reset" class="button" value="清空"></td>
</td>
<td>
<td></td>
 <td><hr></td>
</td>
<volist name="list" id="vo">
<td>
<td></td>
 <td style="border-bottom:1px dotted silver">{$vo.title} <span style="color:gray">[{$vo.email} {$vo.create_time|date='Y-m-d H:i:s',###}]</span></td>
</td>
<td>
<td></td>
 <td><div class="content">{$vo.content|nl2br}</div></td>
</td>
</volist>
</table>
 </form>
</div>
</BODY>
</HTML>
```

2. 编写 FormModel.class.php 文件

编写 FormModel.class.php 文件，代码如下：

```
<?php
class FormModel extends Model {
// 自动验证设置
protected $_validate = array(//这里必须定义为$_validata用来验证
array('title','require','标题必须！',1),
array('email','email','邮箱格式错误！',2),
array('content','require','内容必须'),
array('verify','require','验证码必须！'),
```

```
array('verify','CheckVerify','验证码错误',0,'callback'),//callback
使用方法验证，前面定义的验证规则是一个当前 Model 类的方法
array('title','','标题已经存在',0,'unique','add'),//附加验证unique,unique
验证是否唯一，系统会根据字段目前的值查询数据库来判断是否存在相同的值
);
// 自动填充设置
//由上面推导，下面这个是自动填充字段了，方便明了
protected $_auto  =  array(//同样这里必须定义为$_auto
array('status','1','ADD'),
array('create_time','time','ADD','function'),//这里指明填充使用函数time()
);
public function CheckVerify() {
 return md5($_POST['verify']) == $_SESSION['verify'];
}
}
?>
```

ThinkPHP 的自动验证机制可以用特定关键字描述需要校验的规则，简化代码的复杂度，如下所示：

(1) 非空：require。

(2) 邮箱：email。

(3) 验证码正确：CheckVerify。

(4) 数组内容：array(验证字段，验证规则，错误提示，验证条件，附加规则，验证时间)。

开启验证条件的关键字或状态：

(1) EXISTS_TO_VAILIDATE 或者 0：存在字段就验证(默认)。

(2) MUST_TO_VALIDATE 或者 1：必须验证。

(3) VALUE_TO_VAILIDATE 或者 2：值不为空的时候验证。

附加规则(配合验证规则使用)：

(1) function：使用函数验证，前面定义的验证规则是一个函数名。

(2) callback：使用方法验证，前面定义的验证规则是一个当前 Model 类的方法。

(3) confirm：验证表单中的两个字段是否相同，前面定义的验证规则是字段名。

(4) equal：验证是否等于某个值，该值由前面的验证规则定义。

(5) in：验证是否在某个范围内，前面定义的验证规则必须是一个数组。

(6) unique：验证是否唯一，系统会根据字段目前的值查询数据库，来判断是否存在相同的值。

(7) regex：使用正则进行验证，表示前面定义的验证规则是正则表达式(默认)。

3．编写 IndexAction.class.php 程序

编写 IndexAction.class.php 程序，代码如下：

```php
<?php
class IndexAction extends Action{
// 首页
 public function index(){
  $Form = D("Form");//创建一个对象
  $list = $Form->top6(",'*','id desc');     //从数据库中读取最新6条记录，并且按 id 倒序输出
  $this->assign('list',$list);              //把数据传到模板里
  $this->display();
 }
// 处理表单数据
 public function insert() {               //此方法对应表单的ACTION="__URL__/insert"
  $Form = D("Form");
  if($Form->create()) {//创建 Form 数据对象，默认通过表单提交的数据进行创建，
为下面写入数据库做准备
   $Form->add();      // 新增表单提交的数据，把上面创建的数据对象提交
   $this->redirect();     //返回上一个模块，可以说是页面跳转
  }else{
   header("Content-Type:text/html; charset=utf-8");
   exit($Form->getError().' [ <A href="javascript:history.back()" rel="external nofollow" >返 回</A> ]');
  }
 }
// 生成验证码
 public function verify() {
  import("ORG.Util.Image");
  Image::buildImageVerify(); //这里两个冒号是调用静态方法
 }
}
?>
```

这样，表单的自动校验与自动填充功能就完成了。

拓展练习

在新闻发布系统的基础上，设计个人信息管理功能，要求如下：
(1) 实现基本信息提交功能：昵称，年龄，性别，住址。
(2) 实现头像上传功能：在根目录下的 Upload 文件夹中创建文件夹 head_img，将上传的头像存放在文件夹 head_img 中。
(3) 可对后台右上方的静态头像进行更改，默认头像将由上传的头像图片替换。

实践7 应用 ThinkPHP 框架开发新闻发布系统——前台设计

实践指导

实践 7.1 设计新闻网站浏览页面

实践 6 中完成了 Index 文件夹的创建以及前台入口文件 index.php 的编写,也完成了 Conf 文件夹下的 config.php 配置文件的编写。接下来,本实践将进一步完成新闻网站浏览功能的控制器以及相关 HTML 页面的设计工作。

【分析】

(1) 新闻网站浏览页面包括新闻首页、新闻列表页、新闻详情页和新闻搜索页几个主要组成部分,需分步设计制作。

(2) 使用 ThinkPHP 框架,需要完成控制器文件以及 HTML 页面的编写。本实践中控制器文件为 IndexAction.class.php,位于 ph06/Index/Lib/Action 文件夹下;HTML 页面位于 ph06/Index/Tpl/default/Index 文件夹下。

(3) 本实践开发环境为运行于 windows 操作系统上的 Apache 服务器与 MySQL 数据库,使用 PHP 5 及以上版本与 ThinkPHP 3.1 及以上完整版版本,开发工具为 Zend Studio 12.5。

【参考解决方案】

1. 创建控制器文件

在工作区内的 ph06/Index/Lib/Action 文件夹上单击鼠标右键,在弹出菜单中选择【New】/【PHP File】命令,在随后弹出的对话框中,将【File Name】设置为 IndexAction.class.php,然后单击【Finish】按钮,创建.php 文件,将该文件作为新闻浏览功能的控制器,输入如下代码:

```
<?php
classIndexAction extends Action {
    //新闻首页
    Public function index(){
        $type=M('type');
        $this->t_list=$type->where('t_status=1')->order('t_order ASC')->select();//新闻分类导航栏
        $news=M('news');
```

```php
            $this->t_list1=$news->where('n_type=13 and n_status=1 ')->order('n_addtime desc , n_nums desc')->limit(15)->select();
            $this->t_list2=$news->where('n_type=14 and n_status=1 ')->order('n_addtime desc , n_nums desc')->limit(15)->select();
            $this->t_list3=$news->where('n_type=12 and n_status=1 ')->order('n_addtime desc , n_nums desc')->limit(15)->select();
            $this->t_list4=$news->where('n_type=15 and n_status=1 ')->order('n_addtime desc , n_nums desc')->limit(15)->select();
            $this->assign('c_name',$_SESSION['c_name']);
            /* 友情链接 开始*/
            $ad=M('ad');
            $link_where['a_position']=3;
            $link_where['a_status']=1;
            $order='a_order ASC';
            $this->link=$ad->where($link_where)->order($order)->select();
            /*友情链接 结束*/
            $left_where['a_position']=1;
            $left_where['a_status']=1;
            $this->left=$ad->where($left_where)->order($order)->limit(1)->select();
            $right_where['a_position']=2;
            $right_where['a_status']=1;
            $this->right=$ad->where($right_where)->order($order)->limit(1)->select();
            $this->display();
    }

    //新闻列表页面
    Public function newsList(){
        /*新闻分类导航栏 开始*/
        $type=M('type');
        $this->list_name=$type->where("t_id =". $_GET['t_id'].",")->getField('t_name');
        $this->t_list=$type->where('t_status=1')->order('t_order ASC')->select();
        /*新闻分类导航栏 结束*/
        /*获取分类下新闻 开始*/
        $where['n_type']=$_GET['t_id'];
        $where['n_status']=1;
        $news=M('news');
        $count=$news->where($where)->count('n_id');
        import('ORG.Util.Page');//导入分页类
        $page=new page($count,10);
        $limit=$page->firstRow.','.$page->listRows;
```

```php
        $this->n_list=$news->where($where)->order('n_addtime desc , n_nums desc')->limit($limit)->select();
/*获取分类下新闻 结束*/

/* 友情链接 开始*/
        $ad=M('ad');
        $where['a_position']=4;
        $where['a_status']=1;
        $order='a_order ASC';
        $this->link=$ad->where($where)->order($order)->select();
/*友情链接 结束*/
        $this->page=$page->show();
            $this->display();
    }
        //新闻详情页面
        Public function message(){
            /*新闻分类导航栏 开始*/
            $type=M('type');
            $this->t_list=$type->where('t_status=1')->order('t_order ASC')->select();
            /*新闻分类导航栏 结束*/

            /*获取新闻内容 开始*/
            $where['n_id']=$_GET['n_id'];
            $news=M('news');
            $this->news=$news->where($where)->find();
            $news->where($where)->setInc('n_nums');      //新闻浏览次数+1
            /*获取新闻内容 结束*/
            /*当前位置导航 开始*/
            $n_type=$news->where($where)->getField('n_type');
            $n_author=$news->where($where)->getField('n_author');
            $this->type_id=$n_type;
            $this->type_name=$type->where("t_id = '" . $n_type ."'")->getField('t_name');
            /*当前位置导航 结束*/

            /*新闻评论 开始*/
            $user=M('user');
            $this->author=$user->where("u_id = '" . $n_author ."'")->getField('u_name');
            $comment=D('CommentView');
            $count=$comment->where("co_news_id ='".$_GET['n_id']."' and co_status=1")->order('co_addtime DESC')->count('co_id');
            import('ORG.Util.Page');      //导入分页类
        $page=new page($count,10);
```

```php
        $limit=$page->firstRow.','.$page->listRows;
            $c_list=$comment->where("co_news_id ='".$_GET['n_id']."' and co_status=1")->order('co_addtime DESC')->limit($limit)->select();
            /*新闻评论 结束*/

            /* 友情链接 开始*/
            $ad=M('ad');
            $where['a_position']=4;
            $where['a_status']=1;
            $order='a_order ASC';
            $this->link=$ad->where($where)->order($order)->select();
            /*友情链接 结束*/
            //以下为渲染模板输出
            $this->page=$page->show();
            $this->assign('c_list',$c_list);
            $this->assign('c_name',$_SESSION['c_name']);
            $this->display();
    }

    //异步发布评论功能
    Public function addComment(){
            $data['co_news_id']         =       $_POST['n_id'];
            $data['co_message']         =       $_POST['co_message'];
            $data['co_customer_id']     =       $_SESSION['c_id'];
            $data['co_status']          =       '1';
            $data['co_addtime']         =       time();
            $comment=M('comment');
            if($lastid=$comment->add($data)){
                    echo$lastid;
            }
    }
    //搜索页面
    Public function select(){
        /*新闻分类导航栏 开始*/
        $type=M('type');
        $this->list_name=$type->where("t_id ='". $_GET['t_id']."'")->getField('t_name');
        $this->t_list=$type->where('t_status=1')->order('t_order ASC')->select();
        /*获取新闻内容 结束*/
        /*获取关键字相关新闻 开始*/
        $keyword=(isset($_POST['keyword']))?$_POST['keyword']:$_GET['keyword'];
        $news=M('news');
```

PHP 程序设计及实践

```
            $count=$news->where("n_status=1 and n_title like '%".$keyword."%'")->count('n_id');
            import('ORG.Util.Page');//导入分页类
            $page=new page($count,10);
            $limit=$page->firstRow.','.$page->listRows;
            $this->n_list=$news->where("n_status=1 and n_title like '%".$keyword."%'")
            ->order('n_addtime desc , n_nums desc')->limit($limit)->select();
            $this->page=$page->show();
/*获取关键字相关新闻 结束*/

/* 友情链接 开始*/
            $ad=M('ad');
            $where['a_position']=4;
            $where['a_status']=1;
            $order='a_order ASC';
            $this->link=$ad->where($where)->order($order)->select();
/*友情链接 结束*/
            $this->assign('keyword',$keyword);
            $this->assign('count',$count);
                $this->display();
        }
    }
?>
```

上述控制器代码中，包含了新闻首页、新闻列表页、新闻详情页和新闻搜索页使用的所有方法，如果需要拓展完善前台功能，可将 IndexAction.class.php 文件根据功能分割成多个控制器文件，如新闻首页控制器(IndexAction.class.php)、新闻列表页控制器(NewsListAction.class.php)、新闻详情页控制器(NewsDetailsAction.class.php)和新闻搜索页控制器(SearchAction.class.php)。

2. HTML 页面设计

控制器创建完成后，还需要创建新闻首页、新闻列表页、新闻详情页和新闻搜索页四个 HTML 页面。

首先，创建 Index 文件夹。在工作区中的 ph06/Index/Tpl/defalut 文件夹上单击鼠标右键，在弹出菜单中选择【New】/【Folder】命令，在随后弹出的对话框中，将【Folder Name】设置为 Index，然后单击【Finish】按钮，完成 Index 文件夹的创建。

然后，创建首页 HTML 页面。在工作区中的 ph06/Index/Tpl/default/Index 文件夹上单击鼠标右键，在弹出菜单中选择【New】/【HTML File】命令，在随后弹出的对话框中，将【File Name】设置为 index.html，然后单击【Finish】按钮，创建.html 页面文件，将该页面作为新闻网站首页，输入如下代码：

```
<html>
<head>
<meta http-equiv=Content-Type content="text/html; charset=utf-8">
```

```
<title>新闻网站</title>
<link href="__PUBLIC__/css/main.css" rel="stylesheet" type="text/css"/>
<script src="__PUBLIC__/js/jquery.js" type="text/javascript"></script>
<script type="text/javascript">
function hiddenad(id){
            $("#close_" + id).css("display", "none");
            $("#ad_" + id).css("display", "none");
            }
</script>
</head>
<body>
<div class="contain">
<div class="logo"><a href="{:U(index)}"></a></div>
    <div class="menu">
        <ul>
        <volist name='t_list' id='vo'>
            <li ><span>|   <span><a href="{:U('newsList',array('t_id'=>$vo['t_id']))}">{$vo.t_name}</a></li>
        </volist>
        </ul>
<if condition="$c_name neq null">
        <ul id="loged">
        <li><a href="{:U('Login/loginOut')}"target="_self">退出登录</a></li>
        <li><a>欢迎您,{$c_name}</a></li>
        </ul>
    <else />
        <ul id="login">
        <li><a href="{:U('Register/register')}" target="_self">注册</a></li>
        <li><a href="{:U('Login/login')}" target="_self">登录</a></li>
        </ul>
    </if>
    </div>
    <div class="line1"></div>
    <div class="main">
    <div class="select">
    <form action="{:U('Index/select')}" method="post">
    <div class="select_left">
        <strong>搜索:</strong>
            <input name="keyword" type="text" placeholder="请输入关键字"/>
    </div>
```

```
                    <div class="select_right">
                        <input name="Submit" type="Submit" value="立即搜索"/>
</div>
        </form>
    </div>
    <div style="clear: both;"></div>
    <div class="main_list">
    <div class="main_list_left">
        <div class="main_type_title">
        <span>时政新闻</span>
        <em><a href="{:U('newsList?t_id=13')}">更多>></a></em>
        </div>
        <div class="main_news_title">
        <ul>
            <volist name='t_list1'   id='vo'>
            <li>
                <a href="{:U('message',array('n_id'=>$vo['n_id']))}"
                title="{$vo.n_title}">{$vo.n_title}</a>
                <span><font color=#297ad6>{$vo.n_addtime|date="Y-m-d",###} </font></span>
            </li>
            </volist>
        </ul>
        </div>
    </div>
    
    <div class="main_list_right">
        <div class="main_type_title">
        <span style="float:left;">国际新闻</span>
        <em style="float:right;"><a href="{:U('newsList?t_id=14')}">更多>></a></em>
        </div>
        <div class="main_news_title">
        <ul>
            <volist name='t_list2'   id='vo'>
            <li>
                <a href="{:U('message',array('n_id'=>$vo['n_id']))}"
                title="{$vo.n_title}">{$vo.n_title}</a>
                <span><font color=#297ad6>{$vo.n_addtime|date="Y-m-d",###} </font></span>
            </li>
            </volist>
        </ul>
```

实践7　应用ThinkPHP框架开发新闻发布系统——前台设计

```
                    </div>
                </div>
                            <div class="main_list">
                            <div class="main_list_left">
                                <div class="main_type_title">
                                <span>体育新闻</span>
                                <em><a href="{:U('newsList?t_id=12')}">更多>></a></em>
                                </div>
                                <div class="main_news_title">
                                <ul>
                                <volist name='t_list3'  id='vo'>
                                    <li>
                                    <a href="{:U('message',array('n_id'=>$vo['n_id']))}"
                                        title="{$vo.n_title}">{$vo.n_title}</a>
                                    <span><font color=#297ad6>{$vo.n_addtime|date="Y-m-d",###}</font></span>
                                    </li>
                                </volist>
                                </ul>
                                </div>
                            </div>

                            <div class="main_list_right">
                                <div class="main_type_title">
                                <span style="float:left;">娱乐新闻</span>
                                <em style="float:right;"><a href="{:U('newsList?t_id=15')}">更多>></a></em>
                                </div>
                                <div class="main_news_title">
                                <ul>
                                <volist name='t_list4'  id='vo'>
                                    <li>
                                            <a href="{:U('message',array('n_id'=>$vo['n_id']))}"
                                            title="{$vo.n_title}">{$vo.n_title}</a>
                                            <span><font color=#297ad6>{$vo.n_addtime|date="Y-m-d",###}
</font></span>
                                    </li>
                                </volist>
                                </ul>
                                </div>
                            </div>
```

```
            </div>
            <div id="close_1" style="position:fixed;left:120px;bottom:250px;cursor:pointer" onClick="hiddenad(1)">
                关闭X
            </div>
            <div id="ad_1" style="position:fixed;left:0px;bottom:40px">
                <volist id="vo" name="left">
    <a href="{$vo.a_link}" title="{$vo.a_link}" target="_blank">
                            <img alt="{$vo.a_describe}" src="__ROOT__/Upload/c_picture/{$vo.a_pic}" height="200" width="170">
                        </a>
                </volist>
</div>
<div id="close_2" style="position:fixed;right:120px;bottom:250px;cursor:pointer" onClick="hiddenad(2)">
                关闭X
            </div>
            <div id="ad_2" style="position:fixed;right:0px;bottom:40px">
                    <volist id="vo" name="right">
    <a href="{$vo.a_link}" title="{$vo.a_link}" target="_blank">
                            <img alt="{$vo.a_describe}" src="__ROOT__/Upload/c_picture/{$vo.a_pic}" height="200" width="170">
                        </a>
                    </volist>
</div>
            <div class="footer">

                <volist id='vo' name='link'>
                    <if condition="$i eq count($link)">
                    <a href={$vo.a_link}>{$vo.a_name}</a>
                    <else />
                    <a href={$vo.a_link}>{$vo.a_name}</a> | 
                    </if>
                </volist>
            </div>
        </div>
</div>
</body>
</html>
```

接着，创建新闻列表页 HTML 页面。在工作区中的 ph06/Index/Tpl/default 文件夹上单击鼠标右键，在弹出菜单中选择【New】/【HTML File】命令，在随后弹出的对话框中，将【File Name】设置为 message.html，然后单击【Finish】按钮，创建.html 页面文件，将该页面作为新闻分类列表页，输入如下代码：

```html
<html>
<head>
<meta http-equiv=Content-Type content="text/html; charset=utf-8">
<title>新闻网站</title>
<link href="__PUBLIC__/css/main.css" rel="stylesheet" type="text/css"/>

</head>
<body>
<div class="contain">
<div class="logo"><a href="{:U(index)}"></a></div>
        <div class="menu">
            <ul>
                <volist name='t_list' id='vo'>
                    <li ><span>|   <span><a href="{:U('newsList',array('t_id'=>$vo['t_id']))}">{$vo.t_name}</a></li>
                </volist>
            </ul>
<if condition="$c_name neq null">
        <ul id="loged">
        <li><a href="{:U('Login/loginOut')}" target="_self">退出登录</a></li>
        <li><a>欢迎您,{$c_name}</a></li>
        </ul>
    <else />
        <ul id="login">
        <li><a href="{:U('Register/register')}" target="_self">注册</a></li>
        <li><a href="{:U('Login/login')}" target="_self">登录</a></li>
        </ul>
    </if>
    </div>
    <div class="line1"></div>
    <div class="main">
    <div class="select">
    <form action="{:U('Index/select')}" method="post">
    <div class="select_left">
            <strong>搜索:</strong>
            <input name="keyword" type="text" placeholder="请输入关键字"/>
    </div>
```

```html
            <div class="select_right">
                    <input name="Submit" type="Submit" value="立即搜索"/>
    </div>
        </form>
        </div>
        <div class="currect_position">
                当前位置：<a href="{:U(index)}">新闻网站</a> >  {$list_name}：
        </div>
        <div style="clear: both;"></div>
        <div class="details">
        <volist name='n_list'   id='vo'>
        <table>
        <tr>
                <td>
                <a href="{:U('message', array('n_id'=>$vo['n_id']))}" title="{$vo.n_title}">{$vo.n_title}</a>
                </td>
        </tr>
        <tr>
          <td>
            <font color="#8F8C89">日期：{$vo.n_addtime|date="Y-m-d",###} 点击:{$vo.n_nums} </font>
            </td>
        </tr>
        <tr>
          <td>{$vo.n_message|mb_substr=###,0,77,'utf-8'}...</td>
        </tr>
        </table>
        <div class='line2'></div>
</volist>
<div class="page">
                                    {$page}
        </div>
        </div>
        </div>
            <div class="footer">
            <volist id='vo'   name='link'>
                <if condition="$i eq count($link)">
                <a href={$vo.a_link}>{$vo.a_name}</a>
                <else />
                <a href={$vo.a_link}>{$vo.a_name}</a> | 
                </if>
```

实践 7 应用 ThinkPHP 框架开发新闻发布系统——前台设计

```
                    </volist>
                    <div style='display:none'></div>
                </div>
            </div>
    </body>
</html>
```

随后，创建新闻详情页 HTML 页面。在工作区内的 ph06/Index/Tpl/default 文件夹上单击鼠标右键，在弹出菜单中选择【New】/【HTML File】命令，在随后弹出的对话框中，将【File Name】设置为 message.html，然后单击【Finish】按钮，创建.html 页面文件，将该页面作为新闻详情页，输入如下代码：

```
<html xmlns="http://www.w3.org/1999/xhtml">
<head>
<meta http-equiv=Content-Type content="text/html; charset=utf-8">
<title>新闻网站</title>
<link href="__PUBLIC__/css/main.css" rel="stylesheet" type="text/css" />
<script src="__PUBLIC__/js/jquery.js" type="text/javascript"></script>
<script type="text/javascript">
function   publish(){
var n_id=document.getElementById("n_id").value;
var co_message=document.getElementById("co_message").value;
        $.ajax( {
url:'__APP__/Index/addComment',
data:{
'n_id':n_id,
'co_message':co_message
            },
type:'post',
cache:false,
dataType:'json',
success:function(data) {
            alert("发布成功");
location.reload();
        },
error :function() {
            alert("发布失败");
        }
    });
   }
</script>
</head>
```

```html
<body>
<div class="contain">
<div class="logo"><a href="{:U(index)}"></a></div>
<div class="menu">
<ul>
        <volist name='t_list' id='vo'>
            <li><span>|   <span><a href="{:U('newsList',array('t_id'=>$vo['t_id']))}">{$vo.t_name}</a></li>
                </volist>
</ul>
<if condition="$c_name neq null">
            <ul id="loged">
                <li><a href="{:U('Login/loginOut')}" target="_self">退出登录</a></li>
                <li><a>欢迎您,{$c_name}</a></li>
                </ul>
        <else/>
            <ul id="login">
                <li><a href="{:U('Register/register')}" target="_self">注册</a></li>
                <li><a href="{:U('Login/login')}" target="_self">登录</a></li>
                </ul>
        </if>
</div>
<div class="line1" ></div>
        <div class="main">
        <div class="select">
        <form action="{:U('Index/select')}" method="post" >
        <div class="select_left">
                <strong>搜索:</strong>
                <input name="keyword"  type="text" placeholder="请输入关键字"/>
</div>
            <div class="select_right">
                <input name="Submit" type="Submit"  value="立即搜索"  />
            </div>
                </form>
                </div>
                <div class="currect_position">
                当前位置： <a href="{:U(index)}">新闻网站</a> > <a href="{:U('newsList',array('t_id'=>$type_id))}">{$type_name}</a> > {$news.n_title}
</div>
                </div>
```

```
                <div style="clear: both;"></div>
                <div class="details" >
<div class="details_news_title">
        {$news.n_title}
</div>
<div class="details_news_author">
<span style="margin-right:5px">作者：{$author} </span>
<span style="margin-right:5px">点击数：<strong    class="rank">{$news.n_nums}</strong></span>
<span class="updatetime" style="margin-right:5px">发布时间：{$news.n_addtime|date="Y-m-d",###}</span>
</div>
<div class="details_news_message">
                {$news.n_message}
</div>
</div>
<div class="answer">
     <div class="details_news_title">评论</div>
     <div class="answer_cont">
<volist id="vo" name="c_list">
<div class="answer_list">
<span>{$vo.co_name}:</span>{$vo.co_message}
<p>{$vo.co_addtime|date="Y-m-d",###}</p>
</div>
</volist>
</div>
<div class="details_news_bottom">{$page}</div>
                <div class="answer_cont_bottom">
<if condition="$c_name neq null">
<table>
<input type="hidden" name="n_id" id="n_id" value="{$news.n_id}">
                <tr>
        <td> 我的评论：</td>
        <td>
<textarea   name="co_message" id="co_message"  rows="2" cols="90" ></textarea>
</td>
</tr>
<tr>
           <td colspan=2 align=center>
    <input type="button" onclick="publish()"   value="发布">
        </td>
    </tr>
```

```
            </table>
<else/>
            你尚未登录，请登录后再进行评论。
<p>
        <a href="{:U('Login/login')}" >登录</a>
                <a href="{:U('Register/register')}">注册</a>
</p>
        </if>
</div>
</div>
</div>
<div class="footer">
            <volist id='vo' name='link'>
                <if condition="$i eq count($link)">
                <a href={$vo.a_link}>{$vo.a_name}</a>
                <else/>
                <a href={$vo.a_link}>{$vo.a_name}</a> | 
                </if>
            </volist>
        <div style='display:none'></div>
</div>
</body>
</html>
```

最后，创建新闻搜索页 HTML 页面。在工作区中的 ph06/Index/Tpl/default 文件夹上单击鼠标右键，在弹出菜单中选择【New】/【HTML File】命令，在随后弹出的对话框中，将【File Name】设置为 select.html，然后单击【Finish】按钮，创建.html 页面文件，将该页面作为新闻搜索页，输入如下代码：

```
<html>
<head>
<meta http-equiv=Content-Type content="text/html; charset=utf-8">
<title>新闻网站</title>
<link href="__PUBLIC__/css/main.css" rel="stylesheet" type="text/css">
</head>
<body>
<div class="contain">
<div class="logo"><a href="{:U(index)}"></a></div>
        <div class="menu">
            <ul>
                <volist name='t_list'    id='vo'>
```

```
            <li ><span>|   <span><a href="{:U('newsList', array('t_id'=>
$vo['t_id']))}">{$vo.t_name}</a></li>
        </volist>
        </ul>
<if condition="$c_name neq null">
        <ul id="loged">
        <li><a href="{:U('Login/loginOut')}" target="_self">退出登录</a></li>
        <li><a>欢迎您,{$c_name}</a></li>
        </ul>
    <else />
        <ul id="login">
        <li><a href="{:U('Register/register')}" target="_self">注册</a></li>
        <li><a href="{:U('Login/login')}" target="_self">登录</a></li>
        </ul>
</if>
</div>
<div class="line1"></div>
<div class="main">
<div class="select">
<form action="{:U('Index/select')}"    method="post">
<div class="select_left">
            <strong>搜索:</strong>
            <input name="keyword" type="text" value='{$keyword}' placeholder="请输入关键字"/>
</div>
        <div class="select_right">
            <input name="Submit" type="Submit" value="立即搜索"/>
</div>
        </form>
        </div>
        <div class="currect_position">
        <if condition="empty($keyword)">
            搜索到所有新闻共<font color='red'>{$count}</font>篇
    <else />
        搜索到与<font color='red'>{$keyword}</font>有关的文章共计<font color='red'>{$count}篇:</font>
</if>
        </div>
        <div style="clear: both;"></div>
        <div class="details">
        <volist name='n_list'    id='vo'>
            <table>
```

```
            <tr>
              <td>
                <a href="{:U('message',array('n_id'=>$vo['n_id']))}"  title=" {$vo.n_title}">{$vo.n_title}</a>
              </td>
            </tr>
            <tr>
              <td>
                <font color="#8F8C89">日期：{$vo.n_addtime|date="Y-m-d",###} 点击：{$vo.n_nums} </font>
              </td>
            </tr>
            <tr>
              <td>{$vo.n_message|mb_substr=###,0,77,'utf-8'}...</td>
            </tr>
          </table>
          <div class='line2'></div>
        </volist>
        <div class="page">
          {$page}
        </div>
      </div>
    </div>
        <div class="footer">
        <volist id='vo'  name='link'>
            <if condition="$i eq count($link)">
            <a href={$vo.a_link}>{$vo.a_name}</a>
            <else />
            <a href={$vo.a_link}>{$vo.a_name}</a> | 
            </if>
        </volist>
            <div style='display:none'></div>
        </div>
    </div>
</div>
</body>
</html>
```

3. 引入 CSS 样式文件

HTML 页面创建完成后，需要引入页面中使用的 CSS 样式文件：在工作区中的 ph06/Index/Index/Tpl/default/Public 文件夹上单击鼠标右键，在弹出菜单中选择【New】/【Folder】命令，在随后弹出的对话框中，将【Folder Name】设置为 CSS，然后单击【Finish】按钮，这样就做好了 CSS 样式的引入准备。

除引入 CSS 样式以外，还需要创建用于存放网站图片的图片文件夹：在工作区中的 ph06/Index/Index/Tpl/default/Public 文件夹上单击鼠标右键，在弹出菜单中选择【New】/【Folder】命令，在随后弹出的对话框中，将【Folder Name】设置为 images，单击【Finish】按钮，完成 images 文件夹的创建。

本实践中使用的样式文件与之前实践项目的样式风格完全一致，因此这一步将 ph05 文件夹中的 main.css 文件复制到 ph06/Index/Index/Tpl/default/Public/css 文件夹中，再将 ph05/image 文件夹中的所有图片复制到 ph06/Index/Index/Tpl/default/Public/images 文件夹中，即可完成 CSS 样式的引入。

实践 7.2　设计新闻网站登录注册页面

鉴于新闻详情页具备评论功能，且该功能只有注册用户才可使用，因此，本实践将设计前台的登录注册页面并实现其功能。

【分析】
(1) 登录注册页面的样式风格与之前实践 5 中的样式相同，可以直接套用。
(2) 登录注册页面使用 ThinkPHP 框架开发，需要分别设计登录控制器 (LoginAction.class.php) 和注册控制器 (Register.class.php)，控制器统一存放于 ph06/Index/Lib/Action 文件夹中，同时需要在 ph06/Index/Tpl/default 文件夹下分别创建 Login 文件夹和 Register 文件夹，用于存放登录和注册的 HTML 页面。
(3) 本实践使用的开发环境为运行在 Windows 操作系统上的 Apache 服务器与 MySQL 数据库，使用 PHP 5 及以上版本与 ThinkPHP 3.1 及以上完整版版本，开发工具为 Zend Studio 12.5。

【参考解决方案】
1. 创建控制器文件

在工作区中的 ph06/Index/Lib/Action 文件夹上单击鼠标右键，在弹出菜单中选择【New】/【PHP File】命令，在随后弹出的对话框中，将【File Name】设置为 LoginAction.class.php，然后单击【Finish】按钮，创建.php 文件，将该文件作为登录功能控制器，输入如下代码：

```php
<?php
//Login登录模块
class LoginAction extends Action {
//登录页面
public function login(){
        $this->display();
    }
//登录过程
public function doLogin(){
    $c_name=$_POST['c_name'];
```

```php
        $where['c_name']=$_POST['c_name'];
        $c_password=md5($_POST['c_password']);
        $customer=M('customer');
        $message=$customer->where($where)->find();
if(!$c_name || $message['c_password']!=$c_password){
            $this->error('用户名或者账号不正确');
    }
else{
            $_SESSION['c_name']=$message['c_name'];
            $_SESSION['c_id']=$message['c_id'];
            $this->success("恭喜您，登录成功",U('Index/index'));
        }
    }
//退出登录
Public function loginOut(){
        $_SESSION = array(); //清除SESSION值.
if(isset($_COOKIE[session_name()])){   //判断客户端的cookie文件是否存在,存在的话将其设置为过期.
setcookie(session_name(),'',time()-1,'/');
        }
        session_destroy();   //清除服务器的sesion文件
        $this->redirect('Index/index');
    }
}
```

完成登录控制器后，在工作区中的 ph06/Index/Lib/Action 文件夹上单击鼠标右键，在弹出菜单中选择【New】/【PHP File】命令，在随后弹出的对话框中，将【File Name】设置为 RegisterAction.class.php，然后单击【Finish】按钮，创建.php 文件，将该文件作为注册文件控制器，输入如下代码：

```php
<?php
//注册模块
class RegisterAction extends Action {
//注册页面
Public function register(){
        $this->display();
    }
//注册过程
Public function doRegister(){
if(empty($_POST['c_name'])){
            $this->error('注册失败！');
    }
```

```
        $customer=M('customer');
        $data['c_name']=$_POST['c_name'];
        $data['c_password']=md5($_POST['c_password']);
        $data['c_register_time']=time();
        $data['c_status']='1';
if($lastid=$customer->add($data)){
            $this->success('注册成功', U('Login/login'));
}else{
            $this->error('注册失败！');
        }
    }
Public function checkName(){
        $where['c_name']=$_POST['c_name'];
        $customer=M('customer');
        $id=$customer->where($where)->getField('c_id');
if(isset($id)){
            $data['result']=0;
echo json_encode($data);exit;
}else{
            $data['result']=1;
echo json_encode($data);exit;
        }
    }
}
```

2. HTML 页面设计

控制器创建完成后，继续创建 HTML 页面，包括登录页面和注册页面。

首先创建 Login 文件夹。在工作区中的 ph06/Index/Tpl/default 文件夹上单击鼠标右键，在弹出菜单中选择【New】/【Folder】命令，在随后弹出的对话框中，将【Folder Name】设置为 Login，然后单击【Finish】按钮，完成 Login 文件夹的创建。

然后创建 HTML 页面。在工作区中的 ph06/Index/Tpl/default/Login 文件夹上单击鼠标右键，在弹出菜单中选择【New】/【HTML File】命令，在随后弹出的对话框中，将【File Name】设置为 login.html，然后单击【Finish】按钮，创建.html 页面文件，将该页面作为登录页面，输入如下代码：

```
<html>
<head>
<meta charset="UTF-8">
<title>登录</title>
<link href="__PUBLIC__/css/login.css"  rel="stylesheet"  type="text/css"/>
</head>
```

```html
<body>
<div class="view-container  ">
    <div id="account_login" class="account-box-wrapper">
        <div class="account-box">
        <form  method="post" action="{:U('doLogin')}">
        <div class="account-form-title">
        <label>账号登录</label>
        </div>
        <div class="account-input-area">
        <input name="c_name" type="text" placeholder="用户名">
        </div>
        <div class="account-input-area">
        <input type="password" name="c_password" placeholder="密码">
        </div>
        <input class="account-button" type="submit" value="登录">
        <div class="account-bottom-tip ">
        <label>还没有账户?<a href="{:U('Register/register')}">马上注册!</a></label>
        </div>
        </form>
        </div>
    </div>
</div>
</body>
</html>
```

登录页面设计完成后，继续设计注册页面。

首先建立 Register 文件夹。在工作区中的 ph06//Index/Tpl/default 文件夹上单击鼠标右键，在弹出菜单中选择【New】/【Folder】命令，在随后弹出的对话框中，将【Folder Name】设置为 Register，然后单击【Finish】按钮，完成 Register 文件夹的创建。

随后创建 HTML 页面。在工作区中的 ph06/Index/Tpl/default/Register 文件夹上单击鼠标右键，在弹出菜单中选择【New】/【HTML File】命令，在随后弹出的对话框中，将【File Name】设置为 register.html，然后单击【Finish】按钮，创建.html 页面文件，将该页面作为注册页面，输入如下代码：

```html
<html>
<head>
<meta  charset="UTF-8">
<title>登录</title>
<link href="__PUBLIC__/css/login.css" rel="stylesheet" type="text/css"/>
<script src="__PUBLIC__/js/jquery.js" type="text/javascript"></script>
            <script type="text/javascript">
        $(function(){
```

```javascript
//验证姓名不为空且不重复
            $('#c_name').blur(function(){
var name=$(this).val();
if( name.length==0) {
                $('#nameMessage').html('用户名不能为空');
}else{
                    $.ajax( {
        url:'__APP__/Register/checkName',
        data:{
        'c_name':name,
        'flag':'checkName'
                    },
        type:'post',
        cache:false,
        dataType:'json',
        success:function(data) {
        if(data.result==1){
                $('#nameMessage').html("恭喜您，用户名可用");
                $('#submit')[0].disabled="";
        }else{
                $('#nameMessage').html("用户名已存在");
                        }
                    },
        error :function() {
                    alert("系统异常");
                        }
                    });
            }
        });
//验证密码不能为空
            $('#c_password').blur(function(){
var pass=$(this).val();
if( pass.length==0) {
                $('#passMessage').html('密码不能为空');
}else{
                $('#passMessage').html('密码可用！');
                }
            });
//验证邮箱
        $('#c_email').blur(function(){
```

```
var email=$(this).val();
if (!/([\w\._]{2,10})@(\w{1,}).([a-z]{2,4})/.test(email)) {
        $("#emailMessage").html('邮箱格式不正确');
            }
else{
        $("#emailMessage").html('邮箱可用');
            }
    });
});
function check(){
        var msg='';
        if ($("#c_name").val().length==0){msg+="用户名不能为空!\\n"};
        if ($("#c_password").val().length==0){msg+="密码不能为空\\n"};
        if ($("#c_email").val().search(/([\w\._]{2,10})@(\w{1,}).([a-z]{2,4})/)== -1)
{msg+="邮箱格式不正确!\\n"};
        if(msg!='') {
        alert(msg);
        return false;
            }
        }
</script>
</head>
<body>

<div class="view-container   ">
<div id="account_register_phone" class="account-box-wrapper">
<div class="account-box">
<div class="">
<div class="account-form-title">
<label>账号注册</label>
</div>
<form   method="post" action="{:U('doRegister')}" onsubmit="return check()">
<div class="account-input-area">
<input id="c_name" name="c_name" type="text" placeholder="用户名">
<span id="nameMessage"></span>
</div>
<div class="account-input-area">
<input id="c_password" name="c_password" type="password" placeholder="密码">
<span id="passMessage"></span>
</div>
```

```
<div class="account-input-area">
<input id="c_email" name="c_email" type="text" placeholder="邮箱">
<span id="emailMessage"></span>
</div>
<input type="submit" class="account-button" value="注册" id="submit" onchange="check();">
</form>
<div class="account-bottom-tip top-tip">
<label></label>
</div>
<div class="account-bottom-tip ">
<label>已注册过账号？<a href="{:U('Login/login')}">点击登录！</a></label>
</div>
</div>
</div>
</div>
</body>
</html>
```

3. 引入 CSS 样式文件

本实践使用的样式文件与之前实践项目使用的样式风格完全一致，因此这一步将 ph05 文件夹下的 login.css 文件复制到 ph06/Index/Index/Tpl/default/Public/css 文件夹下，即可完成对 CSS 文件的引入。

URL 重写

使用 ThinkPHP 框架时，需要通过入口文件 index.php 进入程序，可以通过 URL 重写来隐藏入口文件名，简化系统的访问路径。下面是相关服务器的配置参考。

1. Apache 服务器

在 Apache 服务器环境中，按如下步骤进行操作：

(1) 在 httpd.conf 配置文件中，加载 mod_rewrite.so 模块。
(2) 将 AllowOverride None 的 None 改为 All。
(3) 创建一个 .htaccess 文件，放到应用入口文件的同级目录下，并输入如下代码：

```
<IfModule mod_rewrite.c>
RewriteEngine on
RewriteCond %{REQUEST_FILENAME} !-d
```

PHP 程序设计及实践

```
RewriteCond %{REQUEST_FILENAME} !-f
RewriteRule ^(.*)$ index.php/$1 [QSA,PT,L]
</IfModule>
```

2. IIS 服务器

如果服务器环境支持 ISAPI_Rewrite，则可配置 httpd.ini 文件，在其中添加如下内容：

```
RewriteRule(.*)$/index\.php\?s=$1 [I]
```

在 IIS 的高版本下，可配置 web.Config 文件，比如在中间添加 rewrite 节点：

```
<rewrite>
<rules>
<rule   name="OrgPage" stopProcessing="true">
<match   url="^(.*)$"/>
<conditions   logicalGrouping="MatchAll">
<add   input="{HTTP_HOST}" pattern="^(.*)$"/>
<add   input="{REQUEST_FILENAME}" matchType="IsFile" negate="true"/>
<add   input="{REQUEST_FILENAME}" matchType="IsDirectory" negate="true"/>
</conditions>
<action   type="Rewrite" url="index.php/{R:1}"/>
</rule>
</rules>
</rewrite>
```

3. Nginx 服务器

Nginx 服务器的低版本虽不支持 PATHINFO 模式(ThinkPHP 访问地址格式)，但可以通过在 Nginx.conf 文件中配置转发规则来实现此功能：

```
location/{// …..省略部分代码
if(!-e $request_filename){
   rewrite   ^(.*)$   /index.php?s=$1   last;
   break;
}
}
```

原有的 URL 格式如下：

http://serverName/index.php/模块/控制器/操作/[参数名/参数值...]

设置完成后，访问 URl 的格式改变如下：

http://serverName/模块/控制器/操作/[参数名/参数值...]

拓展练习

修改新闻评论功能。要求如下：由只能对新闻进行评论改进为可对其他用户的评论进行回复。